本书为国家社科重点项目“基于文本挖掘的中国政治话语国际传播研究”（18AYY006）阶段性成果

基于机器学习的文本挖掘

U0150684

Text Mining with Machine Learning: Principles and Techniques

[捷克] 扬・茨卡（Jan Žižka）
[捷克] 弗朗齐歇克・达雷纳（František Dařena） 著
[捷克] 阿尔诺斯特・斯沃博达（Arnošt Svoboda）

汪顺玉 戴钰涵 译
王晓明 校译

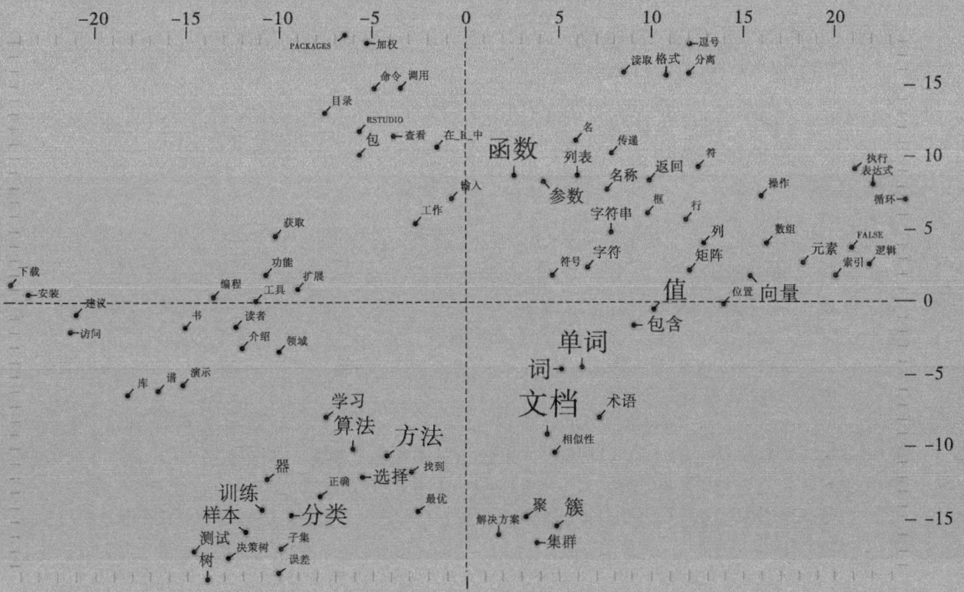

西安交通大学出版社
XI'AN JIAOTONG UNIVERSITY PRESS

陕西省版权局著作权合同登记号：25－2022－057

图书在版编目(CIP)数据

基于机器学习的文本挖掘/(捷克) 扬·茨卡，(捷克) 弗朗齐歇克·达雷纳，(捷克)阿尔诺斯特·斯沃博达著；汪顺玉，戴钰涵译．—西安：西安交通大学出版社，2023.7

书名原文：Text Mining with Machine Learning: Principles and Techniques

ISBN 978－7－5693－2988－9

Ⅰ．①基… Ⅱ．①扬… ②弗… ③阿… ④汪… ⑤戴… Ⅲ．①数据采集—研究 Ⅳ．①TP274

中国版本图书馆 CIP 数据核字(2022)第 242035 号

基于机器学习的文本挖掘
JIYU JIQI XUEXI DE WENBEN WAJUE

著　　者　[捷克]扬·茨卡　[捷克]弗朗齐歇克·达雷纳
　　　　　　[捷克]阿尔诺斯特·斯沃博达
译　　者　汪顺玉　戴钰涵　　**校　　译**　王晓明
责任编辑　李　蕊　　　　　　**责任校对**　牛瑞鑫
封面设计　任加盟

出版发行　西安交通大学出版社(西安市兴庆南路 1 号　邮政编码 710048)
网　　址　http://www.xjtupress.com
电　　话　(029)82668357　82667874(市场营销中心)
　　　　　　(029)82668315(总编办)
印　　刷　西安日报社印务中心

开　　本　720mm×1000mm　1/16　　**印张**　21.375　　**字数**　381 千字
版次印次　2023 年 7 月第 1 版　　2023 年 7 月第 1 次印刷
书　　号　ISBN 978－7－5693－2988－9
定　　价　105.00 元

如发现印装质量问题，请与本社市场营销中心联系。
订购热线：(029)82665248　(029)82667874
投稿热线：(029)82668531

译者序

随着数字时代的到来，学术研究“计算转向”特征越来越明显。“计算转向”是指计算方法、技术和工具在学术研究的各个领域中应用越来越普遍，地位越来越重要。目前，许多传统领域，如生物学、物理学、化学和工程，都在使用计算模型来解决以前难以解决的问题或研究以前无法研究的对象。此外，也出现了新的跨学科领域，如生物信息学、计算社会科学和数字人文学科等。这些领域在很大程度上也依赖于计算方法。这一转变主要是由包括计算能力的指数级增长和大量数据的可及性等几个因素推动的。计算的转变也带来了新方法和新技术的发展，如机器学习、文本挖掘、网络分析和数据可视化，这些发展有助于研究者在其研究领域获得新的见解、解决新的问题。总的来说，计算的转变代表着学术研究方式的重大转变，并为发现和创新开辟了新的途径。

机器学习与文本挖掘都是数据科学领域中的重要分支，它们有很多共同点，但也存在一些区别。机器学习属于计算机科学和人工智能的前沿领域，它通过训练算法从数据中学习模式和规律，通常用于分类、回归、聚类等任务。机器学习可以应用于各种数据类型，包括结构化数据和非结构化数据，如文本、图像、音频等。它的主要目标是构建预测模型，这些模型可以根据以前的经验对新的输入进行分类或预测。文本挖掘是一种特殊形式的机器学习，旨在处理和分析大量的文本数据。文本挖掘涉及自然语言处理技术，例如词性标注、命名实体识别、情感分析等。文本挖掘的主要目标是从文本中提取有用的信息，并将文本分为不同的类别或主题。这些类别或主题可以帮助研究者更好地理解文本数据并做出决策。因此，机器学习和文本挖掘之间的关系是：文本挖掘是机器学习的一个子集，它使用了机器学习中的许多技术和方法。另一方面，机器学习可以应用于各种数据类型，而文本挖掘只是其中的一个应用场景。

在学术出版领域，单独介绍机器学习或者文本挖掘的著作都不少，而把二者结合起来讨论的书就十分少见。本书的翻译出版能够弥补该领域资源的空缺，对学界和业界交叉学科的人才培养和学术研究的创新都有一定的参考价值。

除了可期的价值，选择翻译出版本书还有以下两点考虑：

一是内容的独特性。本书涉及的内容属于前沿技术，但是，本书作者以广大非计算机科学专家、非程序专家或非数据科学专家为潜在读者群体，在讨论前沿技术时，没有让读者陷入复杂的计算公式之中，而是以丰富的实际案例数据，循序渐进地为读者介绍机器学习和文本挖掘的知识，由宏观到微观，从概念到技术，巧妙地将机器学习、文本挖掘和 R 语言实现进行有效融合。本书提供的数据和 R 代码可以为读者提供重复操练的机会，从而提升学习者用 R 进行基于机器学习的文本挖掘的自信力。

二是作者的权威性。扬·茨卡是机器学习和数据挖掘领域的顾问，他曾担任过系统程序员、高级软件系统开发人员和研究员。在过去的二十多年里，他一直致力于人工智能和机器学习，尤其是文本挖掘。他曾在多所大学和研究机构担任教员，撰写了大约 100 份国际出版物。弗朗齐歇克·达雷纳是布尔诺孟德尔大学信息学系教授兼文本挖掘和 NLP 小组负责人，他在国际科学期刊、会议论文集和专著上发表了许多文章，并且是几家国际期刊编辑委员会的成员。他的研究领域包括文本/数据挖掘、智能数据处理和机器学习。而阿尔诺斯特·斯沃博达是一位资深编程专家，熟悉编程语言和系统，如 R、Matlab、PL/1、COBOL、Fortran、Pascal 等。

多年来，我喜欢与研究生和年轻教师一起翻译一些国际学术前沿方法方面的书，以满足国内研究生和青年学者学习之需，同时，翻译这类书籍也是对自己学术知识储备和工具使用能力的提升。本书英文版是我为西安外国语大学博士生开设"计算话语"课程的重要参考书，初稿翻译由我的博士生戴钰涵完成，王晓明老师负责审校，我负责统稿，杜伦大学商学院的硕士生汪宏见通读了译稿。

各个行业和学术领域都在产生海量文本，分析大数据文本为研究和决策服务已经成为必须。如果读者希望了解如何用 R 语言进行文本挖掘，实现基于机器学习的主要分类算法、聚类算法、词嵌入特征选择等技术，相信该书能够提供明晰的解释和便捷的方案。

感谢西安外国语大学科技处为本书出版提供基金支持。感谢西安交通大学出版社对该书价值的认可。特别感谢本书的责任编辑、责任校对等相关工作人员对书稿的精心审校，没有他们专业且耐心的付出，本书顺利出版是不可能的。

由于水平有限，翻译时存在误译在所难免，语言表达也仍需润色，敬请读者不吝赐教。

汪顺玉

西安外国语大学雁塔校区

前　言

在计算机科学和人工智能的前沿领域，机器学习成为一个热门的分析工具。它支持使用者利用高级的分类和聚类方法探索大量文本数据。目前有众多软件能够帮助我们实现机器学习算法，因此研究人员可以直接利用它们处理给定数据，不需要完成复杂的算法实现过程。本书旨在帮助对文本挖掘技术感兴趣的研究者们快速入门自然语言文本分析领域。

本书选择使用 R 语言实现主流的机器学习算法。R 可以免费安装在各种操作系统上，并允许使用者以接口形式在 RStudio 中调用这些算法，无须复杂的学习过程。尽管理解、使用和解释算法结果需要基本的编程技术和高等数学知识(线性代数、统计学、函数分析)，但本书不是面向计算机科学家、程序员或数学家的，因此对这些内容感兴趣的读者可通过阅读参考文献中的相关书目获取相应补充内容。近年来，互联网上社交媒体、产品或服务评论、电子邮件、博客和论坛上产生的大量文本数据使得用于研究这些特定类型数据的文本挖掘方法成为一个热门且发展迅猛的领域。例如邮件系统中耳熟能详的邮件过滤功能就是文本挖掘的应用之一。

本书介绍了基于机器学习的文本分析方法、R 编程语言、文本结构化表示、文本分类及最常用的分类算法(贝叶斯分类器、最近邻、决策树、随机森林、支持向量机和深度学习)、聚类算法。本书最后两章还讨论了词嵌入及特征选择问题。

希望感兴趣的读者能够通过本书了解人工智能和机器学习领域，以及如何通过该领域应用研究和分析人类产生的数据。

作者简介

扬·茨卡(Ja Žižka)，目前在机器学习和数据挖掘领域从事咨询工作。他曾经是一名系统程序员、高级软件开发员及研究员，在过去的25年中一直致力于人工智能和机器学习，特别是文本挖掘的研究。他也曾在捷克等地的一些大学和研究机构中工作过，是大约100部国际出版物的作者或合著者。

弗朗齐歇克·达雷纳(František Dařena)，现任布尔诺孟德尔大学商业与经济学院信息学系副教授、系统工程和信息学博士学位项目保证人、文本挖掘与自然语言处理组组长。他是多本国际期刊的编委会成员，是 *International Journal on Foundations of Computer Science & Technology* 的主编，曾在国际科学期刊、会议论文集和专著发表过多篇文章。他的研究领域包括文本/数据挖掘、智能数据处理和机器学习。

阿尔诺斯特·斯沃博达(Arnošt Svoboda)，编程专家，研究领域包括编程语言和系统，如 R、Assembler、Matlab、PL/1、Cobol、Fortran、Pascal 等。过去20年来他一直在马萨里克大学应用数学与计算机科学系担任教师和研究员，目前主要研究机器学习和数据挖掘。

目　录

第 1 章

基于机器学习的文本挖掘介绍

1.1 简 介 1

近几年来，各式各样的社会活动带来了数据的爆炸式增长，这些数据来源不同且格式多样。互联网的飞速进步也带来了人类生活方式的改变，例如通过手机等各种电子设备随时随地交流和使用软件，购物、政府互动、客户交流等许多线下活动被逐渐转移到互联网平台上，各类型文档的数字化，虚拟平台上的见面和交友等。Web 2.0[26] 的到来为我们提供了更多表达自己想法、建议和态度的途径。

我们普遍使用自然语言书写的文本进行交流，这种文本文档与人类活动关系非常密切，值得成为研究分析的数据来源。同时，基于文本进行分析的研究成果几乎可以应用在所有领域上。

传统的文本分析方式实质是相同的，我们需要一种新的计算方法去找到爆发式增长的文本数据中的价值。因此，文本挖掘逐渐流行起来。在文本挖掘过程中，用户通过使用分析工具与收集的文本进行交互，来发现和探索一些有趣的现象[87]，这是一个知识密集的过程。目前，文本挖掘被应用在市场 2
营销、情报竞争、银行、医疗保健、制造、安全、自然科学等许多领域[254,192]。

由于自然语言文本是使用语法来编写的，文本中的句法结构(syntactic patterns)可以被识别出来，因此利用计算机我们可以去分析文本的句法，进而识别文本中的单词是如何排列的。语义学研究词或词组在语境中的意义，如果无法准确理解语言，就不可能完全理解其含义。但幸运的是，鉴于语法和语义的密切相关性，即使没有完全理解一段文本的意义，我们仍可以去解决很多实际问题。如果两段文本使用了相同的词汇与句法结构，它们很可能在语义上是相似的，也有可能来自同一类文档[196]。

一般来说文本分析有两种不同的方式。第一种是将文本数值化，采用统计和机器学习的方法分析；第二种是将文本表示成包含了意义和关系的语言模型，采用语言学的方法和自然语言处理技术来分析。文本挖掘一般结合使用以上两种方法来挖掘大规模文本中蕴含的信息[254,271]。

1.2 文本挖掘和数据挖掘的关系

文本挖掘包含了一系列挖掘文本不同特征的任务，主要的任务类型包括[196,279,123]：

文档分类——将文档分配到单个或多个预定义的类别中(例如，将新闻分为一个或多个类别，标记邮件是否是垃圾邮件)；

聚类——根据文档的相似度对文档进行分组(例如去识别同一主题的文档)；

摘要——将单个或多个文档集合转换为包含关键信息的简短文本；

信息检索——从收集到的大量文档中提取与检索内容匹配的信息；

文章或部分段落的含义提取——识别隐藏的主题，分析情感、观点或情绪；

信息抽取——从非结构化文本中提取实体、事件或关系等结构化信息；

3 关联挖掘——发现文本中概念或术语之间的关联；

趋势分析——查看文档中包含的某个概念是如何随时间变化的；

机器翻译——将一种自然语言转换为另一种自然语言。

部分文本挖掘任务与数据挖掘任务非常相似。数据挖掘是一种自动或半自动地从收集的大量电子资源中寻找隐含价值的过程。通过数据挖掘，我们可以发现数据中的规律，从而对未来做出预测[280]。

数据挖掘包括了很多不同方法、工具、算法或模型，而它们都要求数据是结构化的，这意味着数据需要像存储在关系型数据库中那样存储在表格中。根据数据的不同特征(或属性、变量、字段)，数据可以被表示成一系列实例、数据点、观测值的形式。

根据数据的特征，可将数据分为以下几种类型[75,174]：

分类型(无序)：一组离散的值，排序对其没有意义；

二进制型：只有两个值(0 或 1)的特殊分类数据；

顺序型：一组离散的值，可以进行排序；

数值型：一组整数或连续数字。

表 1.1 给出了一个将数据结构化表示的例子。该表展示了某零售商店的销售数据，其中每一次购买记录都包含了顾客的特征(年龄、性别、教育水平)、购买日期和总交易额。

表 1.1　某零售商店销售数据的结构化表示

年龄	性别	教育水平	购买日期	总交易额
35	female	primary	2019/2/10	20
40	male	tertiary	2019/2/14	28.4
21	male	secondary	2019/1/30	15.1
63	female	secondary	2019/3/1	11.9

然而，这种结构并不适合用来表示文本。通常来说，文本是自然语言书
写的由具有实际意义的部分(单词)按照一定规则(语法)组成的字符串。文本 4
的长度不受限制，它既可以是由单个或多个句子组成的段落、由段落组成的长文本(例如网页、电子邮件、文章、书籍等)，又可以是仅包含了几个词的非有效句子(例如社交网站上的讨论帖)。

为了能将数据挖掘方法应用到文本上，我们需要将文本转化成结构化数据。本书第 3 章介绍了一种非常典型的文本结构化表示的方法：词袋(bag of words)表示法——将文本表示成向量空间模型中的一组向量。另外一个较新的方式是词嵌入——将词嵌入到连续向量空间中，这个方法我们将在本书第 13 章中介绍。

在使用词袋表示法时，可能会出现以下问题，虽然这些问题并不一定都出现在数据挖掘任务中[134,65,188,170,202]：

■ 不考虑特征的复杂性，数据挖掘问题本身的输入空间可能很大。各语种词典一般会包含成千上万个词，虽然大多数文档集合中，并不是一种语言中的所有词都会出现，但如果我们除了考虑词本身的特征，还要考虑词的组合、相互位置或语法关系，词的复杂性会进一步增加。另一方面，某些相对较小的文档集合也可能包含成百上千个不同的词(见图 1.1)。

■ 数据本身可能会包含大量噪声。人们在创建文本文档时经常会犯错误，包括拼写错误、语法错误和标注错误等(例如给一个正面的评价标记为一星而不是五星)。

■ 表示文档的向量非常稀疏。文章中出现的唯一词的数量(短信一般有 10

个词)和整个词典中词的数量(一般有上万个词条)差距非常大，因此只有一小部分向量是非零的。

■ 词在文档中的出现频率呈强偏态分布，它遵循齐普夫定律(见第 3.3 节)。这意味着只用几个词就可以表示大部分文档内容，而且大多数词出现的频率都非常低。

■ 在很多数据挖掘任务中，通常只有一小部分文本内容是与任务相关的。例如在一个对文档分类的任务中，只需从字典中获取几百个词，我们就可以
5 比较准确地将各文档归为正确的类。因此，许多词都是多余的。

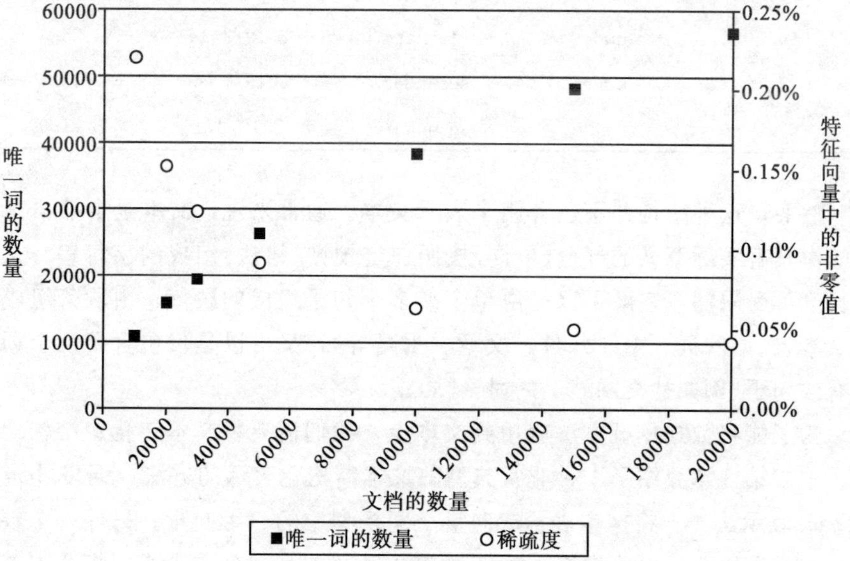

图 1.1　该图表示了文档数量和文档集合中唯一词数量间的依赖关系(图中的数据是客户评论数据，数据最小长度、最大长度和平均长度分别为 1、400、24)

■ 由于数据标注需要人工进行，并且耗时耗力，因此很多任务数据存在缺少数据标注的问题。对于一些具体问题，有时也会出现只有正样本，缺少负样本的情况。

■ 很多时候，数据在不同类别或主题上的分布是不平衡的，这意味着一些类别有比其他类别更多的可学习的实例。情感分析就是个典型的例子，一般来说商品的正面评价通常远比它的负面评价要多。

1.3　文本挖掘过程

在实践中，为了能科学合理地从收集的文本文档中找到有价值的信息，

我们需要使用文本挖掘。文本挖掘的一般过程包括了以下步骤[271,133,196]：

■ 定义问题。这一步与后面实际是分开的。在这个步骤中我们需要理解问题域，定义好需要回答的问题。

收集必要的数据（确定需要收集的文本信息的来源及文档）。文本可以来 6
自内部资源如公司（内部数据库或档案），或者来自外部资源如网络。对于外部资源，我们常需要通过抓取器直接抓取网页内容来获取。另外，一些基于网络的信息系统的 API 也可以被用来检索数据、存储文本，以便后期分析。

■ 定义特征。定义能够较好地描述文本和匹配任务的特征。特征的定义通常基于文本的内容。举一个简单的例子，在带有二进制权重的词袋表示法中每个词都有一个布尔特征，布尔值表示这个词是否出现在了文档中①。其他方法使用更为复杂的加权方案或者根据单词派生特征（修饰词、词组等）来定义特征。

■ 分析数据（从数据中寻找规律）。首先，我们可以根据任务类型（比如分类），选择一个具体的模型或者算法，定义其属性和参数，然后将模型应用到数据中，从而形成解决方案。为了解决某个特定的问题，我们通常可以选择并使用很多模型。我们并不会事先做出选择，因为对于不同的模型来说，数据挖掘的过程和结果也会有所不同：部分模型可以很容易被解释（白盒），而部分模型很难或者不需要被解释（黑盒）；有些模型具有较高的计算复杂度；有些模型中，根据模型的使用方法快速建立模型比快速应用更重要，有些则相反。模型的适用性非常依赖于数据，同样的模型可能在一个数据集上表现得特别好，却无法在另一个数据集上使用。因此，选择一个正确的模型、创建正确的结构及调整参数往往需要大量的前期实验工作。

■ 解释结果。到这一步，我们已经通过分析数据得到了结果。我们需要仔细观察并将结果与我们想要解决的问题联系起来。在这个阶段我们可能还需要对结果做验证与确认，从而保证实验结果的可靠性。

1.4　用于文本挖掘的机器学习

作为计算机科学和信息学的一部分，机器学习[199]是人工智能最实用的领域之一[161]。它的灵感来自学习能力，换句话说，来自获取新的或者额外

① 译者注：原作者这里指的布尔值是 0 或 1，0 代表该词未出现，1 代表出现。

7 知识的能力，这也是生物最重要的能力之一。作为一门致力寻找和开发算法的科学，机器学习专注于从学习的角度模仿或模拟生物体的心智能力。

我们所学到的知识具有普适性，虽不足以解决所有问题，但允许我们以过去相同的形式或环境中所获取的经验去解决未来可能发生的问题。即使未来的某个问题与已经发生的事情相似，用曾使用过的完全一致的方案去解决它也是不可能的，但是，在大多数情况(或理想情况、所有情况)下我们可以使用相似的解决方案(或程序)去解决未见事件。

作为一种现代工具，机器学习包含了很多有用的东西。到目前为止，它已经发展出十几种不同的算法，同时算法还在不停地迭代更新。现实世界需求的飞速增长迫使机器学习领域不断衍生出新的算法来代替旧的算法。除了算法和与之相关的信息技术外，机器学习也不可避免地要用到数学，特别是概率论、统计学、组合学、数学分析等一系列基础科学。

机器学习利用计算机来解决问题，但它与使用精心设计和调试的程序来处理输入数据的传统方法不同。传统计算机程序由一系列指令组成，这些指令处理输入数据，结合外部提供的预定义参数输出数据。例如，使用计算机程序从问题的预设解决方案中查找结果，就像一个包含了一组输入值、数学方程和结果的表格。我们可以将这样的程序简化成函数 $f(x)=y$，在这个方程足够可靠的前提下，当我们给定一个输入 x，会得到一个输出 y。如果我们不知道这个函数，就有必要对其进行估计或近似。

如果我们遵循了所需条件和规则，某结果是有保证的，因为它的产生基于数学证明的定理和方法。但是，如果数据或工作环境发生了即使很小的改变，程序仍旧会失效或出现根本性错误。例如，分析的文本可能包含了程序创建时不知道的新术语，或者我们需要去使用另一种语言分析数据时，就不得不重新去设计程序。

在机器学习中，我们可以选择一些已经存在并实现的算法，使用数据对算法进行训练，再用新训练的算法解决新问题。在机器学习中，这些获取的新信息可能没有足够的数学证明来支持，它们的支持来自经验证明和启发。

8 图 1.2 简要说明了传统方法和机器学习方法的区别。模型训练的目标是确定模型的结构和参数，在这个过程中需要用到甚至反复使用训练样本。训练阶段的成功率必须通过测试来衡量，测试使用与训练样本数据不同的另一组样本。

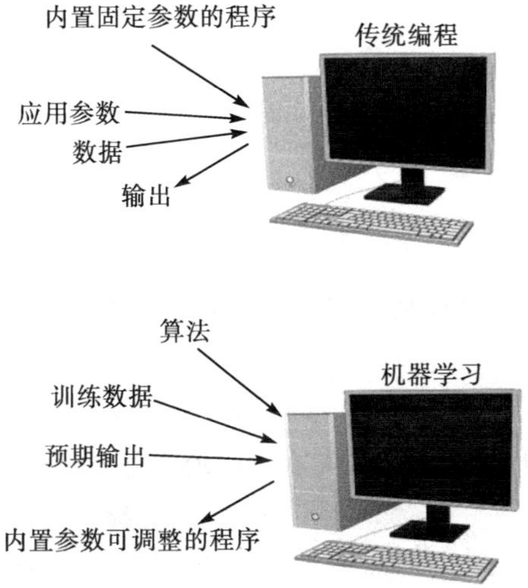

图 1.2　传统编程与机器学习的原理说明

1.4.1　归纳机器学习算法

目前的机器学习算法侧重于解决实际问题，尤其是基于归纳的算法[221,208,75]。归纳学习是对特定样本在一个给定问题域中的概括，其中样本由收集的数据组成。在本书中，我们认为这部分与解决给定问题相关的数据叫做信息，这种广义的信息组成了知识，机器学习的主要目的就是挖掘隐藏在大量数据中的知识。

给定一个由 n 个样本组成的数据集合$\{x_1, x_2, \cdots, x_n\}$，且已知每个样本 x_i 都能对应一个正确结果 y_i，即近似函数 $\hat{f}(x) \approx f(x)$。近似的准确性取决于样本能够在多大程度上覆盖(或表示)所有的数据。在现实世界中，一 9
般不是所有数据在给定时间段内都可用，我们也有可能无法在可用时间段内对全部数据进行处理。更有甚者，我们可能根本无法得到未来的数据，过去的数据也并不足以完全表示那些未来的数据。

与传统的计算机应用程序不同，在机器学习程序中我们已经实现选取算法，但是还需要根据具体数据调整算法参数。而机器学习的目的便是自动获取选定算法的适当参数。

1.5　机器学习的三种基本方向

根据收集到的训练样本提供的信息，目前机器学习领域分为以下三个基本方向：

- 监督学习
- 无监督学习
- 半监督学习

1.5.1 监督学习

监督学习又被称为有教师学习，它依赖于标记的训练样本。每一个样本 x_i 都有它对应的函数值 y_i：

$$y_i = f(x_i).$$

如果函数 y_i 是非数值型的，那么它的值就是类的标签。例如，根据读者的评论，我们可以给书分配(标注)一个 $y_i \in \{$有趣，乏味，一般$\}$，分类算法就是用这样带样本的标签进行学习的。这个学习过程被称为有教师学习，因为被训练的算法可以得到正确的答案(标签)反馈。监督分类正确性的“教师”会给予“学习者”一个反馈，通过这种反馈，“学习者”能够知道答案是否正确，从而提升自己的知识——调整算法的参数。

数值函数的回归方法与本章节无关，这里不做讨论。

1.5.2 无监督学习

与监督学习不同，在无监督学习中，由于没有“教师”，“学习者”无法得到反馈，因此它们必须自己学习。“教师的缺席”意味着可利用的样本 x_i 缺乏
10 适当的分类标签，因此不能直接了解每个类别的内容，同时在给定情况下也无法分辨存在多少类别。无监督学习的任务不仅是学习如何正确分类，还要学习分类的类别。

机器学习的这个分支也被称为无教师学习，需要采用各种聚类算法和方法。基于 x_i 的内容，聚类算法试图去找到足够相似的样本，并将具有相似类别的样本聚集成一个簇，每个簇就是一个类别。通常，在聚类前我们需要先定义共生成多少个簇，这是聚类算法中一个非常常见的问题。簇越少则意味着从数据中挖掘到的分类特征越模糊，簇越多则每个簇的共同特征就越具体。然而，簇太多会导致从样本中提取的泛化特征较少——在某些极端情况下，每个簇只包含一种特征，此时，分类特征信息不是特别有用。

也有一些聚类算法能够找到合适的聚类数量，例如最大期望(Expectation - Maximization)算法。关于该算法更多的详细信息，请查看参考文献[112]的章节 8.5。最大期望算法能够为每个数据生成一个概率分布，计算其属于每个簇的概率。通过交叉验证，它可以决定要创建多少簇，或者

预先设置要生成多少簇。

由于可使用的信息更少，无监督学习比起其他方法实现起来更为困难，要求也更高。但聚类却成了当今世界需求量极大的应用之一。有兴趣的读者可以在参考文献[142，230，22，254]和其他很多文章中找到更多关于聚类方法的信息。

1.5.3　半监督学习

半监督学习是现代机器学习的一个分支。顾名思义，它是一种介于无监督学习和监督学习间的特殊学习方法。在半监督学习中，仅有一小部分训练样本具有标签，大部分样本都是无标签的。

有标签的样本能够提供有价值的初始信息，这使得我们能够更容易地区分训练样本有无标签，并生成正确的类别。

自动收集和存储大量无标签数据比收集并标记所有数据要容易得多，因此这种半监督学习的方式在当前是非常典型的。

由于现代信息和通信技术(互联网、社交网络)的使用，每天都有越来越
多有价值的文本数据(或其他非结构化数据)产生，从语义的角度来看，对它 11
们的处理现已远远超出了“人工”所能处理和研究的范围。

有限的训练样本虽然只能提供有限信息，但这些有限信息可以给我们处理完整(无标签)数据提供指导，帮助我们进行高级文本分析。在分类任务中，“教师”可以准备一组带有答案(有标签)的样本，“学习者”可以以这些样本为线索，对无标签的训练数据进行分类。同时，它也使得“学习者”能够更好确定分类的类别和数量。

读者可在参考文献[1]中找到一些有关半监督学习算法(如自训练算法、协同训练算法等)的介绍。

1.6　大数据

我们经常能够感受到在文本挖掘中可以获取的数据太多。这一方面使得我们有充足的训练样本来表示全部数据，但另一方面，由于计算复杂度(时间和内容消耗)过高，现有的硬件无法处理这些数据，使得整个数据分析过程难度很大。这种问题被称为“大数据”问题(本书中没有具体讨论该问题，读者可以阅读参考文献[147，152]中对它的介绍)。

得益于广泛可用的全球网络技术，如互联网，文本数据每天都以惊人的规模不断增长，“大数据”问题成为文本挖掘中的一大特色。各式各样的社交

网络成为最慷慨的数据提供者，为创建者和使用人提供了非常宝贵的信息来源。但可惜的是，我们无法定义一个可以处理自然语言文本数据的数学函数，使这些数据可以让我们从语义的角度进行正确分析。由于数据量巨大，我们不得不使用信息学和计算机技术来帮助我们处理和分析数据，而这正是机器学习可以帮助我们的地方。

1.7 关于本书

到目前为止，学界已经出现了很多关于机器学习的书籍，例如参考文献中的[199，151，187，261]，这些书籍介绍了如何使用机器学习处理不同领域的问题，读者可以从这些书中找到自己感兴趣的领域。本书的目标不是讲
12 解机器学习本身，而是介绍如何使用机器学习解决文本分析领域的问题。

为了使读者能够感受并完成真实的文本分析，本书使用 R 语言作为分析工具。R 是一种非常优秀的统计软件，它免费、可编译(相同的代码可以在许多平台上运行)，并且能够通过包来扩展功能，受到全世界众多研究者的喜欢。但由于 R 只能处理计算机内存中的数据，且支持动态类型，所以它的处理速度很慢，不适合用来解决大规模问题。

R 及其可用库提供了许多机器学习算法，在使用这些算法前我们必须将数据处理成算法要求的数据格式，再进行分析、可视化、评估。所有的这些步骤和功能都被合并到了计算机程序(脚本)中，也可以在 R 解释器上运行。

本书在处理典型文本挖掘问题的章节中提供了算法展示和解决实际问题的代码。为了使读者能够理解代码，书中还讲解了部分 R 的基础知识。但由于篇幅有限，本书对 R 语言的讲解无法面面俱到，因此只在特定示例中解释必要信息。如需其他详细信息或最新描述，读者可在所使用的 R 包手册中查找。

第 2 章

R 语言介绍

R 语言是目前非常流行的用于统计分析和制图的高级编程语言和编程环 13
境，特别受到机器学习研究者的喜欢。它专注于使用向量和矩阵进行统计操作，仅用几行代码就可以创建统计模型[209]。

R 是一套由数据操作、计算和图形展示功能整合而成的组件，包括了高效的数据存储和处理功能、多维数据计算操作符、完整体系的数据分析工具，以及用于数据分析和显示的强大的图形功能。同时，它本身还是一个非常简单、高效的程序设计语言，具有编程语言所有基本元素，如条件、循环、自定义函数和输入输出功能[117]。用 C、C++或 Fortran 编写的组件可以增强 R 的功能[80]。

R 语言诞生于 1980 年前后，由奥克兰大学的罗斯·伊哈卡和罗伯特·詹特曼开发，它的语法、语义和实现来自另外两种古老的语言——S 和 Scheme[125]。R 是一个开源项目，程序开发者可以看到函数功能是如何实现的，甚至可以按照需求进行修改[203]。R 在科学、工程和教育领域非常流行，有许多活跃的社区。R 基金会支持 R 项目及其发展，包括组织会议、资助 *R Journal*（https://journal.r-project.org）等。

本书不提供使用 R 进行编程的详细方法，R 并不是文本分析的唯一选项。这里使用编程语言的目的是演示机器学习算法的原理，并从文本中获得真实结果。对 R 语言编程有兴趣的读者可以查阅更多丰富资源，例如：

The R Primer，作者是 C. T. Ekstrom，CRC Press 出版；

R in a Nutshell: *A Desktop Quick Reference*，作者是 J. Adler，O'Reilly 14
出版；

The R Book，作者是 M. J. Crawley，Wiley 出版；

The Art of R Programming: *A Tour of Statistical Software Design*，

作者是 N. Matloff，No Starch Press 出版。

同时，R 手册中也提供了更多信息，可参阅 https://cran.r-project.org/manuals.html。

部分研究任务可以通过 R 核心功能和函数来完成，其他一些算法可由 CRAN(Comprehensive R Archive Network)中提供的各种软件包实现。为了解决一个特定问题，我们通常需要使用多个软件包。目前，CRAN 中包含了 14000 多个解决不同领域问题的包。本书的重点在于介绍机器学习算法而不是 R 语言，因此书中并没有列举所有可以解决文本分析问题的包。此外，示例中通常只使用包中的部分必要功能(仅其中一些函数和参数)，如读者想了解某个软件包的完整功能和参数，可以在相关包文档中查找。

2.1 R 的安装

只需准备一台可上网的电脑即可安装和使用 R。R 是 GNU 系统(https://www.gnu.org)上的一个自由、免费、源代码开放的编程软件(https://www.r-project.org)，它可以在 UNIX、Windows 和 Mac OS X 平台上编译运行。

如需获取该语言的最新版本，请访问 CRAN 网站(https://cran.r-project.org/mirrors.html)，并选择需要的 CRAN 镜像。然后选择一个平台(Linux，Max OS X 或 Windows)来获取预编译好的可执行版本(图 2.1)。

本书演示了在 Windows 操作系统上安装 R 的步骤，在其他操作系统上的安装步骤可在 R 官网上找到。

在官网上选择“为 Windows 安装 R 语言”(Download R for Windows)时有很多可选的子目录(Subdirectories)，我们推荐第一次下载 R 语言时选择 base 子目录(图 2.2)。

虽然旧版仍可以访问，但是我们建议下载 R 的最新版(图 2.3)。在安装向导的帮助下，我们可以很容易地下载和运行 R 的可执行文件(例如 R-3.5.1-win.exe)。

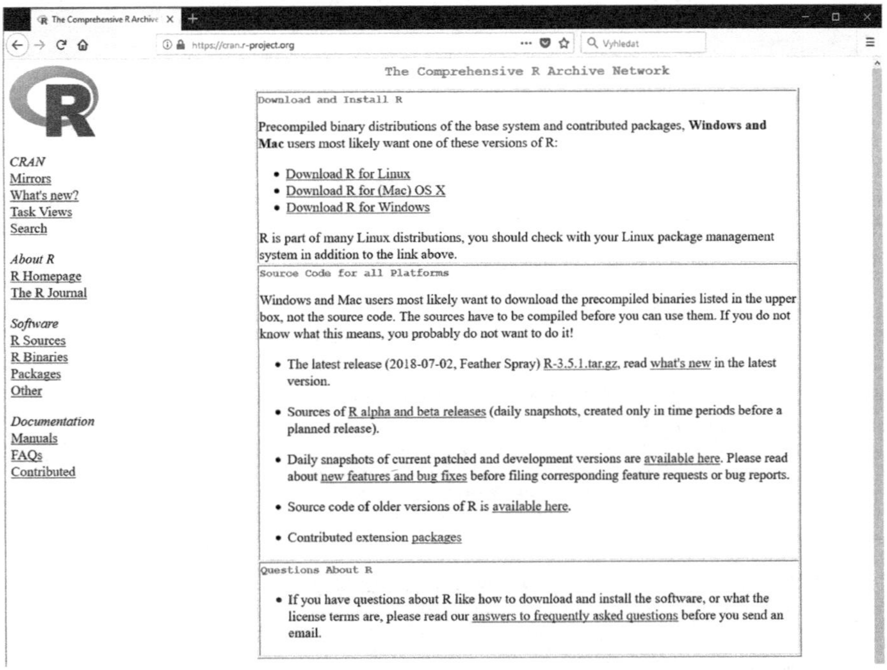

图 2.1　R 语言的官网主页

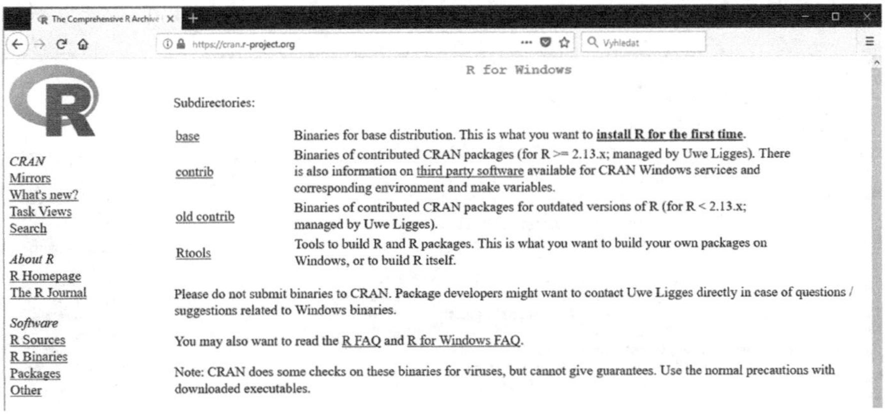

图 2.2　为 R 语言的安装选择子目录

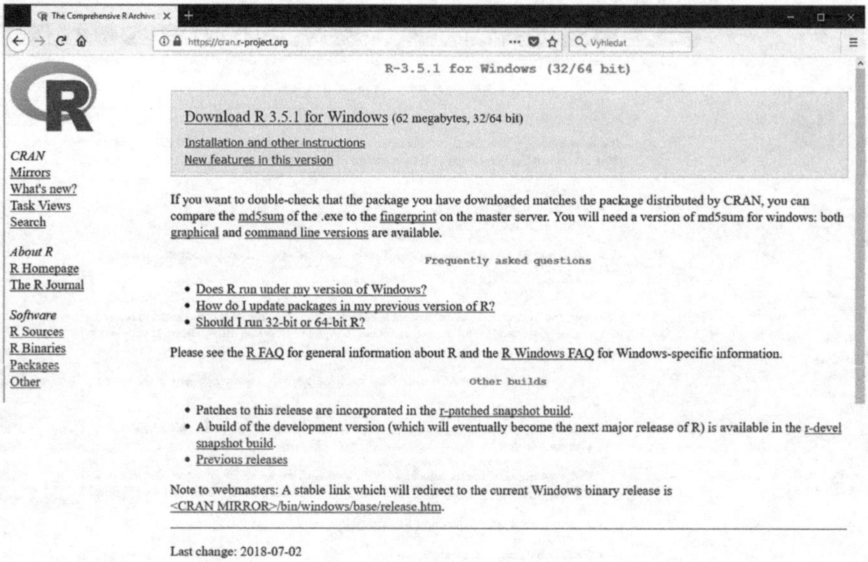

图 2.3　获得 R 的最新版本

15　2.2　R 的运行

点击 R 图标即可在 Windows 上运行 R 并看到 R 的图形化界面(图 2.4)。

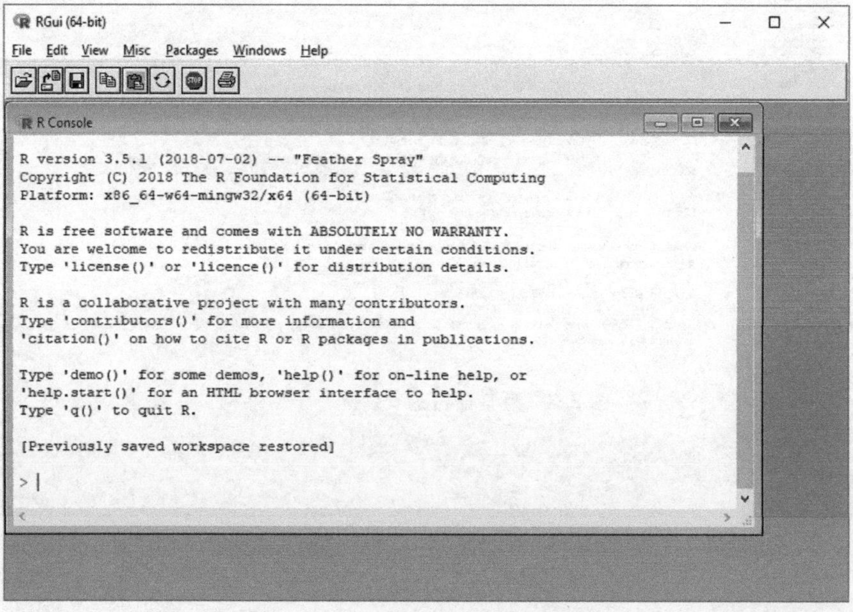

图 2.4　R 在 windows 上的图形化界面

R 的图形化界面中有菜单、工具栏和控制台。在控制台对话框内(展示了 R 的版本和系统初始信息)，我们可以看到以>符号开头的一行。这个>符号叫作提示符，提示符后是输入命令的地方。我们可以在这行中尝试输入 `citation()` 来查看如何在出版物中引用 R。

更简单的方法是通过集成开发环境（Integrated Development Environment，IDE)来使用 R，R 常用的集成开发环境有：

- R Studio
- Visual Studio for R
- Eclipse
- Red-R
- Rattle
- 其他

RStudio 被 KDnuggets① 上的读者评为最受欢迎的集成开发环境。在后 16
续的内容中，我们将使用 RStudio 进行演示。

2.3 RStudio 17

RStudio 是 R 的集成开发环境，有开源和商业两种版本，支持运行代码，并具有语法高亮、代码补全和智能缩进功能。RStudio 支持跳转到函数定义、集成文档和帮助资源、管理多个工作目录、多文件编译、提供用于诊断和修复错误的交互式调节器及包的开发工具等功能，可以简化程序开发人员的工作。

RStudio 是一个非常有用且强大的 R 编程工具，可以被安装在 Windows、Mac OS X 和 Linux 等各类操作系统上。我们建议大家在阅读本书时使用 RStudio。如要获取 RStudio，请访问 https://www.rstudio.com/并遵照说明下载。

启动 RStudio 后，会显示如图 2.5 的对话框。

① https://www.kdnuggets.com/polls/2011/r-gui-used.html

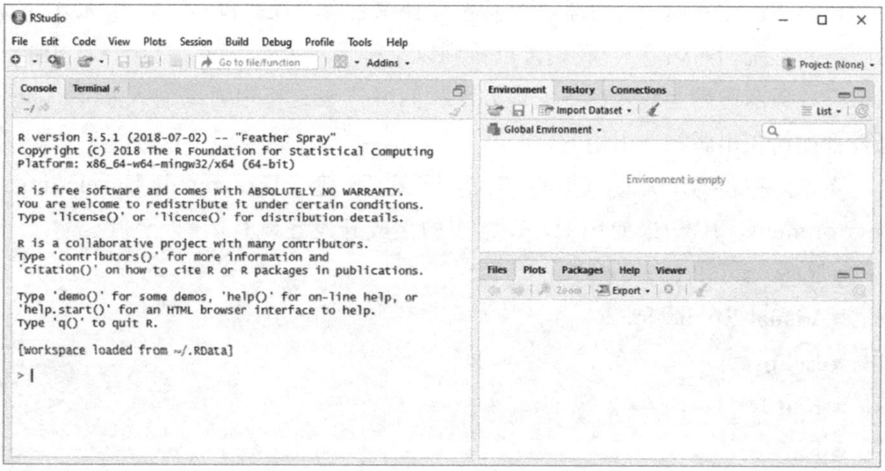

图 2.5　RStudio 的图形化界面

■ 对话框左上角：包含可执行 R 命令或脚本的控制台(Console)和允许访问系统命令行窗口的终端(Terminal)；

■ 对话框右上角：包含环境(Environment)、历史(History)、连接(Connections)窗口，展示了关于环境、历史命令和连接到外部数据源的信息；

18 ■ 对话框右下角：包含当前的工作文件目录(Files)、可视化图像(Plots)、已安装的 R 包(Packages)、帮助(Help)以及本地 web 内容查看窗口(Viewer)。

在主菜单中选择 File/New File/RScript 后，系统将创建一个新的 R 脚本并在界面上打开新的空编辑器窗口。在这个窗口中可以输入代码并将其以脚本的格式保存在磁盘中，方便再次打开编辑或运行。

在 RStudio 中编写代码时，可以在主菜单 Session/Set Working Directory/Choose Directory 中设置一个工作目录，用于存储 R 代码、图像等。

2.3.1　项目

RStudio 提供的“项目”(Projects)功能非常有用，允许用户将工作文件保存成不同的项目。每个项目中包含了该项目的所有 R 脚本、输入数据、分析结果或图像，并且项目间具有不同的工作目录、历史信息和工作区。

在主菜单中选择 File/New Project 即可创建新的项目(图 2.6)。我们可以在新目录或者现有的工作目录中新建项目，或者从版本控制(Git 或 Subversion)存储库中克隆一个项目。

点击 New Directory/New Project 选项，在弹出窗口中为项目目录创建名称并选择一个存放位置，随后就生成了新的工作目录。该目录中附带一个项目文件（扩展名为.Rproj）和一个用于存储项目临时文件的隐藏目录（.Rproj.user）。RStudio 还会自动加载和打开该项目，图标会显示在工具栏右侧，并自动将项目工作目录设置为文件主目录。

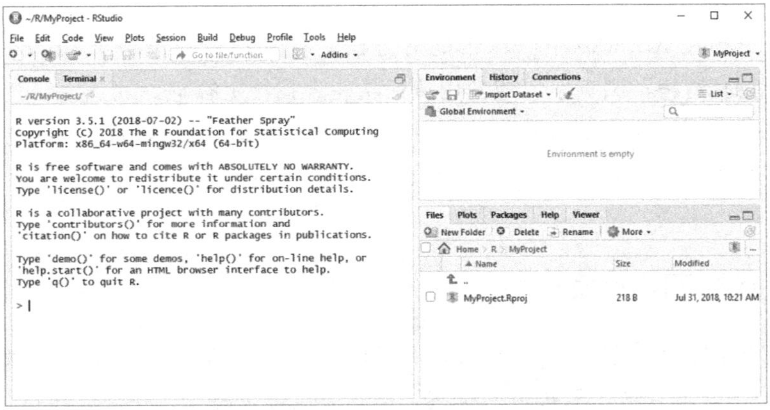

图 2.6　在 RStudio 中创建的一个新项目

2.3.2　获取帮助 19

调用 help()函数可打开查找对象（如运算符或函数）的帮助页。在这个函数中，查找对象的名称是作为字符串类型的参数传递的，需要用单引号或者双引号将其括起来。但也可以不使用引号，例如直接输入?sin 就可以打开 sin()函数的帮助页（图 2.7）。

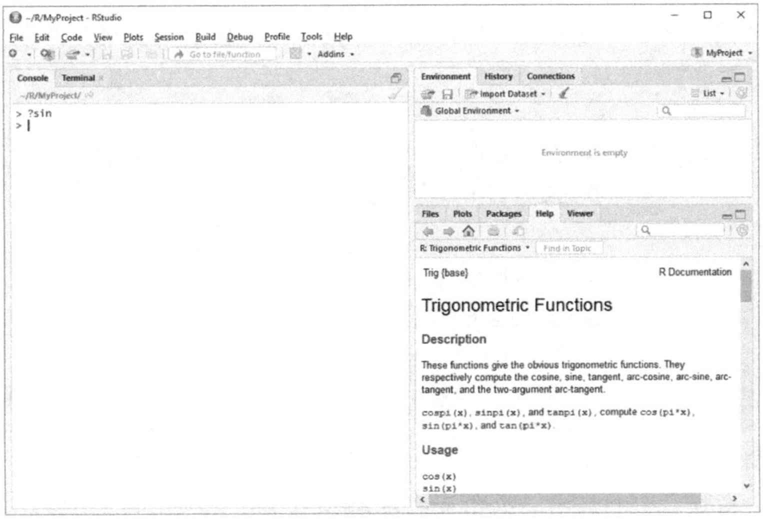

图 2.7　查找一个已存在函数的帮助页

如果不记得查找对象的确切名称，但知道与之相关的概念(例如本例中的三角函数)，请使用 help.search()函数。该函数能够在文档中查询传入的字符串参数，并获取与此相关的可能结果。同样的，也可以通过??简写(例如??trigonometric 或者??"trigonometric functions")。

另一种在 RStudio 中获取帮助的方法是在主菜单中选择 Help/R Help，转到“帮助”窗格，浏览手册或使用搜索功能查找特定答案。

如需查看一些与函数相关的实例，请使用 example()函数，将函数名称作为参数传递，例如 example(help)或 example('+')。

2.4 编写和执行命令

当 R 控制台中显示>提示时，可以向其中输入命令(由对象和函数组成
20 的表达式)。输入命令后按下回车键，R 就会执行该命令，并在成功执行后显示结果[1]和新的>提示符。

```
> 3+8/4   # after writing the expression, Enter was pressed
[1]  5
> "Hello, World!"
[1]  "Hello, World!"
>
```

当输入的命令不完整(例如缺少右括号、引号或操作数)时，控制台将在下一行显示一个“+”提示符，以便用户补充写入。如想结束写入命令，只需按“Esc”即可。

21
```
> 5+          # 在此处按回车
 + 6          # 在此处按回车
[1]  11
> 5+          # 在此处按回车
 +            # 在此处按退出 Esc
>
```

---

[1] 方括号中的数字与输出元素的编号有关，使用时可以忽略。例如，当输出一个向量时，行从它的第一个元素开始计数。

RStudio 支持将两个或多个表达式放在同一行中，但需使用分号将表达式分隔开来。

```
> 1 + 2; 2 - 3; 4/5
[1] 3
[1] -1
[1] 0.8
```

完成整段代码时，可使用 Tab 键查看当前行中已给定代码的可补全选项列表(某些时候也会提供对它们的简短描述)，Rstudio 会分析代码并对有意义的部分提供补全项。当选择了其中一个可补全项时，这些文本会插入到已给定代码中。如果当前代码仅有一个可补全项，则软件会直接完成代码输入，不会显示任何选项。

使用方向键“↑”或“↓”，可以查看之前输入的命令。使用组合键“Ctrl＋↑”可显示之前输入的所有命令，这些命令也可在 RStudio 的“历史”面板中获得。

注释用于解释各部分代码的含义，在解释器执行实际程序时会被忽略。单个注释以“#”符号声明在某行的开头，并于该单行末尾结束。R 语言中没有多行注释，但可以为占用一行以上的注释文本添加双引号，以此方法写入的注释会正常显示但不会影响到程序的执行。

2.5　变量和数据类型

在 R 中，我们能够通过“对象”(Object)在计算机内存中存储和访问某些值。对象是包含了某种类型值的数据结构，每种结构都具有类属性，决定了与之相关的对象的类别。如果对象没有类属性，则将根据存储在对象中的值的类型来计算。

在 RStudio 中可以使用 class() 函数查看数据的类型，下面列举了一些在机器学习中常见的原子(单一数值)数据类型：

- 字符型(character)
- 数值型(numeric)
- 整数型(integer)
- 逻辑型(logical)

R 中组合原子值的基本数据结构是向量，没有标量。其他的数据结构还包括矩阵、数组、因子和数据帧。向量是同一类型值的有序集合，矩阵是二维数组，而数组是一种与矩阵类似但维度可以大于 2 的数据集。无论是向量、矩阵，还是数组，它们的值都是类型相同的。列表可存储不同类型的值；因子与字符串类似，但它以整数存储，用于表示一组数据的类别；数据帧以表格格式存储数据，每一行表示一组记录数据，每一列代表数据记录的一个属性(每一列中的数据类型相同)。

与其他一些编程语言不同，在R中不需要确认变量的数据类型。数据类型由它所包含的内容决定，一个对象可以保存一个数字，或者一个字符串。

2.6 R中的对象

R是一种基于对象(object)的语言[4]。我们在R语言中看到的一切事物都是对象，如向量、列表或者数据帧。对象的类属性决定了它可以使用在哪些函数中，以及如何被使用。除了与存储对象有关的类外，其他的类还包括函数类、表达式类等。

```
> class(1)
[1]  "numeric"
> class("hello")
[1]  "character"
> class(class)
[1]  "function"
> class(expression(1 + 2))
[1]  "expression"
```

23 通常，我们会为这些对象创建名称(符号)，以便后续操作。这与其他语言中的变量类似。这些符号组成了环境(同时，这也是一个对象)。通过objects()函数，可以查看当前环境中的所有对象①。当在R中启动新会话时，将创建一个新环境。该函数的父环境就是创建该函数的环境(不一定与调用函数的环境相同)。

在R中，变量的名称是区分大小写的，例如x与X是不同的。变量名可以包含字母、数字、点及下画线，但只能以字母或点开头(当以点开头时，后面不能跟数字)。

---

① 译者注：在RStudio界面右上角的environment框中，可查看当前所有对象。

通过 ls()或 objects()函数可访问指定环境中的现有对象列表(当不带参数调用时，返回由用户或函数中的局部名称定义的对象)。

通过 remove()函数(或 rm()函数)可轻松删除某个变量。

```
> x <- 1
> x
[1]  1
> remove(x)
> x
Error: object'x' not found
```

R 中的对象具有属性，可以使用 attributes()函数可以返回对象具有的属性(attributes)。许多不同的类对象都具有类别(class)、维度(dim)、名称(names)、因子水平(level)等属性。

为了访问或修改属性的值，我们通常使用与属性同名的函数。

```
> x <- c(first = 1, second = 2, third = 3)
> x
 first second third
     1      2     3
> attributes(x)
$'names'
[1]  "first" "second" "third"

> names(x)
[1]  "first" "second" "third"
> names(x)<-c("1st", "2nd", "3rd")
```

24

```
> x
1st 2nd 3rd
  1   2   3
> names(x)
[1]  "1st" "2nd" "3rd"
> attributes(x)
$'names'
[1]  "1st" "2nd" "3rd"
```

有些函数被称为泛型函数(generic functions)，它们支持输入不同类型对象并根据对象类型采用不同计算过程(多态化)。例如，在 R 语言中打印输出数字和字符串就存在差异，打印输出字符串需要在值两边加双引号。

还有许多函数可以用于检查不同对象的特征，例如：

- class()——返回对象的类型(对象集成的向量类别)；如果对象类型未知，如矩阵、数组、函数、数字或 typeof()的返回结果，则返回一个泛型类。
- typeof()——返回对象内部存储数据的类型，例如整数型或逻辑型。
- length()——返回对象的长度，例如向量元素的数量。
- attributes()——返回一些与对象相关的元数据，如矩阵的维数。
- str()——简洁显示对象的内部结构。
- exists()——判断某给定名称的对象是否存在。
- get()——返回一个对象的值，并可作为参数传递。
- print()——打印其参数的值。
- summary()——提供有关数据结构的基本信息①。例如，为数值向量提供向量的最小值、最大值、平均值、中值、下四分位数和上四分位数，为因子提供各水平中元素的数量②。

通过返回逻辑值的 is()函数可以确定对象是否属于给定的类。

25

```
> x <- 1
> is(x,"numeric")
[1] TRUE
> is(x,"character")
[1] FALSE
```

在解决相同的问题时，许多公共类都有自己的函数，例如 is.numeric()、is.matrix()、is.factor()等。

如要更改对象的类(这种操作又被称为分配[58])，可以直接将类指定给对象。

```
> x <- 1
> x
[1] 1
> class(x) <- "character"
```

---

① 译者注：实际指描述性统计量。

② 译者注：这里指频数统计。

```
> x
[1] "1"
```

但是不建议使用这种做法。最好使用一组以 as. 开头的函数，与以 is. 开头的函数相对应。

```
> x <- 1
> x <- as.character(x)
> x
[1] "1"
```

2.6.1 赋值

赋值运算符<－用于将右侧表达式的值赋值给左侧对象。要创建一个值为 10 的对象，可以输入：

```
> x <- 10
> x
[1] 10
```

在赋值中，对象的值通常是不变的，这意味将某个对象的值赋值给另一个对象的过程实际上是一个复制过程，而不是引用，如下例所示：

26

```
> a <- 1
> b <- a
> c <- a          #“b”和“c”都包含了“a”的值
> a
[1] 1
> b
[1] 1
> c
[1] 1             #“b”和“c”的值都是 1
> b <- 2
> b
[1] 2
> c
[1] 1             #“c”的值不变
```

```
> a <- 2
> c
[1] 1          # “c”的值不变
```

除了“<-”符号外，还有其他赋值符号，如“=”“->”“<<-”“->>”。但是建议使用“<-”，因为它在任何情况下都表示赋值。另外也可以使用 assign()函数将值赋值给变量(变量名作为字符串传递)：

```
> assign("x", 10)
```

2.6.2 逻辑值

逻辑值包含 TRUE(当用作数字时，它们被视为 1)和 FALSE(数字 0)。在 R 中也可以使用 T 和 F 表示这两个逻辑值，但因为 T 和 F 也可以用作变量名称，从而导致值被覆盖，所以不建议使用。

```
>class(TRUE)
[1] "logical"
>2 * TRUE
[1] 2
>2 * FALSE
[1] 0
>T
[1] TRUE
>T == TRUE
27 [1] TRUE
>T<- 0
>T == TRUE
[1] FALSE
```

2.6.3 数值

在 R 中使用十进制值作为默认的计算数据类型，这种数据类型被称为 numeric，是双精度浮点数，包括整数和小数、正数、负数和零。若数值的类型是整数型则需要在值的末尾加 L。

```
>class(1)
[1] "numeric"
```

```
>class(1L)
[1] "integer"
>class(1.5)
[1] "numeric"
```

要在 R 中创建整数变量，我们还可以调用 as.integer()函数。

```
>class(1)
[1] "numeric"
>class(as.integer(1))
[1] "integer"
>class(as.integer(1.8))
[1] "integer"
>x<-as.integer(1.8)
>x
[1] 1
>class(x)
[1] "integer"
```

或者也可以使用半对数记数法写入数字。

```
>1e2
[1] 100
>class(1e2)
[1] "numeric"
```
28
```
>1e-2
[1] 0.01
```

也可以通过在值前面加上 0x 的方式使用十六进制表示数值。

```
>0x1
[1] 1
>0xff
[1] 255
>class(0xff)
[1] "numeric"
```

R 可以处理复数，例如 1+1i，但是这在机器学习中并不常见。

R 中有许多用于数值处理的内置函数。比如绝对值[abs()]、平方根

[sqrt()]、对数[log()]、指数[exp()]、不同形式的舍入[floor()、ceiling()、trunc()、round()、或 signif()]、三角函数与反三角函数[sin()、cos()、tan()、asin()、acos()或 atan()]。大多数函数用数值向量作为输入(并应用于其组件)。有些函数则需要更多的参数，比如 log()需要对数的底数。R 中的三角函数使用弧度度量角度，一个整圆的弧度是 2π，一个直角的弧度是 $\pi/2$。圆周率 π 在 R 中被写作 pi。

2.6.4 字符串

R 中，文本数据的数据类型是字符(character)，字符串需要用一对单引号或双引号括起来。由于在 R 中输出字符串时会使用双引号，因此在输入一个字符串时，也推荐使用双引号(如不想在输出中显示引号，请使用 noquote()函数)。单引号和双引号可相互包含：

```
>"This book is published by 'CRC Press' "
[1]"This book is published by 'CRC Press' "
>'This book is published by "CRC Press" '
[1] "This book is published by \ "CRC Press \ " "
```

29 引号也可以用反斜杠转义，转义后它们不再被视为终止引号。

```
>"This book is published by \ "CRC Press \ " "
[1]"This book is published by \ "CRC Press \ " ' \ n"
```

还有一些其他符号可以通过反斜杠转义并插入字符串中，例如 \ n(换行)、\ r(回车)、\ t(表格)、\ b(反空格)、\ \ (反斜杠)、\ nnn(由 1 到 3 位数字组成的八进制字符)、\ xnn(由 1 或 2 位数字组成的十六进制字符)，\ unnnn(由 1 到 4 个十六进制数字组成的 Unicode 字符)等。

由于字符串类型数据可能是 R 数据结构中的一部分，因此有必要了解它们在各种数据结构中的表现方式[237]。

向量、矩阵：如果向量或矩阵中至少有一个元素是字符串，那么其他所有数据都将被视为字符串。

数据帧：默认情况下数据帧中的字符串会转换为因子，如想要关闭此行为，可以在创建数据帧时，将 data.frame()函数中 stringsAsFactors 参数设置为 FALSE。

列表：所有元素都保持其本身的类型。

许多函数可以用来处理字符串数据，以下是几个较为典型的例子：

- nchar()：返回字符串中的字符数①；
- tolower()、toupper()：将字符串转换为小写/大写并返回；
- substr()、substring()：返回或替换字符向量中的子字符串；
- strsplit()：根据一个或多个正则表达式的匹配，将字符串拆分为子字符串。

2.6.5 特殊值

缺失值由常量 NA 表示(Not Available)。可使用 is.na()或 complete.cases()函数检测数据结构中的 NA 值。

```
>x<-c(1, 2, 3, NA, 5)
>x
[1] 1 2 3 NA 5
>is.na(x)
[1] FALSE FALSE FALSE TRUE FALSE
>complete.cases(x)
[1] TRUE TRUE TRUE FALSE TRUE
```
30

在 R 中，为避免因计算的结果过大或过小而无法存储在内存中，非常大(正数)的数值用 Inf 常量表示，非常小(负数)的数值用- Inf 常量表示。

```
>2^1000
[1] 1.071509e+301
>2^10000
[1] Inf
>-2^10000
[1] -Inf
```

检测有限数值和无限数值可以使用 is.finite()和 is.infinite()函数。

```
>x<-c(1, 1/0, -2^1000)
>x
```

---

① length()函数在许多编程语言中用于返回字符串长度，但在 R 中用于返回数据结构中的元素数。

```
[1] 1.000000e+00                Inf -1.071509e+301
>is.finite(x)
[1] TRUE FALSE TRUE
```

某些计算结果可能无法用数字表示，这些结果被称为 NaN(Not a Number)。基本上 R 中的所有数学函数都支持 NaN 作为输入或输出。如需测试值是否为 NaN，可使用 is.NaN()函数。

```
>Inf/Inf
[1] NaN
>0/0
[1] NaN
>Inf-Inf
[1] NaN
```

31 NULL 用于表示未定义对象或长度为零的列表(所有的 NULL 都指向同一个对象)，这与缺失值不同。当函数不需要传递参数或需返回未定义值时，它通常被当作函数的参数。

函数 as.null()可忽略其内部参数并返回一个 NULL 值；函数 null()可测试参数是否有未定义的值。

日期在内部存储为距离 1970 年 1 月 1 日的天数或者秒数(由类决定)。R 中有两类，一个是 Date，只能存储天数信息，另一个是 POSIXct，除了存储天数信息外，也可以存储时间信息。如需创建一个日期类型值，可使用函数 asData()或 as.POSIXct()函数将字符串转换为日期。

```
>date1<-as.Date('2018-01-01')
>date1
[1] "2018-01-01"
>class(date1)
[1] "Date"
>typeof(date2)
[1] "double"
>date2<-as.POSIXct('2018-01-01 10:20:30')
>date2
[1] "2018-01-01 10:20:30 CET"
>class(date2)
[1] "POSIXct" "POSIXt"
```

```
>typeof(date2)
[1] "double"
```

2.7　函数

函数是一组接受参数、以某种方式处理参数并返回值的对象，可以作为表达式的一部分，与类相关联的函数被称为方法。与其他语言不同(如 Java)，在 R 中不是所有函数都与特定的类紧密关联。

有些方法在不同的类中具有相同的名称，它们被称为泛型函数。这些函 32
数允许使用相同的代码处理不同类的对象。最明显的一个泛型函数就是 print()，当 R 命令是返回任何一个对象时，它会自动被调用。print()可根据对象的类型以某种方式打印对象(例如，将向量打印成一行以空格分隔的值列表，将矩阵打印成 M 行 N 列，等等)。

目前 R 中有很多不同类别的内置函数，包括用于处理不同类型数据对象的函数(用于处理数值、字符串、因子的函数)，数学、统计或优化函数，用于生成图形的函数等。

如果需要使用这些函数，可在代码中加载包含函数定义的包。

当找不到能够使用的函数时，可以新创建一个。首先需要创建函数实现的算法并指定函数的接口，函数结构包括了参数和函数返回的值。新创建的函数需要有一个名称，函数存储在该名称对象中。函数体是一段用于处理输入参数并产生返回值的代码。

在 R 中可以通过 function()语句来创造新的函数，在其中定义函数的传递参数和函数体。

定义参数时需要定义参数的名称，以便以后在函数体中使用。函数体中包含了要执行的语句，可以将多个语句用花括号括起来。函数的返回值是函数体中最后一个求值表达式中的得到的值，如要显式返回一个值，可使用 return()函数。

```
>XtoN<- function(x, n) {
+ return(x ^ n)
+ }
>XtoN(2, 3)
[1] 8
```

参数也存在默认值。当不提供实际参数值时，函数将使用这些默认值，而这些参数也是可选择的。

```
>XtoN<-function(x, n=1) {
+ return(x ^ n)
+ }
>XtoN(2)
[1] 2
```

R 语言中函数的参数长度是可变的。可用... (在函数体中可用)这种特殊名称来表示参数列表。

```
33 >sum_all<-function(...) {
+ s<-0;
+ for (x in list(...)) {
+ s<-s+x
+ }
+ return(s)
+ }
>sum_all(1, 2, 3, 4, 5)
[1] 15
```

在函数内部改变参数的值不会影响实际参数的值，该参数的初始值是实际参数之一，但其后续修改不会影响实际参数。此外，在函数中出现的与全局变量名称相同的变量会被视为局部变量，在函数中改变全局变量的值不会影响它在函数外的表达，只有它的初始值是全局的[183]。

要修改实际参数或全局变量的值，可使用超赋值操作符<<-。

```
>x<-1
>add_one<-function(x) x<-x+1
>add_one(x)
>x
[1] 1
>add_one<-function(x) x<<-x+1
>add_one(x)
>x
[1] 2
```

函数 XtoN()用来计算底数的指数次方。

```
XtoN<- function(base, exponent) return(base ^ exponent)
```

在调用函数期间传递实际参数值时，可采用以下传递方法及传递顺序[213,4]：

①参数以“full name＝value”的形式成对传递。在这种情况下多个参数值传递的顺序无关紧要。

34

```
>XtoN(base = 2, exponent = 3)
[1] 8
>XtoN(exponent = 3, base = 2)
[1] 8
```

②参数以“name＝value”的形式成对传递。name 只是参数名称的一部分，参数的顺序也不重要。

```
>XtoN(exp = 3, b = 2)
[1] 8
```

③值的传递顺序与函数定义的顺序相同。第一个参数存储在 x 中，第二个存储在 n 中。

```
>XtoN(2, 3)
[1] 8
```

函数的参数信息可从文档中查看或通过调用 args()函数获得。

```
>args(XtoN)
function (base, exponent)
NULL
>args(sum_all)
function (...)
NULL
```

也可将函数作为一种参数传递给其他函数。在这种情况下，函数是匿名的，因为它们没有参数名称。

```
>myfunction<- function(x, f) { return(f(x)) }
>myfunction(c(5, 2, 3, 4, 8), min)
```

```
[1] 2
>myfunction(c(5, 2, 3, 4, 8), max)
[1] 8
>myfunction(c(5, 2, 3, 4, 8),
+ function (x) {return(length(x))}
+ )
[1] 5
```

35

2.8 运算符

运算符是不需要写圆括号的函数，需要使用一到两个参数。表 2.1 列出了本书之前未提及的一些基本运算符。用户也可以编写自己的二值运算符，命名为"%运算符名称%"并通过函数实现。

表 2.1 R 中一些常用的运算符

<table>
<tr><th colspan="2">算数运算符</th></tr>
<tr><td>+</td><td>加法</td></tr>
<tr><td>-</td><td>减法(二进制)或算数否定(一元)</td></tr>
<tr><td>*</td><td>乘法</td></tr>
<tr><td>/</td><td>除法</td></tr>
<tr><td>%%</td><td>模运算(一个数除以另一个数后的余数)</td></tr>
<tr><td>%/%</td><td>整数除法</td></tr>
<tr><td>^</td><td>取幂(自乘)</td></tr>
<tr><th colspan="2">关系运算符</th></tr>
<tr><td><; <=</td><td>小于；小于等于</td></tr>
<tr><td>>; >=</td><td>大于；大于等于</td></tr>
<tr><td>==</td><td>等于</td></tr>
<tr><td>! =</td><td>不等于</td></tr>
<tr><th colspan="2">逻辑运算符</th></tr>
<tr><td>!</td><td>逻辑非运算符</td></tr>
<tr><td>|</td><td>逻辑或运算符，处理所有向量元素</td></tr>
<tr><td>| |</td><td>逻辑或运算符，只处理第一个向量元素</td></tr>
<tr><td>&</td><td>逻辑与运算符，处理所有向量元素</td></tr>
<tr><td>&&</td><td>逻辑与运算符，只处理第一个向量元素</td></tr>
<tr><th colspan="2">冒号运算符</th></tr>
<tr><td>:</td><td>创建包含一系列数字的向量</td></tr>
</table>

为了编写能够返回正确值的表达式，运算符的优先级(priority)非常重要。下面展示了 R 中的一整套操作符的优先级，按降序排列[260]：

函数调用和分组	(、{	
访问命名空间中的变量	::、:::	
组件/插槽提取	¥、@	
所有	[、[[	
取幂(从右到左)	^	36
一元加减	+、-	
序列创建	:	
特殊操作符	(%any%(包括%%和%/%)	
乘法；除法	*；/	
加法；减法	+；-	
比较	<；>；<=；>=；==；!=	
否定	!	
逻辑“”	&；&&	
逻辑“”	|；||	
将模型公式的左右两边分开	～	
向右赋值	->；->>	
赋值(从右到左)	<-；<<-	
赋值(从右到左)	=	
帮助	?	

2.9　向量

向量是同一类型值的有序集合(被称为原子结构)，也是 R 中最简单的数据结构，通常有数值(包含整数和双精度数)、逻辑(包含 TRUE、FALSE 和 NA)和字符向量。即使表达式中只有单个数字(如 1 + 2)，也会被视为长度为 1 的数值向量。

2.9.1　向量创建

创建向量通常使用函数 c()，c()接受其中的参数并由此创建一个向量。当其中参数值的类型不同，会被强制转换为一种类型，因此 c 可能代表强制。

```
>x<-c(1, 2, 3, 4, 5)
```
37

```
>x
[1] 1 2 3 4 5
>x<-c(1, 2, 3.5)
>x
[1] 1.0 2.0 3.5
>x<-c(1, 2, 3, "a", "b")
>x
[1] "1" "2" "3" "a" "b"
>x<-c(1, 2, 3, TRUE)
>x
[1] 1 2 3 1
```

如果忘记写函数名 c()，在创建向量时则会报错。这是初学 R 语言时常会遇见的问题。

```
x<-(1, 2, 3)
Error: unexpected ',' in "x<-(1,"
>cummin(1, 2, 3)
Error in cummin(1, 2, 3) :
  3 arguments passed to 'cummin' which requires 1
```

创建向量也可使用 vector()函数。其中，第一个参数(mode)指定向量的类型(包括数值、逻辑、字符、列表或表达式)，第二个参数(length)定义要创建的元素数量。所有类型元素都包含一个无意义的值(0 代表数字,""代表字符，FALSE 代表逻辑等)。

冒号操作符(:)也可用于创建数据序列，创建时需要输入两个值。如果第一个值小于第二个值，将创建以第一个值开始，以第二个值结束的升序数字序列；对应地，如果第一个值大于第二个值，将创建降序序列。

```
>x<-1:5
>x
[1] 1 2 3 4 5
>x<-5:1
>x
[1] 5 4 3 2 1
```

创建序列的另一种更灵活的方式是使用 seq()函数。它接受以下参数(并不是所有参数都是强制性的)：from(序列的起始值)、to(序列的结束值)、by(序列的增量、步长)、out(序列的期望长度)、along.with(获取序列长度)。

```
>x<- seq(1, 5)
>x
[1] 1 2 3 4 5
>x<- seq(-1, 1, by = 0.3)
>x
[1]-1.0 -0.7 -0.4 -0.1 0.2 0.5 0.8
>x<- seq(-1, by = 0.3, length = 3)
>x
>y<-1 : 3
>x<- seq(1, 5, along.with = j)
>x
[1] 1 3 5
```

另一个常用的函数是 rep()，它通过复制传递的参数来创建对象。它接受的参数包括：times(参数值应该重复多少次)、length.out(序列长度是多少)、each(参数中每个元素会重复多少次)。

```
>x<- c(1, 2, 3)
>rep(x)
[1] 1 2 3
>rep(x, times = 2)
[1] 1 2 3 1 2 3
>rep(x, times = 2, length.out = 10)
[1] 1 2 3 1 2 3 1 2 3 1
>rep(x, length.out = 10)
[1] 1 2 3 1 2 3 1 2 3 1
>rep(x, length.out = 10, each = 4)
[1] 1 1 1 1 2 2 2 2 3 3
```

2.9.2　向量元素命名

有些时候使用名称来访问向量值会更方便，名称比数字(即向量值在向量中的位置)更加好记。R 中也提供了向量元素的命名机制，向量名称可以在创 39
建向量时定义。在创建向量时将名称和等号放在值的前面，如果名称看起来很常规，就不需要用引号括起来。在输出这个向量时，向量值上方就会显示它的名称。

```
> x <- c(first = 1, second = 2, third = 3)
> x
 first  second  third
     1       2      3
```

也可以不给值附上名称。

```
> x <- c(first = 1, 2, third = 3)
> x
 first          third
     1       2      3
```

可使用 names() 函数返回列表名称，如果向量没有元素名称，则返回 NULL 值。

```
> x <- c(first = 1, second = 2, third = 3)
> names(x)
[1]  "first"  "second"  "third"
```

也可以通过函数 names() 修改向量元素名称。

```
> day_names <- c('Mon', 'Tue', 'Wed', 'Thu', 'Fri',
+                'Sat', 'Sun')
> x <-1 : 7
> names(x) <- day_names
> x
Mon Tue Wed Thu Fri Sat Sun
  1   2   3   4   5   6   7
```

当向量其中一部分元素没有名称时，其名称将用 NA 值代替，空名称就是一个空字符串。

40
```
> x <-1 : 5
> names(x) <- c("a", "b", "", "d")
> x
```

```
   a    b         d    <NA>
   1    2    3    4    5
```

2.9.3 向量运算

当算数表达式中包含向量时，其运算是基于单个向量元素的，运算结果与向量的长度相同。运算时，较短向量的值可以被重复(循环)使用，因此有足够的值确保完成所有运算。

```
>x<-c(1, 2, 3)
>2*x
[1] 2 4 6
>x<-c(1, 1, 1, 1, 1, 1)
>y<-c(1, 2)
>x+y
[1] 2 3 2 3 2 3
```

使用逻辑运算符时也会发生类似的情况。该运算符会对向量中的每个元素执行，并返回具有原始向量长度的逻辑向量。

```
>x<-1:5
>y<-x>=3
>y
[1] FALSE FALSE TRUE TRUE TRUE
>! y
[1] TRUE TRUE FALSE FALSE FALSE
```

R 有许多函数可以对向量进行操作，如 min()(查找最小值)、max()(查找最大值)、range()(查找最大值和最小值)、sum()(计算值的和)、prod()(计算所有值的乘积)、mean()(返回平均值)、var()(计算方差)、sort()(对值进行排序)、order()(返回输入中已排序的值的顺序)或 length()(计算向量的元素数量)。

```
>min(c(5, 3, 4, 9, 1, 2))                41
[1] 1
>max(c(5, 3, 4, 9, 1, 2))
[1] 9
```

```
>range(c(5, 3, 4, 9, 1, 2))
[1] 1 9
>sum(c(5, 3, 4, 9, 1, 2))
[1] 24
>prod(c(5, 3, 4, 9, 1, 2))
[1] 1080
>5*3*4*9*1*2
[1] 1080
>mean(c(5, 3, 4, 9, 1, 2))
[1] 4
>var(c(5, 3, 4, 9, 1, 2))
[1] 8
>length(c(5, 3, 4, 9, 1, 2))
[1] 6
>sort(c(5, 3, 4, 9, 1, 2))
[1] 1 2 3 4 5 9
>order(c(5, 3, 4, 9, 1, 2))
[1] 5 6 2 3 1 4
```

可以使用 length 属性更改向量长度。

```
>x<-1:10
>length(x)<-5
>x
[1] 1 2 3 4 5
>x<-1:10
>x
[1] 1 2 3 4 5 6 7 8 9 10
>length(x)<-5
>x
[1] 1 2 3 4 5
>length(x)<-10
>x
[1] 1 2 3 4 5 NA NA NA NA NA
```

past()函数可接受任意多个字符向量，并将它们逐个拼接到向量中，在这个过程中所有非字符串向量会被强制转换为字符串型。函数中 sep 参数用于连接不同字符串中的单个元素(默认值为空格)。如使用了 collapse 参数(不强制)，结果向量中的所有字符串将使用 collapse 参数值进行连接。

```
>paste(c("a", "b", "c"), 1 : 3, c("x", "y", "z"))
[1] "a 1 x" "b 2 y" "c 3 z"
>paste(c("a", "b"), rep(1 : 5, each = 2), sep = " - ")
[1] "a - 1" "b - 1" "a - 2" "b - 2" "a - 3" "b - 3" "a - 4" "b - 4"
[9] "a - 5" "b - 5"
>paste(c("a", "b", "c"), 1 : 3, sep = "", collapse = " + ")
[1] "a1 + b2 + c3"
```

2.9.4　向量元素访问

在 R 中，元素从 1 开始计数。索引向量(index vector)可通过截断将非整数值转换为整数值。因此，我们可使用该向量访问向量中的某些元素。这是一种整数向量，包含了要处理元素的位置，并被写入方括号中。

下面的示例中展示了如何去检索一个或多个向量元素。

```
>x<- 10 : 15
>x
[1] 10 11 12 13 14 15
>x[2]
[1] 11
x[2 : 4]
[1] 11 12 13
>x[2.4]
[1] 11
>x[2.7]
[1] 11
```

如果索引超出了向量的范围，将返回一个缺失值(NA)。

```
>x[c(1, 20)]
[1] 10 NA
```

当使用逻辑向量作为索引时，只有与索引中 TRUE 位置对应的元素才会显示在输出中。索引向量和目标向量应该具有相同的长度，如果索引向量较短， 43

则其元素将被循环使用。

```
>x[c(TRUE, FALSE, FALSE, TRUE)]
[1] 10 13 14
```

如果索引向量值为负，则目标向量中该位置的元素将被排除。

```
>x
[1] 10 11 12 13 14 15
>x[-1]
[1] 11 12 13 14 15
>x[-seq(from = 2, by = 2, along.with = x)]
[1] 10 12 14
```

当向量中的元素有名称且索引向量包含字符串时，将返回与名称对应的元素。当目标向量中该名称没有对应的值或提供了不存在的名称时，将返回缺省值(NA)。

```
>x<-c(first = 1, second = 2, third = 3)
>x["first"]
first
    1
>x["firs"]
<NA>
    NA
```

2.10 矩阵与数组

矩阵是一种与向量相似的二维对象，包含了相同类型的值(如数值、字符、逻辑值)。使用 matrix()函数可以创建一个矩阵，函数会根据参数将其组织成两个维度。第一个参数或者名为 data 的参数用于传递数据对象，可
44 使用的函数参数包括：nrow(行数)、ncol(列数)、byrow(当该参数值为 FALSE 时，默认矩阵由列填充，否则则由行填充)、dimnames(行和列的名称列表)。

```
> matrix(1 : 9, nrow = 3)      # same as matrix(data = 1 : 9, nrow = 3)
     [, 1] [, 2] [, 3]
[1,]    1    4    7
[2,]    2    5    8
[3,]    3    6    9
> matrix(1 : 9, nrow = 3, byrow = TRUE)
     [, 1] [, 2] [, 3]
[1,]    1    2    3
[2,]    4    5    6
[3,]    7    8    9
> rnames <- c("x1", "x2", "x3")
> cnames <- c("y1", "y2", "y3")
> matrix(1 : 9, nrow = 3, byrow = TRUE,
+          dimnames = list(rnames, cnames))
   y1 y2 y3
x1  1  2  3
x2  4  5  6
x3  7  8  9
```

使用 nrow()、ncol()和 dim()函数可获得矩阵的行列信息。

```
>x<- matrix(1 : 10, nrow = 5)
>nrow(x)
[1] 5
>ncol(x)
[1] 2
>dim(x)
[1] 5 2
>length(x)
[1] 10
```

访问矩阵的单个元素时，需要两个索引值。它们同样被写在方括号中。当索引位置超过矩阵范围时会报错。

```
>x<- matrix(1 : 10, nrow = 5, byrow = TRUE)
>x[2, 1]
[1] 3
```

```
>x[2, 4]
Error in x[2, 4] : subscript out of bounds
```

要访问矩阵的某行，可通过设置列索引(第二个索引值)为空来实现。同理，访问矩阵的某列，可通过设置行索引(第一个索引值)为空来实现。

```
>x<- matrix(1 : 10, nrow = 5, byrow = TRUE)
>x[2, ]
[1] 3 4
>x[, 1]
[1] 1 3 5 7 9
```

当索引的行值或列值包含了向量时，将同时访问多个行或列。访问向量元素(如逻辑向量)时也同样适用上述原则。

```
> x [c(1, 3, 5), ]
      [, 1] [, 2]
[1,]      1    2
[2,]      5    6
[3,]      9   10
> x[c(1, 3, 5), c(FALSE, TRUE)]
[1]  2  6 10
```

矩阵的算术运算可基于单个元素进行。

```
> m1 <- matrix(rep(2, 4), nrow = 2)
> m2 <- matrix(rep(3, 4), nrow = 2)
> m1 + m2
      [, 1] [, 2]
[1,]      5    5
[2,]      5    5
> m2 - m1
      [, 1] [, 2]
[1,]      1    1
[2,]      1    1
```

46

```
> m2 * m1
      [, 1] [, 2]
[1,]      6    6
```

```
[2,]        6    6
> m1/m2
          [, 1]          [, 2]
[1,]  0.6666667     0.6666667
[2,]  0.6666667     0.6666667
>sin(m1)
          [, 1]          [, 2]
[1,]  0.9092974     0.9092974
[2,]  0.9092974     0.9092974
```

通过 array()函数可以创建数组，实现在两个以上维度中存储数据。实际上，数组与矩阵非常相似，甚至可以包含矩阵，例如三维数组就像一个包含了二维矩阵的“列表”。在创建或访问数组中部分元素时，我们需要更多维的索引值。

```
> x <- array(1 : 18, dim = c(3, 2, 3))
> x
, , 1
       [, 1] [, 2]
[1,]      1    4
[2,]      2    5
[3,]      3    6
, , 2
       [, 1] [, 2]
[1,]      7   10
[2,]      8   11
[3,]      9   12
, , 3
       [, 1] [, 2]
[1,]     13   16
[2,]     14   17
[3,]     15   18
> x[, , 1]
       [, 1] [, 2]
[1,]      1    4
[2,]      2    5
[3,]      3    6
```

```
> class(x[, , 1])
47 [1]  "matrix"
> x[, 1, 1]
[1] 1 2 3
> x[1, 1, ]
[1]  1   7 13
```

2.11 列 表

列表是一种非常常见的异构结构数据，可以包含不同类型数据元素，例如向量、矩阵、数组、列表、函数等。使用 list()函数可创建列表，列表与向量相似，由其中的参数对象组成。使用 names()函数可在创建时或创建后将名称分配给列表中的单个元素。

```
>person<- list("John", "Smith", c("Peter", "Paul"), TRUE)
>person
[[1]]
[1] "John"

[[2]]
[1] "Smith"

[[3]]
[1] "Peter" "Paul"

[[4]]
[1] TRUE

> person <- list(name = "John", surname = "Smith",
+                    children = c("Peter", "Paul"),
+                    insurance = TRUE)
> person
$ 'name'
[1] "John"

$ surname
[1] "Smith"
```

```
$ children
[1] "Peter" "Paul"

$ insurance
[1] TRUE
```
48

列表最右边元素所在位置表示了列表的长度。

```
>length(person)
[1] 4
```

由于列表中可以包含很多不同类型的对象，所以它没有维度。在列表上执行算数运算也没有意义(比如对两个列表求和)。当然，针对某个列表元素进行的运算是可以的。

要访问列表中的元素，可采用与访问向量元素同样的索引方法：将数字(正数和负数)、逻辑值或元素名写在方括号内。使用单方括号的索引会返回一个列表。

```
>person[1]
$ 'name'
[1] "John"

>person["children"]
$ 'children'
[1] "Peter" "Paul"

>class(person["insurance"])
[1] "list"
```

如只想访问列表中的元素内容，可将元素的数字或名称写在嵌套的方括号中。

```
>person[[2]]
[1] "Smith"
>person[["children"]]
[1] "Peter" "Paul"
>class(person[["insurance"]])
```

```
[1] "logical"
```

49 在列表名后加上美元符号和元素名称也可实现相同的效果。这种表示方法有一个明显的优点，即项目名称会被自动填充，同时也支持部分匹配。

```
>person$surname
[1] "Smith"
>person$child
[1] "Peter" "Paul"
```

2.12 因　子

因子用于表示有限值数据(即分类数据、枚举数据等)。例如分类问题中的类标签，这些标签看起来像是字符串，但实际上代表了数据的类别。我们将因子中的不同值称为水平(level)。factor()函数用于从向量中创建因子，levels()函数用于返回因子的水平①。

```
> labels <- c("negative", "neutral", "positive",
+             "neutral", "positive")
> labels
[1]  "negative" "neutral" "positive" "neutral" "positive"
> factor(labels)
[1]  negative neutral positive neutral positive
Levels: negative neutral positive
> nlevels(factor(labels))
[1]  3
```

当创建因子时，可使用 levels 参数对级别进行排序；exclude 参数用于排除某些水平列(其他的值将会被转换为 NA)；labels 参数用来定义水平名称，该参数也允许将多个值映射到一个水平中。

因子在内部被存储为标签映射的整数值向量，这种存储方式效率很高，因为存储整数比存储字符串要快。通常情况下，因子值的顺序并不重要，但有些时候排序是有必要的，例如正数大于负数、二月小于四月。

① 译者注：这里的水平指所有可能的取值。通过对向量分组，将相同的归为一组，每一组被称为一个 level。

通过设置 factor()函数中 levels 参数值的顺序(如果没有提供，水平将 50
不进行排序，并按照字母顺序显示)可调整因子水平的顺序，在因子输出中可看到该顺序。之后可使用 levels()函数设置新的水平或调用 factor()函数将现有的因子和新的水平共同作为其参数，从而改变顺序。

```
>f<- factor(labels,
+            levels = c("positive", "neutral", "negative"),
+            ordered = TRUE)
>f
[1] negative neutral positive neutral positive
Levels: positive< neutral< negative
>f<- factor((f), levels = c("negative", "neutral", "positive"))
> # 同上
>levels(f)<- c("negative", "neutral", "positive")
>f
[1] positive neutral negative neutral negative
Levels: negative< neutral< positive
```

对因子水平进行排序是非常重要的。例如，当我们想比较因子值时：

```
>f
[1] positive neutral negative neutral negative
Levels: negative< neutral< positive
>ff<- f
>ff<- factor(f, ordered = FALSE)
>ff
[1] positive neutral negative neutral negative
Levels: negative neutral positive
>f[1]<f[2]
[1] FALSE
>ff[1]<ff[2]
[1] NA
Warning message:
In Ops.factor(ff[1], ff[2]) : < not meaningful for factors
```

如需删除未使用的因子水平(当定义的水平比数据所属水平多时)，可使用 droplevels()函数。

51 如要访问单个因子元素，可像访问向量元素一样使用索引(正负整数、逻辑值和名称)。

```
>f[1]
[1] positive
Levels: negative< neutral< positive
>f[c(-1, -3)]
[1] neutral neutral negative
Levels: negative< neutral< positive
>f[c(TRUE, FALSE, TRUE)]
[1] positive negative neutral
Levels: negative< neutral< positive
```

一些操作可以修改因子中的元素，例如赋值操作。当我们想分配的值不在设置的水平内时，将会插入一个 NA 值。为了防止这个问题出现，可在因子中增加新的水平。

```
>f[2]<-"positive"
>f
[1] positive positive negative neutral negative
Levels: negative< neutral< positive
>f[2]<-"strongly positive"
Warning message:
In `[<-.factor`(`*tmp*`, 2, value = "strongly positive") :
  invalid factor level, NA generated
>f
[1] positive <NA> negative neutral negative
>levels(f)<-c(levels(f), "strongly positive")
>f[2]<-"strongly positive"
>f
[1] positive strongly positive negative neutral negative
Levels: negative< neutral< positive< strongly positive
```

2.13 数据帧

很多情况下，我们需要存储由多个不同数据类型元素组成的数据记录。在研究中，各种实验通常会产生多组单独的观察结果，每组观察结果都包含同一类测量值。在这种情况下，我们通常可将数据以表格格式存储在数据库和电子表格中，其中每行代表一条记录，每列代表一条属性。每列中的值的类型相同，每一行的元素数量相同。 52

在 R 中可使用数据帧存储这些数据。在创建数据帧时，列中的值将作为参数。数据帧的每一列必须有相同数量的元素，否则将会循环使用较短的列（例如，如果第一列数据有 3 个值，第二列 4 个值，最后一列 12 个值，则第一列会循环 4 次，第二列会循环 3 次，最后一列循环 1 次）。

列通常有列名。当没有提供列名时，R 会自己创建列名。如果想保持列名不变，我们可将 check.names 参数设置为 FALSE。行的名称可以在参数 row.names 中设置，也可以从参数名中获得。如果代码中没有提供名称，则 R 默认会对行进行编号。

```
> data.frame(c("a", "b"), c(1, 2))
  c..a....b.. c.1..2.
1           a       1
2           b       2
> data.frame(column1 = c("a", "b"), column2 = c(1, 2))
  column1 column2
1       a       1
2       b       2
> names <- c('John', 'Paul', 'Peter')
> ages <- c(20, 50, 25)
> children <- c(TRUE, FALSE, TRUE)
> df <- data.frame(names, ages, children)
> df
  names ages children
1  John   20     TRUE
2  Paul   50    FALSE
3 Peter   25     TRUE
> df <- data.frame (names, ages, children,
+                   row.names = c("A", "B", "C"))
> df
  names ages children
A  John   20     TRUE
B  Paul   50    FALSE
C Peter   25     TRUE
```

53 当数据帧中存储了字符型数据时，其值将被自动转换为因子。为了防止出现这种情况，我们可将 stringsAsFactors 参数设置为 FALSE。

```
>d<- data.frame(a = c("a", "b"))
>class(d$a)
[1] "factor"
>d<- data.frame(a = c("a", "b"), stringsAsFactors = FALSE)
>class(d$a)
[1] "character"
```

数据帧的每一行实际上是一个列表。因此，数据帧的 length()函数返回的是列表数量。

要从数据帧中提取单个列，我们可以采用与访问列表相同的原则：使用方括号将列的编号或名称括起来。

```
>df[1]
  names
A John
B Paul
C Peter
>df["names"]
  names
A John
B Paul
C Peter
>df[c("ages","names")]
  ages names
A 20 John
B 50 Paul
C 25 Peter
```

返回值仍是以列表形式显示。想要直接获得列的内容，可使用双括号或美元符号 $ 。

```
>df[["ages"]]
[1] 20 50 25
>df$ages
```

```
[1] 20 50 25
>class(df["ages"])
```
54
```
[1] "data.frame"
>class(df[["ages"]])
[1] "numeric"
>class(df$ages)
[1] "numeric"
```

更常见的做法是使用包含索引的向量指定需要提取的行和列，其中第一个向量指定行，第二个向量指定列。

```
> df[1:2, c("names", "children")]
  names children
A  John     TRUE
B  Paul    FALSE
> df[, c("names", "children")]
  names children
A  John     TRUE
B  Paul    FALSE
C  Peter    TRUE
> df[1:2, ]
  names ages children
A  John   20     TRUE
B  Paul   50    FALSE
```

返回的值通常是由不同数据类型数据列组成的多行数据，因此返回值也是列表形式，是一个数据帧。当返回值只有一列数据时，则是向量。

```
>class(df[1:2, ])
[1] "data.frame"
>class(df[, 2])
[1] "numeric"
```

如需在数据帧中新加列或替换原有列，可以通过将值向量指定给适当索引(使用数字或名称)的方式实现。另一种方法是使用 cbind() 函数，该函数可以将两个数据帧组合起来，以此方法生成的数据帧包含了这两个数据帧的 55
全部列(不检查重复列)。以下命令产生的结果相同：

```
>df[4]<-c("New York", "Boston", "Chicago")
>df[[4]]<-c("New York", "Boston", "Chicago")
>df["city"]<-c("New York", "Boston", "Chicago")
>df[["city"]]<-c("New York", "Boston", "Chicago")
>df$city<-c("New York", "Boston", "Chicago")
>df<-cbind(df,
+       data.frame(city=c("New York", "Boston", "Chicago"))
```

如需删除一列，可将 NULL 值赋值给该列。

```
>df["city"]<-NULL
```

增加一行(或多行)实际上是将一行(或多行)的数据帧与原数据帧合并，这两个数据帧必须有相同的列名(顺序不必相同)。

```
> df <-rbind(df,
+              data.frame(ages=60,
+                         names="George",
+                         children=TRUE,
+                         city="Los Angeles",
+                         row.names="D"))
> df
  names  ages children        city
A John   20      TRUE    New York
B Paul   50     FALSE      Boston
C Peter  25      TRUE     Chicago
D George 60      TRUE Los Angeles
```

2.14 机器学习常用函数

除了前面提到的与对象、类、数据类型，以及数字、字符串、向量、矩阵、因子等的基本操作有关的函数外，R 还提供了许多其他内置函数，这些函数在文本挖掘过程中非常有用。

56 假设有一个表示三类文档中单词频率的矩阵。为了使例子简单些，这里我们选择从不同类别中抽取共十个文本，分别标注数字 1、2 和 3 用来表示类别，并只考虑九个较为重要的词。

```
> # 创建一个数据帧，用于表示三类文档中的单词分布
> d <- data.frame(matrix(
+  c(3, 0, 0, 0, 1, 0, 0, 0, 1, 1,
+    0, 1, 1, 1, 0, 0, 1, 0, 0, 1,
+    0, 0, 1, 0, 1, 0, 0, 1, 0, 1,
+    0, 0, 1, 0, 1, 0, 0, 1, 0, 1,
+    1, 0, 0, 2, 1, 1, 0, 0, 0, 2,
+    0, 0, 0, 1, 0, 1, 0, 0, 1, 2,
+    0, 0, 0, 0, 1, 2, 1, 0, 0, 2,
+    1, 0, 0, 0, 0, 0, 3, 0, 2, 3,
+    0, 0, 0, 1, 0, 0, 1, 2, 1, 3,
+    0, 0, 2, 0, 1, 0, 2, 0, 1, 3),
+  ncol = 10, byrow = TRUE))

> colnames(d) <- c("football", "hockey", "run",
+                  "president", "country", "Germany",
+                  "software", "device", "communication",
+                  "class")
```

如要获得不同文档中出现单词 Germany 的频率及其相关的统计信息（如最大值、最小值、平均值等），可以调用 summary() 函数。

```
>summary(d["Germany"])
    Germany
Min.     : 0.00
1st Qu.  : 0.00
Median   : 0.00
Mean     : 0.40
3rd Qu.  : 0.75
Max.     : 2.00
```

要查看文档中各个单词的平均出现频率，可以使用 colMeans() 函数计算某列数据的平均值。

```
># 查看所有词的平均出现频率
>colMeans(d[, -10])
football     hockey     run     president
```

57

```
0.5            0.1           0.5      0.5
country        Germany       software device
0.5            0.4           0.8      0.3
communication
0.6
```

统计平均文本长度及其变异可以使用函数 mean()(算术平均值)、var()(方差)和 sd()(标准偏差)。

```
># 获取文档的平均长度(不考虑类标签)
>mean(rowSums(d[, -10]))
[1] 4.4
>var(rowSums(d[, -10]))
[1] 1.377778
>sd(rowSums(d[, -10]))
[1] 1.173788
```

通过简单的步骤我们可以将单词频率和不同类文档的分布可视化。关于图像可视化的更多信息请查看 2.17。

```
># 可视化展示所有单词的频率
barplot(sort(colSums(d[, -10]), decreasing = TRUE))
>#绘制不同类文档数量的饼图
>pie(prop.table(table(d["class"])),
+    labels = paste("class",
+                   names(prop.table(table(d["class"]))),
+                   ":", prop.table(table(d["class"]))))
```

如要查看各个数据块如何相互关联，可以使用 table()函数为每个因子水平创建计算列联表。它接受一个或多个因子对象数据帧、列表作为输入。在下面的示例中，我们可以观察到单词 football 和 president 或者 run 和个别类标签一起出现的频率。

58
```
>#单词在列联表中共同出现的频率是多少
>table(lapply(d[, c("football","president")],
+       function (x) x>0))
        president
```

```
football FALSE TRUE
   FALSE     4    3
   TRUE      2    1
```

```
> # 在列联表中单词和类标签同时出现的频率是多少
> table(d[,"class"], d[,"run"] >0,
+        dnn = c("Class label", "Contains'run'"))
           Contains'run'
Class label FALSE TRUE
          1     1    3
          2     3    0
          3     2    1
```

有时，我们需要查找数据中是否存在重复数据。duplicate()函数会返回一个 TRUE 和 FALSE 的向量，以标注该索引所对应的值是否是前面数据所重复的值。第一个或最后一个元素的参数 fromLast 值默认为 FALSE，我们可以根据这个元素去扫描数据结构中的其他元素。如果之前找到过当前值，则将其索引标记为 TRUE。因此，逻辑值可用于建立重复项的索引。如果逻辑值取反，则只能获得唯一不重复的值。

```
># 获取重复项的索引
>duplicated(d)
[1] FALSE FALSE FALSE TRUE FALSE FALSE FALSE FALSE
[9] FALSE FALSE
># 删除重复项
>d<-d[! duplicated(d), ]
```

使用 cut()函数可将数值向量划分为不同区间并根据区间进行编码。最左边的是一级区间，与它相邻的是二级区间，依此类推。通过设置 breaks 参数可划分区间数量或区间边界。通过设置 label 参数可实现为不同的区间命名，以代替数字。在下面的示例中，类别标签 1 被转换为 sport，其余标签则被转换为 other。

```
>cut (d$class,                                                  59
+     breaks = c(0, 1, 3),
+     labels = c("sport", "other"))
[1] sport sport sport other other other other other other
```

```
Levels: sport other
>#用字符串替换数值标签
>d$class = cut(d$class,
+             breaks = c(0, 1, 3),
+             labels = c("sport", "other"))
```

某些任务可能只需要数据集的一部分，例如装袋法(bagging)，又名自助汇聚法(Bootstrap aggregating)。这是一种创建基于数据样本训练的分类器集合的方法[32]。如果某个任务有太多的数据实例可用，会导致我们无法将这些数据全部放入要处理的内存中。

sample()函数可以实现数据采样。该函数运行时会从一个元素向量中选择一些元素，或者一个整数(然后从 1：x 中创建一个样本)。选择的元素数量由 size 参数给定。元素可以在选择中出现一次(采样时替换，replace 参数设置为 FALSE)或多次(采样时不替换，replace 参数设置为 TRUE)。

```
> # 从整个数据集中创建一个包含 50% 样例的集合
> d[sample(nrow(d), size = nrow(d) * 0.5, replace = FALSE),]
  football hockey run president country Germany
3        0      0   1         0       1       0
9        0      0   0         1       0       0
6        0      0   0         1       0       1
1        3      0   0         0       1       0
  software device communication class
3        0      1             0 sport
9        1      2             1 other
6        0      0             1 other
1        0      0             1 sport
```

sample()函数可以非常简单地随机提取数据帧的行。例如在机器学习中常提到的 shuffling 过程，就是通过使用训练数据训练而提高学习系统性能的[51]。

```
># 打乱 d 的行顺序
>d<-d[sample(nrow(d)),]
```

60 在做计算时通常需要将函数(转换)应用到数据结构中的每个元素上，例如将向量中的数值转换为 2 的幂次方、对矩阵的行求和等。在 R 中可使用

apply()函数和其他类似函数来完成这些功能，代替使用循环结构遍历数据。

当对象为其他类型时，apply()函数会将其强制转换为数组。如果输入对象是二维的，apply()会通过 as.matrix()将其强制转换成矩阵，并对其中每个元素应用函数。apply()的第二个参数 MARGIN 定义了数组中需要被计算的元素，参数值为 1 时代表行，值为 2 时代表列，而 c(1，2)代表行和列(即矩阵中每个元素)。如果对象有行和列名称，可以用行或列的名称列表表示。第三个参数 FUN 用于规定计算函数，该函数可以是现有函数，也可以是用户定义的函数。apply()可根据所提供函数规定的返回值返回向量、数组或列表。

```
> # 对行元素使用 apply()，计算每个文本的字数
> apply(d[, -10], 1, sum)
10 5 1 6 8 3 9 7 2
 6 5 5 3 6 3 5 4 4

> # 对列元素使用 apply()，计算所有文档中单词的频率
> apply(d[, -10], 2, sum)
     football        hockey           run
            5             1             4
    president       country       Germany
            5             5             4
     software        device communication
            8             3             6

> # 一个用于设置频率阈值的用户自定义函数，如果频率大于 1，则设置为 2
> apply(d[, -10], c(1, 2), function (x) if (x>1) 2 else x)
   football hockey run president country Germany
10        0      0   2         0       1       0
5         1      0   0         2       1       1
1         2      0   0         0       1       0
6         0      0   0         1       0       1
8         1      0   0         0       0       0
3         0      0   1         0       1       0
9         0      0   0         1       0       0
7         0      0   0         0       1       2
2         0      1   1         1       0       0
```
61

```
   software device communication
10     2       0       1
5      0       0       0
1      0       0       1
6      0       0       1
8      2       0       2
3      0       1       0
9      1       2       1
7      1       0       0
2      1       0       0
```

与 apply()函数不同，lapply()函数能够在不提供 MARGIN 参数的情况下将函数应用于传递对象的所有元素上。该函数可以处理向量或列表(其他对象被强制为列表)，并返回与对象相同长度的列表。sapply()函数也提供了相同的功能。

which()函数可返回条件为 TRUE 时元素的位置。如果逻辑对象是一个数组，则可以返回索引而不是标量位置(arr.ind 参数必须设置为 TRUE)。

```
># 获取类别 2 文件的位置
>which(d$class == "sport")
[1] 3 6 9
```

2.15 流控制结构

R 中也提供了在许多其他编程语言中常见的流控制结构。流控制语句都是保留字，这些语句有时可能是执行代码的条件。条件一般是长度为 1 的逻辑向量，如果提供了较长的向量，则只处理第一个元素。

2.15.1 条件语句

当需要决定是否执行一个语句或在两个可能语句中选择一个执行时，可使用条件语句。这个语句有一个常见的形式：

62 if (*condition*) *expression*

或者：

if (*condition*) *expression 1* else *expression 2*

当条件为 TRUE 时，计算表达式 1；当条件为 FALSE 时，不执行任何操作。

但如果语句中存在 else，则计算表达式 2。

```
>x<- 2
>y<- 1
>if (y ! = 0) x/y else "Cannot divide by 0"
[1] 2
```

如果要计算的表达式包含多个语句，必须将这些语句用花括号括起来。特别要注意的是，在控制台模式下，else 必须和 if 分支的右括号位于同一行。

```
>day<-"Saturday"
>if (day == "Saturday" | day == "Sunday") {
+ print("It is the weekend")
+ print("It is good")
+ } else
+ {
+ print("It is a work day")
+ }
[1] "It is the weekend"
[1] "It is good"
```

当有两个以上供选择的语句可执行时，可以简单地使用嵌套条件语句。

```
if (condition1) {
   #条件 1 为真
   if (condition 2 ) {
       #条件 2 为真
       ...
   } else {
       #条件 2 为假
       ...
   }
} else {
    #条件 1 为假
    ...
}
```

63

但是如果选择太多该怎么做呢？多个嵌套条件语句会使代码结构变得非常混乱，难以维护。而 switch 函数可以有效地解决这个问题，它的语法如下：

switch(*expression*, ...),

... 处表示一个选项列表。switch 语句可以接受字符串或者数字作为第一个参数(如果参数值不是字符串也不是数字，将会被强制转化为字符串)。当数字是第一个参数时，将计算数字对应选项中的表达式并返回。

```
>day<-2
>switch(day,"Mon","Tue","Wed","Thu","Fri","Sat","Sun")
[1] "Tue"
```

如果第一个参数是字符串，该函数将搜索与字符串精确匹配的选项元素名称，然后计算并返回找到的元素。

```
>day<-"Tue"
>switch(day,
+        Mon = "Monday",
+        Tue = "Tuesday",
+        Wed = "Wednesday",
+        Thu = "Thursday",
+        Fri = "Friday",
+        Sat = "Saturday",
+        Sun = "Sunday")
[1] "Tuesday"
```

ifelse()函数可用于向量决策。其返回值的数量与第一个参数有关，值由第二个或第三个参数的值填充，并由第一个参数值为 TRUE 还是 FALSE 来决定返回结果的含义。

64
```
>x<-1:5
>ifelse(x>3, 'greater than 3', 'less or equal to 3')
[1] "less or equal to 3" "less or equal to 3"
[3] "less or equal to 3" "greater than 3"
[5] "greater than 3"

>letters<-c("a", "b", "c", "d", "e")
```

```
>digits<-c(1, 2, 3, 4, 5)
>ifelse(c(TRUE, FALSE, TRUE, TRUE, FALSE), letters, digits)
[1] "a" "2" "c" "d" "5"
```

2.15.2 循环

R 中提供了三种基本的循环(loop)结构。最简单的循环是 repeat，它只能重复计算给定的表达式(无限循环)，并使用关键字 break 终止循环。

```
>i<-1
>repeat {print(i); i<-i+1; if (i>5) break}
[1] 1
[1] 2
[1] 3
[1] 4
[1] 5
```

while 循环结构以条件开头。只要循环条件为真，就会一直重复执行循环中的表达式。

```
>i<-5
>while (i>0) {print(i); i<-i-1}
[1] 5
[1] 4
[1] 3
[1] 2
[1] 1
```

在 while 循环中也可以使用关键字 break 终止循环，终止时将跳过循环体中的其余语句，并开始新的循环迭代(视条件而定)。

for 循环用于遍历向量或列表的每个元素，这些元素会被赋值给 for 语 65
句中的变量。

```
>a<-c(1, 2, 3)
>b<-c("a", "b", "c")
>for (i in a) print(i)
[1] 1
```

```
[1] 2
[1] 3
>for (i in 1：length(a)) print(a[i])
[1] 1
[1] 2
[1] 3
>for (i in c(a, b)) print(i)
[1] "1"
[1] "2"
[1] "3"
[1] "a"
[1] "b"
[1] "c"
```

但是，该变量不可参与迭代。

```
>a<-c(1, 2, 3)
>for (i in a) i<-i+1
>a
[1] 1 2 3
```

2.16 包

除了可以使用 R 原本提供的许多函数外，我们还可以通过包(packages)访问其他函数。

包是由一组函数、数据和帮助文件组成的，被统一放置在 library 子目录中(包含包的目录被称为 library)。

包由 R 社区成员编写，通常包含与特定任务相关的各种函数，用来解决各类学科中的问题。在下载 R 时，也同时下载了 R 的核心软件包，而其他可
66 用的软件包存储在名为 CRAN(Comprehensive R Archive Network)的官方存储库中。CRAN 是一个总站，包含了发行版、扩展包、文档和二进制文件等与 R 相关的材料。CRAN 主站点(https：//CRAN. R-project. org/)由在奥地利的维也纳经济大学维护，其完整的镜像列表可以在 http：//CRAN. R-project. org/mirrors. html 上找到。CRAN 包括大约 13000 个额外的包，可以在 https：//cran. r-project. org/web/packages/上找到这些包列表。

如需查看默认加载的包列表，可使用 getOption ("defaultPackages")命

令，命令结果中省略了一些每次都需加载的基本包。

查看用户安装的所有包列表可使用 installed.packages()函数或直接查看 RStudio 中的“Packages”面板。

如要获取当前已加载到 R 中的包的列表，可以使用 function.packages()函数。

2.16.1　包的下载

如果想使用某个包，我们必须提前将它下载并安装到电脑上。

在 R 中可以使用 install.packages()函数安装 CRAN 包，这个函数可从存储库中下载包并在本地安装，函数中的参数为想要下载的包的名称。如需同时下载多个包，可将一个包含了多个包名的列表作为参数传递给下载函数。

在 RStudio 中，我们也可以点击界面右下角的“Packages”面板中“install”按钮(需确保勾选了“安装依赖项”)来完成安装过程。

本书的 5.6.1 部分展示了没有安装必要库时的代码运行结构。

创建者有时会更新包。如要检查哪些包被修改或更新，可以使用 old.packages()函数。如果想使用更新后的版本，可以调用 update.packages()函数，通过交互式方式更新所有包。当参数 ask 被设置为 TRUE(默认值)时，会返回可以更新的包的版本，此时我们可以查看并选择是否更新它们。如果只想更新单个包，最好的方法是再次使用 install.packages()函数或者使用“Packages”面板上的“Update”按钮。

如果想获得一些包的基础信息，可以使用 library()函数，并将 help 参数设置为包的名称，如 library(help = "tm")。

2.16.2　包的加载 67

调用 library()函数并将参数设置为包名即可在 R 中加载包。当然也可以使用 require()函数，它与 library()功能相似但使用的参数略有不同。

加载包后即可使用包中的函数。如果已经加载了多个包且这些包中有多个名称相同名称的函数，R 会调用最后加载的包中的函数。如果要调用某个包中的特定函数，可以在函数名之前加上包名和::。

要卸载一个包，可以调用 detach()函数。

2.17　图表

R 中包含了三大绘图系统，一个是基础绘图系统，使用 graphics 包，另外两个系统使用 lattice 包和 ggplot2 包。通过 R 我们既可以绘制常见的图表，如散点图、折线图、条形图、饼图、直方图等，也可以绘制其他更复杂的图形。在输出图形时同样需要调用一系列函数，这些函数可以用于创造一个完整的图(高级功能)或是向现有的图中增添一些元素(基础功能)。这种一步步创建图形、将新元素与之前输出结果重叠的过程被称为画家模型。输出的图将会显示在屏幕上(在 RStudio 的一个窗格中)或者以各种格式保存到电脑里。

本书中主要介绍 graphics 包，它拥有绘制基本图表的功能和调整绘制数据的函数。我们只介绍使用该包绘制和定制简单图表的基本方法。如要查看有关 graphics 包及其函数的基本信息，可以调用 library(help = "graphics")函数查看。

plot()是创建图表的最重要的一个函数，它接受将对象作为参数输入并绘制它们。最简单的是将 x 和 y 轴上的值作为参数输入给该函数即可完成绘制。如要显示 plot()函数的所有参数名和相应的默认值，可运行 args(graphics:: plot.default)语句。为了演示 plot()函数的一些基本功能，下面我们将使用一份虚拟数据——五天内不同类别报纸发表的文章数量作为示例。

```
> articles <- matrix(c(3, 10, 6, 8, 15, 9, 2, 9, 4, 6, 8, 3, 3, 7, 1),
+                    nrow = 5, ncol = 3, byrow = TRUE)
> dimnames(articles) = list(
+     c("Mon", "Tue", "Wed", "Thu", "Fri"), #行名
+     c("Economy", "Politics", "Science")) #列名
68 > articles
    Economy Politics Science
Mon       3       10       6
Tue       8       15       9
Wed       2        9       4
Thu       6        8       3
Fri       3        7       1
```

可以调用 plot(articles[, 1])或 plot(articles[, "Economy"])创建一个展示经济类已发表文章数量的简单图表(图 2.8)。

通过为参数设置值或改变值，我们可以调整图表的呈现方式，type 参数值 p 代表点图，l 代表线图，b 代表点线图，o 代表重叠点线图，h 代表

直方图，s 代表阶梯图。图表的标题由主参数定义，也可以通过调用 title()函数添加。

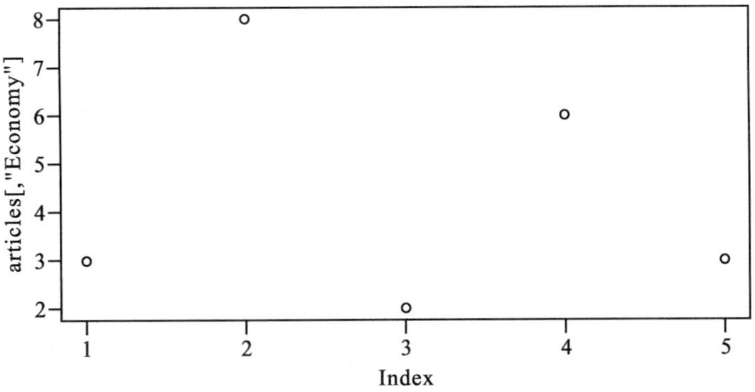

图 2.8　简单的二维散点图

```
>plot(articles[,"Economy"], type = 'o')
>title(main = "Articles numbers")
```

在下面的示例代码中，我们设置了一个展示经济类文章数量的图形。首先，我们使用 axes 参数设置不显示图形的轴，col 参数将线的颜色变为蓝色，ylim 参数将 y 轴范围设置为从 0 到文本矩阵的最大值，abb 参数设置轴不会被注释。接下来我们添加图表的标题、x 轴和 y 轴的绘制点(at 参数)，以及标签(labels 参数)，将轴标题颜色设置为深灰色，并设计好图表周围的框线(图 2.9)。

```
> articles _ range = range (articles)
> plot (articles [, "Economy"] , type = "o", col = "blue",
+        axes = FALSE, ann = FALSE, ylim = articles _ range)
> title (main = "Numbers of articles")
> axis (1, at = 1 : 5, labels = rownames (articles) )
> axis (2, at = 2 * 0 : (articles _ range[2]/2))
> box ()
> title (xlab = "Days", col. lab = "darkgrey")
> title (ylab = "Number of released articles",
+        col. lab = "darkgrey")
```

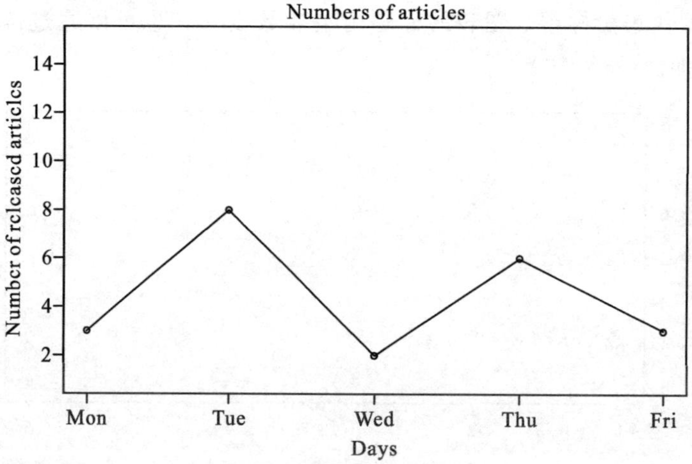

图 2.9 定制的二维折线图

69 下面我们绘制政治类文章的折线图。我们可以将线型设置为虚线，点设置为正方形。为了能够清楚地表示图表的内容，还需添加图例。图例可以被添加在图中的指定位置上，例如坐标(4，15)。图例的文字字号可以设计得小一点(cex 参数)，图例的线型(lty 参数)、点(pch 参数)、颜色(col 参数)需要设置的和坐标系中对应的设置内容相同(图 2.10)。

71
```
>lines(articles[,"Politics"], type = "o", pch = 22,
+        lty = 2, col = "red")
>legend(4, 15, c("Economy","Politics"), cex = 0.9,
+         col = c("blue", "red"), pch = 21 : 22, lty = 1 : 2)
```

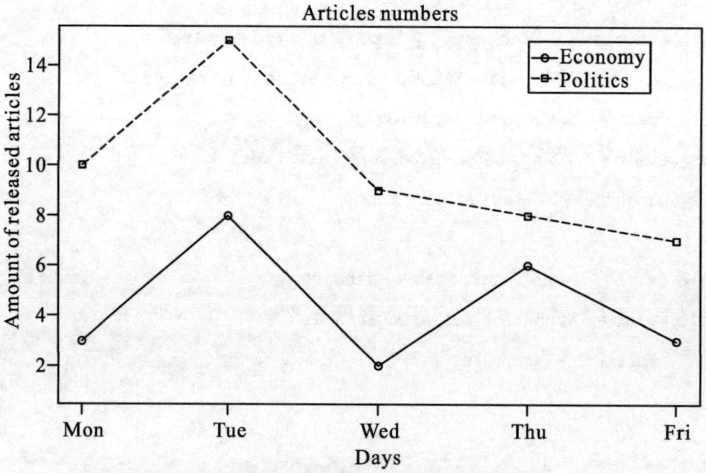

图 2.10 带有两组数据系列的二维折线图

通过 plot()函数可以为表格中的一到两组数据绘制图表。但如果想要在一个图表中展示更多组数据，我们可以使用 matplot()函数。

```
>matplot(articles, type = "b", pch = 1 : 3, col = 1 : 3,
+          axes = FALSE, ann = FALSE)
>title(main = "Released articles")
>axis(1, at = 1 : 5, lab = rownames(articles))
>axis(2, las = 1, at = 2 * 0 : released_articles[2])
>box()
>title(xlab = "Days", col. lab = 'darkgrey')
>title(ylab = "Number of articles", col. lab = 'darkgrey')
>legend(4, 15, names(articles[1, ]), cex = 0.9,
+         col = 1 : 3, pch = 1 : 3)
```

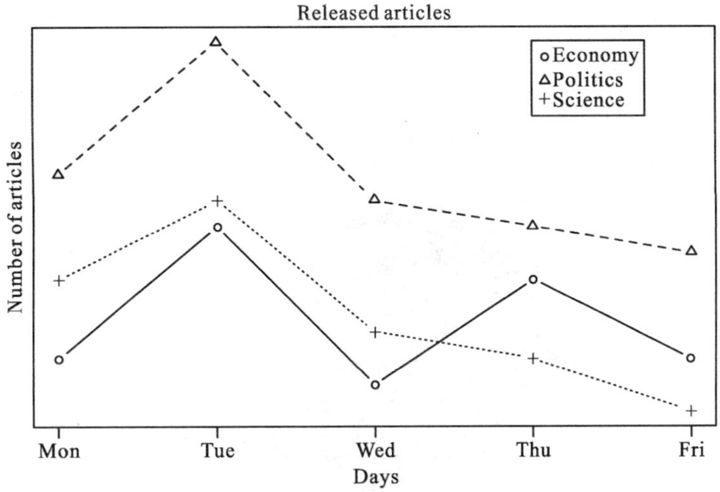

图 2.11 带有三组数据系列的二维折线图

饼图用于展示占比情况。例如要想绘制一周中每天经济类文章发表数量占比的图形，我们可以通过 pie()函数创建饼图。函数中的第一个参数是非负数向量，用来展示饼图中各扇区的面积，其他参数还包括各扇区的标签、各扇区的颜色和该图表的标题等。

```
>colors<-c("green", "blue", "yellow", "orange", "red")
>pie(articles[, 1], main = names(articles[1, ])[1],
+      labels = names(articles[, 1]), col = colors)
```

我们可以使用星期名称来标记饼图的各个扇区，并且将各扇区设置成不同的颜色。在下面的例子中，我们将计算一周内每天发表的文章数量占该周发表文章总数的比例，计算结果四舍五入到小数点后一位，并设置图例(图 2.12)。

```
> percent <- round(articles[, 1]/sum(articles[, 1]) * 100, 1)
> percent <- paste(percent, "%", sep = "")
> pie(articles[, 1],
+     main = names(articles[1, ])[1],
+     col = colors,
+     labels = paste(paste(names(articles[, 1]),
+                  articles[, 1],
+             sep = ": "),
+             percent, sep = " = "))
> legend("topright", names(articles[, 1]),
+         cex = 0.9, fill = colors)
```

72

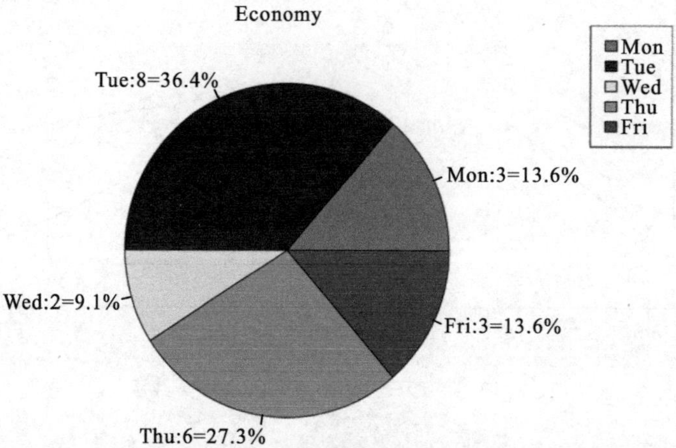

图 2.12　带有标签和图例的饼图

73 使用 barplot()函数可以创建一个简单的柱状图。如果函数中第一个参数(height 参数)是向量，该函数将创建一系列柱条来表示这些向量值。

```
>barplot(articles[, 1])
```

如果函数中的高度参数(height 参数)是矩阵，图表中的柱条代表矩阵的各列，那么这些列中的值要么会堆积在柱条上[①]，要么会形成一个由多个柱条组集合而成的图表(取决于 beside 参数的逻辑值)。在我们给出的示例中，x 轴代表文章类别，各颜色柱条代表星期名称。使用 t()函数可以将矩阵转置，从而改变图表展示形式(例如转置之后，x 轴代表星期名称，柱条代表文章类别)。

```
>barplot(articles)
>barplot(articles, beside = TRUE)
>barplot(t(articles))
```

在创建柱状图的过程中，我们可以对各项参数做设置，例如添加轴标题、改变颜色、添加图例等。

```
>barplot(articles, main = 'Articles in caterogies',
+         ylab = 'Number of released articles',
+         beside = TRUE, col = colors, legend = TRUE)
```

使用 par()函数我们可以对图表进行自定义设置。当不设置任何参数时，调用这个函数将返回当前参数值列表。如要更改参数，可输入成对的“标签＝值”列表，可修改的参数包括文本的对齐方式、页边距、字体、前景或背景颜色等。

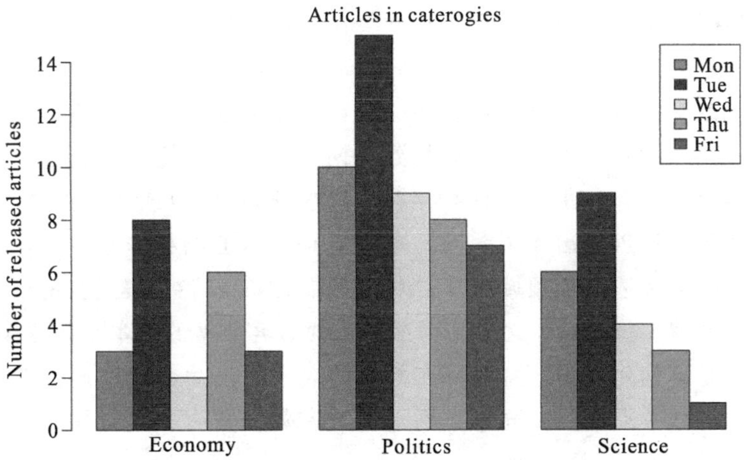

图 2.13　柱状图

① 译者注：类似 excel 中的堆积柱状图。

第 3 章

文本结构化表示

75 3.1 简 介

结构化数据通常以表的形式表达并存储在数据库特别是关系型数据库中，支持检索、筛选等简单而有效的处理操作。新闻文章、邮件、短信(SMS)、烹饪书中的莱谱等文本数据通常是非结构化的，它们与表的格式完全不同。这些文本通常是通过自然语言中的语法和语言规则生成的，它们也具有一定的结构，例如论文必须具备标题、作者、摘要、关键词、引言等内容。文本中的段落、章节或子章节由单词、符号、词组和句子组成，每个句子包含了不同类别的词(比如名词、动词、形容词)，这些单词以动词、名词或介词短语的形式组合在一起，用于表达一些有意义的信息。我们可以在某一特定语种的字典里找到字词，也可以使用被称作语法的规则将字词组合在一起。每个语种都存在着许多规则(词组或句子的类型)，利用这些规则可以创造出无限多的文本。但是文本的结构非常复杂，无法只用一种结构来描述某个领域所有文本。例如 2018 年冬季奥运会的所有报纸文章的文本就与位于布尔诺的格兰兹酒店的游客数据的文本结构完全不同，
76 这种数据是结构化数据，每列都有姓氏、名称、出生日期、地址等，酒店将游客的各项数据分类，同一类别下的所有数据具有相同的属性，这与报纸上的文章文本是不一样的。

除了结构化数据和非结构化数据，还存在着半结构化数据。这种数据与结构化数据不一致，不能直接被转换并被存储到关系型数据库(表)中。网络上的文本文档是这种数据的典型代表。半结构化数据一般通过使用标记和分离数据的标签、标识来表示，因此能够通过层次结构来表示数据记录及其关

系，例如常见的元素树。半结构化数据的格式比较灵活，无须预先设定。因此，同一实体的所有实例不必具有完全相同的属性，冗余或非原子值也是允许的[173,219]，例如 XML 和 JSON。

简化文本可以降低文本处理的复杂度，通过改变文本结构可以使文本更容易被机器理解。实际上当前的大多数机器学习算法都要求数据具有高度结构化的格式，这些结构化数据能用表来表示。表的行包含了要处理的文本对象，例如邮件系统中被分类为垃圾邮件（未经请求便发送的邮件）或者非垃圾邮件（合法、与自身相关的邮件）的邮件文本；表的列包含了对象的特征名和特征值。因此，每个对象都可以用特征向量来表示。

那么如何从非结构化文本中提取特征呢？在垃圾邮件过滤问题中，这些特征可能是 SpamAssassin 过滤器[89]的测试结果，包括垃圾邮件是否包含图像、HTML 代码、空行，是否认识发件人，是否在黑名单中，内容是否包含了"cialis""viagra"或者"Your Bills"这些词等。当然非结构化的文本还包括其他属性，比如文档的字数、出版日期、作者、图表及其数量等。但在大多数问题中我们主要关注文档的内容，因此单词、词组及其意义是最重要的，文档的内容特征通常源自文档中的单词含义。

索尔顿和麦吉尔提出的向量空间模型是在文本挖掘领域中被广泛使用的一种文本结构化表示格式[236]。在向量空间模型中，每个文档由一个向量表示，向量的不同维度表示文档的特征（词），特征的值表示权重（词的重要性）。 77
所有的向量便组成了文档词矩阵，矩阵的行代表文档，列对应文档中的词。文档的特征对应的就是文档包含的词，文档的特定属性由文档中是否出现特定词决定。

以下面这组虚构的新闻标题为例：

- The Vegas Golden Knights ice hockey team achieved the milestone of most home wins.
- Germany won 1 – 0 over Argentina in the FIFA Wold Cup finals.
- Someone has won tonight's USD 10 million jackpot in the National Lottery.
- A man has won a USD 5 million jackpot on a Las Vegas slot machine.

从句子中的词和短语中我们可以看出，前两篇文章是关于体育的，后两篇是关于赌博的。我们是如何得到这个结论的呢？在前两篇文章中，有很多体育领域的词，比如 ice、hockey、FIFA；而在后两篇文章中，jackpot、lottery 等词是最能代表文章内容的。因此，我们可以认为如果一篇文章当中包含了 hockey 这个词，这篇文章很有可能是关于体育的。换句话来说，该文章具有“包含了 hockey”属性的词。

在文本分类任务中，词在文中的位置有时并不重要。如果刚才第一句的顺序变为 The ice hockey team of Vegas Golden Knights achieved the milestone of most home wins，此时 hockey 从句子的第六个位置被移动到了第三个位置上，它的上下文(语境、单词前后的其他词)也发生了改变，但是句子的意思并没有改变，它仍旧与体育相关。

从上面的例子中我们可以看到，在文档分类这样的问题中，似乎将文档内容视为在文档中出现的词的集合就够了。在这样的集合中，元素间是不相关的。这些相关关系在句子中表示了元素所处的语境，即哪些词出现在了同一个句子当中，哪些词在前面或哪些词在后面，以及它们之间的距离等。

当然，不考虑词之间的关系肯定会导致一些信息的丢失。例如 Vegas，如果不考虑上下文，这个词可能与体育和赌博都有关联。其他例如 ice、Golden、World 或 machine 这些词，我们也无法直接说出它们属于哪个主题。但如果我们能够知道这些词及其上下文，例如 ice hockey、Vegas Golden Knights、World Cup 或 slot machine 这样的词组，就可以清楚地判断它们所属主题了。这种解决方法不仅考虑某词的前后一个词，也可以考虑两个、三个甚至更多词序列(我们将其称为 *N*-grams)或者将一些词序列作为命名实体(例如，Vegas Golden Knights 是一个冰球队的名字，而 Las Vegas 是一个地方的名字)。

文本分析算法可以一次处理多个文档，图 3.1 展示了文档分类的一种规则。

78

```
IF document contains “hockey” THEN document category = sport

IF document contains “lottery” THEN document category = gambling

IF document contains “Vegas” AND
   document contains “Knights” THEN document category = sport

IF document contains “machine” AND
   document contains “slot” THEN document category = gambling
...
```

图 3.1 将文档分为两类(sport 和 gambling)的规则示例

这意味着在文本分析中即使分开处理词，文档的上下文关系也能够被考虑到。例如，朴素贝叶斯和决策树算法在处理这些特征时是独立的，在训练后可创建由多个属性组合而成的表现形式(联合概率计算和决策树分支，参考本书第 5 章)。有时，属性间的独立性是解决问题的必要条件，特别是对于朴素贝叶斯分类器来说。假设我们有 1000 个不同的单词($n=1000$)，在用它们创建一个包含了 50 个词的文档($r=50$)时，其中一些词可能会出现多次。考虑到词的顺序，这个文档有 n^r 种可能的组合方式，即 10^{150}。如果不考虑词的顺序，文档的组合方式可能有 $\frac{(r+n-1!)}{r!\ (n-1)!}$ 种，即 1.097×10^{86} 种。很明显，对词顺序的考虑将会增加问题的复杂度。

因此，在文本分析中文档经常被视为独立的单词或词组的集合。词在文档中可能会出现多次，出现次数越多，代表这个词越重要。集合中一般不允许词多次出现，但多重集合(multisets)或词袋(bags)例外。在文本挖掘领域中，词袋模型(bag-of-words)是自然语言处理中常用的词表示模型，它采用的词表示过程简单而直接，非常受文本挖掘领域研究者的欢迎[135]。

3.2　词袋模型 79

在词袋模型中，文档特征由文档中包含的词决定。每一篇文档由一个袋子(多重集合)表示，在文档中出现过的词都属于这个集合。在文本分析过程中，这个集合可以被转换为机器学习中常见的向量。如图 3.2 所示，不同的文档被表示成了不同大小的集合(集合中的元素数量不同)，因此由集合转换成的向量的大小也不相同。更重要的是，我们可以看到在图 3.3 中向量分量(表头)具有不同的含义。例如，第一个向量中的第一个分量表示 good 的出现次数，第二个向量的第一个分量表示 bad 的出现次数。这些向量第一个特征的值相同，但语义完全相反，这样不利于我们比较这两个文档。大多数机器学习算法要求向量具有固定的长度。

通过以上分析我们可以得出这样的结论：被处理文件必须具有相同数量的特征，并且必须清楚地识别文档中的每个特征。文档集合的属性集必须包含文档集合中所有出现过的词(特征)，所有的文档需要具有相同的特征。当 80
然，部分文档中可能没有出现过某些词(特征)，因此它们的特征值是 0，如图 3.2 所示。当集合中的所有文档都能够由相同类型的向量表示时，这些向量将组成特征-文档矩阵(term-document matrix)，这种矩阵高度结构化，可用于许多机器学习算法中。

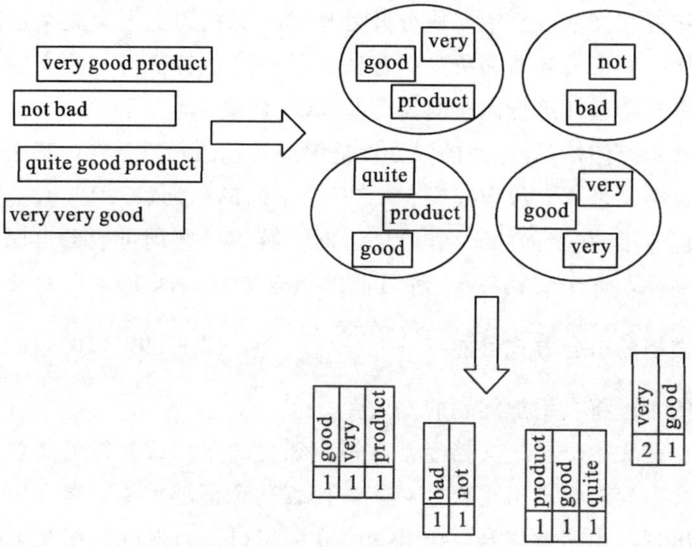

图 3.2　将文档转换为词袋的原理
(这里使用非常简短的商品评论文本作为示例)

very	good	not	bad	quite	produce
1	1	0	0	0	1
0	0	1	1	0	0
0	1	0	0	1	1
2	1	0	0	0	0

图 3.3　由图 3.2 中文本生成的文档矩阵

3.3　词袋模型的限制

词袋法在生成文档矩阵时有一些限制。首先，文档文本中有大量的特征可以被抽取，当我们以出现在文档集合中的词作为文档特征时，即使一个很小的文档集合，也会包含大量的唯一词。例如，在平均每条评论的字数为 25 词、总计 100 条评论的 booking. com 网站上酒店住宿评论集合中，可以找到大约 1000 个唯一词。当集合中有 1000 个文档时，可以找到大约 3500 个唯一词；当集合中有 10000 个文档时，可以找到大约 13000 个唯一词；当集合中有 100000 个文档时，可以找到大约 45000 个唯一词[295]。文本中所涉及的特征的数量与传统数据挖掘任务和关系型数据库中的特征的数量区别非常大。

从计算复杂度的角度来看，处理大量的属性需要花费更多的时间，如何处理如此庞大数量的特征是一个需要解决的问题。对于例如决策树归纳法这样的机器学习算法，计算复杂度会随着特征数量的增加呈指数增长[144]。

维数灾难(Curse of Dimensionality)是另一个与大量维度有关的问题。基于归纳的机器学习算法总是尝试找到能够概括所有可用数据的方法。例如在监督学习的分类任务中，我们的目的是找到一个能够将每个文档分配到正确类别的函数。一个具有 n 个二值型(或布尔值)属性的数据集存在 2^n 个实例，当该数据集有 100 个二值型属性时，其存在 $1.27 \cdot 10^{30}$ 个实例。为了能够学习出一个可概括所有实例空间的完美函数，我们需要大量这样的实例，但这显然是行不通的。因此，我们希望分类器能够处理这些问题并且不需要使用太多实例。通过使用概率近似正确学习(probably approximately correct 81
learning)范式，我们甚至可以量化这些数值间的关系[150]。

对一些算法来说，维度灾难是非常严重的问题。例如，k 最近邻(k-NN)分类器在计算相似性时会使用数据集的所有特征。因此处理大量属性时，k-NN 比只需处理属性子集的决策树(decision tree)或规则学习者(rule learners)等算法在创建数据范式时更为敏感[199]。

作为两个著名的统计学定律，齐普夫定律(Zipf's Law)和希普斯定律(Heaps' Law)可应用到自然语言处理中。齐普夫定律指出，词(或其他语言单位，如词干)在收集到的文档集合中出现的频次与其频次排名(将这些词按其出现的频次递减地排序得到)成反比[186]。它们之间的关系可以用以下公式表示：

$$freq(w_i)=\frac{C}{i^a} \tag{3.1}$$

其中，$freq(w_i)$表示词 w_i 出现的次数，i 是词 w_i 在以出现次数降序排序的词频表中的位置(即 i 是词 w_i 的排名)，系数 C 和 a 可以从文档集合中每个词的统计数据中导出。在理想情况下，$C=freq(w_i)$，$a=1$，此时，频次表中排名第二的词的出现次数会是排名第一的词出现次数的二分之一，排名第三的词的出现次数会是排名第一的词出现次数的三分之一，以此类推。排名第十的词出现频次是第二十个词的两倍，也是第三十个词的三倍。为了更好地表示此规律，特别是该规律在高频词和低频词上的表现，齐普夫定律被曼德博(Mandelbrot)做了稍加修改[184]：

$$freq(w_i)=\frac{P}{(i+\rho)^B} \tag{3.2}$$

其中，$freq(w_i)$表示词 w_i 出现的次数，i 是词 w_i 的排名，系数 P、ρ 和 B 可以从数据中导出。

希普斯定律[114]描述了在给定的文档集合中出现的唯一词的数量与文本篇幅(所有出现的单词总量)之间的关系，这个关系可以被表示成以下公式：

$$M=k \cdot N^{b} \tag{3.3}$$

其中，M 是唯一词的数量，N 是所有词的累计数量，系数 k 和 b 可以从数据中导出。曼宁、普拉巴卡尔和许策[185]计算了 Reuters-RCV1 数据集在希普斯定律中的系数，分别是 $k=44$，$b=0.49$。在希普斯定律中，k 值一般在
82 30 至 100 之间，b 值接近于 0.5(因此，唯一词的数量与词总数的平方根成正比)。

在表示自然语言规律的公式中，系数往往由特定的语言决定，这些过程有时候非常曲折[98]。但是这些规律至少可以让我们对数据及其统计特征有些初步的了解。

例如，对于出现次数最多的十个词，可以根据齐普夫定律知道在理想情况下它们大约占到文档集合中所有词的三分之一。如果数据不够理想，这个结果会有偏差。但是，曼宁、普拉巴卡尔和许策[185]发现在 Reuters-RCV1 数据集中最常见的 30 个词的出现次数占了所有词的累计数量的 30%。如果在机器学习任务中不将这些词作为特征将会使得特征的数量减少到可以忽略不计的程度。另一方面，这个操作也会显著减少非零属性值的数量。当查看频次表时，我们可以发现大部分单词在文档集合中只出现了几次，这些词很难影响到很多机器学习任务的结果(例如分类、聚类、关联挖掘)，且经常带来一些拼写错误，因此它们实际上是一种噪声，可以被忽略掉。通过删除这些词，可以减少文档集合中的特征数量。

由于齐普夫定律所带来的影响，大量的特征会导致另外一个问题：与文档集合中所有唯一词的数量相比，一篇文档中唯一词的数量是非常少的。以之前提到的消费者评论数据为例，从包含了 100 篇文档的文档集合中我们大约可以抽取出包含了 1000 个唯一词的元素集合。假设每篇文档平均有 25 词，那么大约只有 2.5%的向量元素具有非零值(当这 25 词都是不同词的时候)。在文档集合包含了 10000 个文档时，非零项的占比更小，约为 0.05%。因此向量是非常稀疏的，这在某些文本分析任务中是需要解决的问题，例如分类或聚类任务中计算相似度[177]。同时，文档特征矩阵的列值也是很稀疏的，因为有些单词只出现了几次，稀疏性有时会导致识别数据中某些模式很复杂[87]。

由于没有考虑词序，词袋模型有一些缺点。例如，两个包含了相同单词但不同排序的句子会被认为是完全相同的。例如，在情感分析的比较任务中，如果不考虑次序，“A 比 B 好”和“B 比 A 好”这两个句子看起来是一样的，但实际上含义并不相同。

这种唯一词的表示方式也体现不出词的语义。在词袋模型中，每个词只

是文档特征矩阵中的一列，而列的顺序并不重要。例如，列 A 和列 B 间的距
离比列 A 和列 C 的距离近，并不代表列 A 和列 B 在意义和语法形式上比列 83
A 和列 C 更加相似。在向量空间模型中，每一个词创造了一个维度，并且所有维度都是同等重要的。从向量空间的起点到某个位置的距离，例如到单词 A 出现位置的距离，与到其他任何单词出现位置的距离都是相同的。

特征选择方法可以解决特征过多的问题(见本书第 14 章)。词袋模型也可被用于以更少的维度派生出新的表示方式(例如潜在语义分析或创建词嵌入的神经模型)，从而消除上面提到的问题。本书第 13 章简单描述了这些方法。上下文的缺失问题可以通过 N-grams(有时我们将其称为 bag-of-N-grams)或者通过引入新的属性来承载单词的上下文信息(例如，前一个单词是什么，下一个单词是什么，前一个单词的词性是什么等)来解决，但是这些方法可能会导致更严重的高维度和稀疏问题。

尽管词袋模型存在很多问题和局限性，它在许多任务中仍带来了令人惊喜的体验。在某些情况下，特别是特征较少、特征间无相关性或无须考虑时，用词袋法是最合适的。通过训练神经网络模型，稀疏向量可以嵌入为稠密向量[101]，例如将文档中的单词的嵌入向量(比如通过平均的方法)组合成一个向量，再去使用经典机器学习算法进行分类。

3.4 文档特征

文档特征采取何种表示方式主要取决于要解决的问题是什么。例如在垃圾邮件过滤任务中，如果判别垃圾邮件的标准是邮件中是否出现一些特殊字符或过多相同字符，那么使用字符作为特征可能会有所帮助。但在一些需要输出可以理解的语义信息的信息抽取问题中，单词和概念扮演着重要的角色，而以字符作为特征的意义不大。

在大多数情况下，我们将特征分为以下几类[87]：

■ 字符串、字符串 2-grams、字符串 3-grams、字符串 N-grams：即使字符能够完全表示文本数据，也并不经常被用作特征。因为一个字符不能承载太多语义信息，对其做解释是非常复杂的，特别是当位置信息(字符的上下
文信息)丢失时(因此我们讨论了解字符袋)。 84

■ 单词：单词是文本中最自然、最直接的特征。单词是在给定语言的句子中使用的一系列字符，通常由字母表示。它具有语义、语法和语音，在写作中一般通过空格与其他单词分开[74]。以上是大多数西方语言理解词汇的方式。对于中文或阿拉伯语文本来说，单词之间通常不用空格分隔，因此很难

从视觉上识别边界。

词典可以用来将给定文本中的单词和其他符号区分开。对于自然语言来说，使用给定语言中单词列表的词典是非常有必要的。词典可能只包含了给定单词的基本形式，我们将这些基本形式称为词根。例如，does、doing、done 或 did 的词根就是 do。因此，词典中出现的缺失特定字符序列的单词并不一定是错误的。

但文本中的数字、时间、货币符号和标点(逗号、句号、问号、引号)等的信息表示通常取决于要执行的任务。有时，文本中出现的特定数字或日期可能很重要，例如某个表示产品价格的数字，在这种情况下我们可以使用一个特定的值来区分产品价格贵还是便宜。但有时候只要知道文字上显示的具体价格就足够了。

使用单词作为特征表示也存在缺点。例如，不考虑上下文时，单词的潜在含义可能不那么明显。

■ 术语：术语是由文本中单词组成的单字或多字表达。之前提到的新闻标题中，Las Vegas、ice hockey、FIFA World Cup 或者 the National Lottery 等都是术语。这种特征将多个词视为一个单位，减少了单词的歧义。术语的抽取涉及命名实体识别问题，命名实体识别的目标是识别文本中的信息单元，如名称(通常是人名、组织名和位置名)、数值(例如时间、日期、百分比)。这是信息抽取的一个子任务[205]。

■ 概念：概念是根据文本中单词、短语或更复杂结构产生的一类特征。它不必直接出现在文本中。例如，新闻标题示例中的 sport 和 gambling 就是两个概念。

85 概念与术语最能够表达文本意义，其具有语义价值。概念可以更好地处理同义词、一词多义、下位词或上位词。但它们的提取更为复杂，且具有领域依赖性。

在为文本分配正确的概念时通常需要交叉参照外部来源信息，这包括了该领域的专家带来的信息、文本本体或词典、用于训练分配概念的算法的带注释的训练文档集合等。

字符和单词可以被组合成字符串 N-grams 或单词 N-grams 模型。N-grams 是由 N 个连续字符组成的序列。例如下表：

示例 1	字符串 3-grams
This is an example of the character 3-grams.	“Thi”“his”“is”“s a”“an”等
示例 2	单词 2-grams
This is an example of the word 2-gram.	“This is”“is an”“an example”“example of”等

字符串 *N*-grams 模型可以捕获整个单词(例如 few)及词类(例如“ed”“ing”)。它的一大优势是不会创建出大量的维度(数据的稀疏性更低)，因为字符组合比单词的组合要少[139]。字符串 *N*-grams 模型已成功用于许多任务中，包括语种识别[38]、作者识别[118]、恶意代码检测[223]和剽窃检测[17]。

单词 *N*-grams 可以用于捕获多词短语[163]，并已成功地用于情感分析[273]。

谷歌(Google)提供了一个有趣的单词 *N*-grams 集合，其中包括了这些单词在书中使用的频率。通过检索 Google Books Ngram Corpus 可查找到该语料集合，其新版本提供了八种语言的语法注释 *N*-grams 模型，涵盖了 8%的已出版图书(超过 800 万种书)[172]。

N-grams 也可以理解为一种简单的统计语言模型，它对字符串或单词序列的概率进行建模。给定一个单词序列，该模型可以帮助我们预测该序列后面会出现的词。因此 *N*-grams 可以用于诸如机器翻译、拼写校对和语音识别等任务[138]。

3.5 标准化

文本数据通常是以半结构化形式表示的。一个日常更新的新闻网页中可能包含了若干个新闻特征，例如标题、关键字列表、简洁文字、带有标题的图片等，所有这些都包含在<div>或带有定义类的相似标签中。

图 3.4 展示了路透社语料库第 1 卷(Reuters Corpus Volume 1，RCV 1)[167]
新闻的 XML 文件，该文件包含出版日期、相关主题、涉及人物、地点和组织， 86
以及由标题、日期和正文组成的文本。

```
<? xml version = "1.0" encoding = "iso - 8859 - 1" ? >
<newsitem itemid = "2286" id = "root" date = "1996 - 08 - 20" xml : lang = "en">
  <title>MEXICO : Recovery excitement brings Mexican markets
        to life.
  </title>
```

```
    <headline>Recovery excitement brings Mexican markets
            to life.
    </headline>
    <byline>Henry Tricks</byline>
    <dateline>MEXICO CITY</dateline>
    <text>
      <p>Emerging evidence that Mexico's economy was back on the
         recovery track sent Mexican markets into a buzz of excitement
         Tuesday, with stocks closing at record highs and interest
         rates at 19 - month lows.
      </p>
      <p>&quot; Mexico has been trying to stage
      ...
      </p>
    </text>
    <copyright>(c) Reuters Limited 1996</copyright>
    <metadata>
      <codes class = "bip : countries : 1. 0">
        <code code = "MEX">
          <editdetail attribution = "Reuters BIP Coding Group"
                     action = "confirmed" date = "1996 - 08 - 20"/>
        </code>
      </codes>
      <codes class = "bip : topics : 1. 0">
        <code code = "E11">
          <editdetail attribution = "Reuters BIP Coding Group"
                     action = "confirmed" date = "1996 - 08 - 20"/>
        </code>
        ...
      </codes>
      <dc element = "dc. publisher" value = "Reuters Holdings Plc"/>
      <dc element = "dc. date. published" value = "1996 - 08 - 20"/>
      ...
    </metadata>
  </newsitem>
```

图 3.4　路透社语料库第 1 卷新闻文章的 XML 文件示例

JSON 文件(JavaScript Object Notation)以可读的格式将数据存储为键值对，其中值可以是标量(字符串、数值、逻辑值)、其他对象或者一组值[79]。 87

对于半结构化文档来说，可能只有其中某些选定的元素对于特定任务是重要的。例如，在训练新闻文本分类器时，只有<codes class = "bip：topics：1.0">中的<code>，以及<title>和<text>中的内容是与之相关的。<title>和<text>中的内容是获取文章特征的基础，<code>元素的内容可能包含了文档的一个或多个类标签。

XML 库可用于处理 XML(和 HTML)文档。xmllist()函数将节点的 XML 文档转换为直接包含数据的列表。列表元素对应于顶端节点的子节点，而 .attrs 元素包含了该节点属性的字符向量。

```
> library("XML")
> data< - xmlToList("Reuters/CD1/2286newsML.xml")
> names(data)
[1]  "title"       "headline"     "byline"      "dateline"      "text"
[6]  "copyright"   "metadata"     ".attrs"
> data["title"]
$title
[1]  "MEXICO: Recovery excitement brings Mexican
      markets to life."
> data$metadata$codes$code$.attrs
  code
"MEX"
```

下面的示例[143]展示了如何提取关于会议论文评论的信息。JSON 格式的信息文件包含了被命名为 papers 的键。其键值是一个数组，数组中的每个元素表示一篇论文。每篇论文都有一个数字标识符、一个表示论文初审结论的字符串值，以及评审列表。评审内容包含了评审人的专业度、在给定的数值区间内对论文的评价、评审数量、语种、评审文本、对会议委员会的附加评论、评审日期，以及作者对评审的评价。图 3.5 显示了这个 JSON 文件的部分内容。

```
{
"paper": [
 ...
 {
  "id": 8,
  "preliminary_decision": "accept",
  "review": [
    {
     "confidence": "4",
     "evaluation": "1",
     "id": 1,
     "lan": "en",
     "orientation": "0",
     "remarks": "",
     "text": "The paper describes an experience concerning...",
     "timespan": "2010-07-05"
    },
    {
     "confidence": "4",
     "evaluation": "2",
     "id": 2,
     "lan": "en",
     "orientation": "1",
     "remarks": "",
     "text": "This manuscript addresses an interesting solution...",
     "timespan": "2010-07-05"
    },
},
{
 "id": 12,
 "preliminary_decision": "accept",
 "review": [
    {
     "confidence": "4",
     "evaluation": "2",
     "id": 1,
     "lan": "es",
     "orientation": "2",
     "remarks": "Se trata de un articulo que presenta un tema ...",
     "text": "Es un articulo que presenta un temanovedoso ...",
     "timespan": "2010-07-05"
    },
    ...
 },
 ...
]
}
```


图 3.5　一个包含会议论文审阅信息的 JSON 文件示例

rjson 包中的 fromJSON()函数可以将包含了 JSON 对象、文件内容或有给定 URL 的文档内容的字符串转换为 R 对象，该对象类型是列表。在转换时，JSON 对象中的值会被编号，而具有键值对的格式的值在转换后会附带 89
名称。

```
>library("rjson")
>data<-fromJSON(file = "reviews.json")
>names(data)
[1] "paper"
>names(data[['paper']][[1]])
[1] "id"                        "preliminary_decision"
[3] "review"
>names(data[['paper']][[1]][["review" ]][[1]])
[1] "confidence" "evaluation" "id""lan"
[5] "orientation" "remarks""text""timespan"
>#第一篇论文的第一条评论中的一段文字
>substr(data[["paper"]][[1]][["review"]][[1]][["text"]],
+        1, 60)
[1] "-El articulo aborda un problema contingente y muy relevante"
>#第一篇论文的第一条评论的语种
>data[["paper"]][[1]][["review"]][[1]][["lan"]]
[1] "es"
>#对第一份文件的评审结论
>#与 data[[1]][[1]][[2]]相同
>data[["paper"]][[1]][["preliminary_decision"]]
[1] "accept"
```

下面的命令将数据转换为两列的数据帧，分别为 Text 列和 Evaluation 列。这些数据可以被用于分类等任务中，例如根据评审文本预测评审分数。

```
# 创建一个空数据帧
d <- data.frame("Text" = c(),
                "Evaluation" = c(),
                stringsAsFactors = FALSE)
for (i in 1: length(data[["paper"]])) {
  # 查看第 i 篇论文的评论数
nr <- length(data[["paper"]][[i]][["review"]])
```
90

```
if (nr == 0) {next}
for (r in 1: nr) {
  # 将文本和计算结果添加到数据帧 d 中
  d <- rbind(d,
             data.frame(
              "Text" = data[["paper"]][[i]][["review"]]
                       [[r]][["text"]],
              "Evaluation" = data [["paper"]][[i]]
                             [["review"]][[r]]
                             [["evaluation"]]
              )
             )
  }
}
```

3.6 文本编码

文本在计算机中以位序列的形式存储，每个字符通常占用一定数量的字节。为了便于存储，每个字符都需要被编码成数字，再被解码显示。

在过去，对于英文字母、数字和其他一些常见的符号(如标点符号)使用可生成 128 种不同字符的 7 位编码就足够了。

然而，对于一些如德语、西班牙语、法语、捷克语等带有重音字符的语言，由于无法将所有字符编码为 7 位字符，所以需要使用 8 位编码。不同语言有不同的编码，对于中文来说，即使是 8 位编码也是不够的[210]。这个问题可以通过使用 Unicode 编码来解决，它是同时编译许多语言和脚本时约定成俗的标准[109]。

在某些预处理步骤(例如分词)，学习文本编码相关的知识是必要的。由数字编码的字符在一些语言中是常规的单词字符，而在另一种语言中可能是标点符号字符[210]。

文档编码可以在文档的某些元数据、标题等地方显式指出。在某些上下文中，还可以对特定的编码进行显式或隐式处理。当没有这些信息时，用户或计算机必须根据文本进行检测[149]。

在 R 中可使用 stringi 包中的 stri_enc_detect()函数来检测文件编码。该函数接受输入一个字符串向量，并为向量中的每个字符串返回包含了

检测编码、语种和置信级别的列表。目前它支持检测大约 30 种不同的字符集和语种。 91

```
texts <- c("What is your name?",
           "¿Cómo te llamas?",
           "Comment tu t'apelles?")
stri_enc_detect(texts)
[[1]]
      Encoding Language Confidence
1 ISO-8859-1        en       0.47
2 ISO-8859-2        hu       0.31
3      UTF-8                 0.15
...
[[2]]
      Encoding Language Confidence
1      UTF-8                 0.80
2 ISO-8859-1        es       0.47
3 ISO-8859-2        hu       0.15
...
[[3]]
      Encoding Language Confidence
1 ISO-8859-1        fr       0.71
2      UTF-8                 0.15
3 ISO-8859-2        hu       0.14
```

使用标准的 iconv() 函数可以将文本从一种编码转换为另一种编码。iconvlist() 函数用于返回目前可用编码的列表。

```
> x <-"Gr\xfc\xdf Gott"
> x
[1]  "Grüß Gott"
> Encoding(x)
[1]  "unknown"
> Encoding(x)<-"latin1"
> Encoding(x)
[1]  "latin1"
> xx <- iconv(x, from = "latin1", to = "UTF-8")
```

```
> Encoding(xx)
[1] "UTF-8"
```

92

3.7 语种识别

文本的分词、词干提取或词性标注等预处理步骤都依赖于文本语种。语种识别实际上是一个分类问题，即将语种标签分配给文本。

语种识别的一个简单方法是将文本中的单词与已知语言的词典进行比较，并将匹配度最高的语种指定为该文本的语种。一般情况下，文本只与语言中最常用的单词进行比较，但是这种方法的准确度并不高，特别是对短文本的语种识别[106]。

利用可变或固定长度的字符串 *N*-grams 也可进行语种识别。例如将文本的 *N*-grams 与基于 *N*-grams 的语言模型进行比较，该模型可以基于 *N*-grams 模型进行简单频率计算[44]，也可以根据概率马尔科夫模型计算[215]。

文献[131]比较了目前流行的语种识别算法。

为了确定文本所使用的语种，可以使用 R 提供的 cld2 (Google's Compact Language Detector 2)包及其 detect_language()函数。

```
texts<-c("What is your name?",
         "¿Cómo te llamas?",
         "Comment tu t'apelles?",
         "Wie heißt du?",
         "Jaké je tvoje jméno?")
detect_language(texts)
[1] "en" "es" "fr" "de" "cs"
```

3.8 分　词

分词是将文档分解为以字词为单位的文本片段的过程。在大多数欧洲语言中，单词是用空格分隔的，因此只需在空格处分割文本似乎就能完成分词。而在例如汉语等词与词之间没有空格的语种中，需要对文本进行更深入的分析。

实际上，即使在欧洲语言中，分词的过程也不是那么直接的。文本中的标点(包括括号、撇号、破折号、引号、句号、感叹号)通常也需要被删除。因此最简单的分词方法或许是删除空格及标点符号[275,211]。

不同语种的文本有许多不同的需要考虑的特殊问题。即使是英语，分词也不是一件容易的事情。下面的段落中提到了几个典型的问题。

在英语文本中，句号通常表示一个句子的结束。但是它还可以用于其他目的，如英语中的缩写(Mr.、U. S. A 等)或小数点(1. 23)，在这种情况下，句号是不可删除的。

英文中，撇号可以用在缩写形式中(I'm、haven't)、名词的所有格形式中(Peter's)，或者在年份中省略前两位数字('90s)。我们需要确认撇号是否应该被删除(如将 haven't 变为 have+t)、保留或者替换('90s 变为 1990s)，但在许多情况下我们无法确定该选择哪种方式，如将 doesn't 转换为 doesnt、doesn+t 还是 does+n't?

英文中的连字符可以用于创造复合词(state-of-the-art、bag-of-words、two-year-old、sugar-free、long-lasting)。所以，我们应该分开对待复合词中的每个部分还是将整个复合词作为一个词片段?

分词时也需要特别注意数字。数字中经常包含许多有意义的符号，包括千分位符(在某些语言中使用逗号)、正负号、半对数符号等。例如，在处理电话号码时，如果将连接号视为分隔符号，就无法直接看到电话号码的区号了(00420－777777777 与 00420+777777777)。同样的情况也适用于日期，日期 2018－02－14 可以被视为一个词片段，也可以被分隔为 2018+02+14 三个片段，这样就可以获得年、月、日的信息了。

其他特别需要注意的文本片段还包括电子邮件地址、网址、特殊名称(C++、Bell&Ross)等。

有些语言的复合词没有连字符，例如德语。截至 2013 年，最长的德语单词[265]为 Rindfleischetikettierungsüberwachungsaufgabenübertragungsgesetz，意思是牛肉标签监管任务委托法。这个词中包含了十个单词，其中一些词以前缀形式出现，一些是介词，在这里都视作单词。

显然，不同的语种，分词的方式也是不同的，因此在分词中必须知道该文本的语种。对于特殊文本片段的分词规则必须事先说明。另外，分词的过程也受到所使用的文本编码的影响，因为分隔符和特殊符号在不同的字符表中占据不同的位置[211]。

3.9 句子检测

在某些任务中，我们需要将文本分解成更小的单元，比如句子。通常我们可以使用句末标点"."“?”“!”找到句子的结尾，部分情况下这些符号可能是

94 句子片段的一部分(例如句号被作为缩略点或小数点时)。不过，这些句末标点也可能被省略，比如当句子以缩写词结尾的时候。

我们可以定义一套分隔句子的规则(例如，当句号等符号后面跟有空格和大写字母时可视为断句标点)，也可以训练一种检测句子的算法以获得更好的结果[225]。

在 R 中，我们可以使用 udpipe 包中的 udpipe()函数来从文本中抽取句子。如需更多细节，可以查看本章末尾的示例。

```
> unique(udpipe("I'm Mr. Brown. I live in the U.S.A.",
+               object = "english"
+              )['sentence']
+        )
          sentence
1        I'm Mr. Brown.
6  I live in the U.S.A.
```

3.10 停用词、常用和特殊术语的过滤

有些太常见的词对解决特定任务的帮助是微乎其微的。例如，在搜索引擎中检索“Find a hotel in Prague”。检索语句中的“a”是否出现不会影响到检索的结果，无论“a”是否在检索语句中，检索的结果都是相同的。原因很简单，几乎所有用英文书写的文件中都至少出现过一次“a”。但“Prague”非常重要，它规定了旅馆的位置。

在分类或聚类等文本挖掘问题中，单词的重要性也得到了体现。在对报纸文本做分类时，单词“the”的出现不会对分类结果造成影响，因为几乎所有类别的文本都包含这个单词；在聚类中，当计算两个文本间相似度时，单词“the”的出现会为所有文本对的相似度计算贡献相同的值。

显然，那些对任务没有帮助的词是无用的，在进一步处理时不必考虑它们。

这些对任务不重要的词被称为停用词。一般来说它们也是语言中使用频率最高的单词。网络上、各种工具和编程语言库中有许多停用词表。常用的
95 英语停用词表包括 the、of、and、by、with(冠词、介词、连词、助动词、代词等)等。表 3.1 显示了不同语种的停用词数量(该表来源于 Python3.4 版本的 NLTK 库)。显然，不同语种中停用词的数量通常在几百个左右。停用词表有时会出现遗漏、包含或与特定分词器不兼容的错误现象[207]。通过 tm()

包中的 stopwords()函数可以得到 R 中的各种停用词表。

表 3.1　Python NLTK 包中不同语种停用词表中的停用词数量

语种	停用词数
英语	179
德语	231
意大利语	279
法语	155
西班牙语	313
俄语	151

与字典的大小相比，停用词列表只是其几十万分之一，可以忽略不计。因此，当停用词被移除时，特征的数量不会显著减少。但总字数的减少是比较明显的(可降低内存需求)。根据齐普夫定律，10 个最常见的单词约占语料库中所有单词的三分之一。

通过计算语料库中单词的频率并返回出现频率最高的单词可以创建一个停用词表，但最好仔细检查出现频率较高的词，避免遗漏。

停用词的判定可能取决于需要解决的问题。在酒店住宿评论的文本集合中，单词 hotel 可能会出现得非常频繁，但它对于决定评论是负面、正面，还是中性没有帮助。下面的示例代码对 booking.com 网站的评论数据做了处理(关于数据的详细描述，请参阅文献[295])。在该示例中，通过文档特征矩阵，可以计算出所有单词、唯一词的数量及所有单词的出现频率，并将出现最多的十个词及其频率一起打印出来，随后显示出现次数最多的 50 个词。从返回结果中我们可以看到，该列表中包含了英语中典型的停用词及代表酒店住宿业的单词。最后，该代码展示了由排序后的词及其词频数据生成的可视图(带有对称轴)，该图展示了齐普夫定律(图 3.6)。

96

```
> library(tm)

> text<-readLines("reviews-booking.txt")
> corpus<-VCorpus(VectorSource(text))
> corpus<-tm_map(corpus, removePunctuation)
> corpus<-tm_map(corpus, stripWhitespace)
> corpus<-tm_map(corpus, content_transformer(tolower))
> dtm<-DocumentTermMatrix(corpus)
```

```
> mat<-as.matrix(dtm)

> word_frequency<-colSums(mat)
> number_of_words<-sum(word_frequency)
> unique_words<-length(word_frequency)

> paste("The number of all words: ", number_of_words)
[1]  "The number of all words: 394993"
> paste("The number of unique words: ", unique_words)
[1]  "The number of unique words: 19528"

# 打印词的排名、总频率和相对频率
> words_sorted<-sort(word_frequency, decreasing = TRUE)
> for (i in 1:10) {
+   print(paste("word:", i, ":",
+               names(words_sorted[i]),
+               ", freq.:", words_sorted[i],
+               ", rel. freq.:",
+               round((words_sorted[i]/number_of_words), 3),
+               sep = ""
+         )
+       )
+ }
[1] "word 1: the, freq.: 33313, rel. freq.: 0.084"
[1] "word 2: and, freq.: 18681, rel. freq.: 0.047"
[1] "word 3: was, freq.: 13445, rel. freq.: 0.034"
[1] "word 4: very, freq.: 8644, rel. freq.: 0.022"
[1] "word 5: room, freq.: 6969, rel. freq.: 0.018"
[1] "word 6: hotel, freq.: 6742, rel. freq.: 0.017"
[1] "word 7: for, freq.: 6092, rel. freq.: 0.015"
[1] "word 8: staff, freq.: 5447, rel. freq.: 0.014"
[1] "word 9: good, freq.: 4819, rel. freq.: 0.012"
[1] "word 10: not, freq.: 4361, rel. freq.: 0.011"

97  # 打印出现频率最高的50个词
> names(words_sorted[1:50])
 [1] "the"        "and"        "was"        "very"
```

```
 [5] "room"          "hotel"      "for"     "staff"
 [9] "good"          "not"        "were"    "location"
[13] "breakfast"     "with"       "but"     "clean"
[17] "friendly"      "from"       "nice"    "had"
[21] "there"         "helpful"    "rooms"   "that"
[25] "have"          "excellent"  "you"     "this"
[29] "great"         "our"        "are"     "all"
[33] "comfortable"   "stay"       "would"   "they"
[37] "small"         "close"      "only"    "one"
[41] "well"          "could"      "which"   "food"
[45] "service"       "city"       "also"    "night"
[49] "bathroom"      "when"

# 画出证明齐普夫定律的曲线
> plot(words_sorted, type = "l", log = "xy",
+      xlab = "Rank", ylab = "Frequency")
```

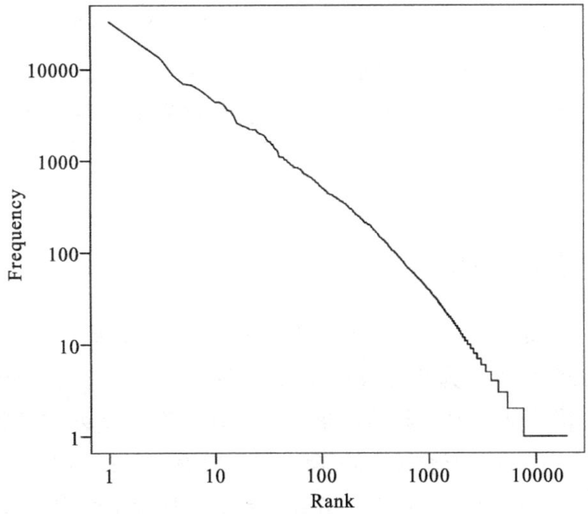

图 3.6　齐普夫定律图示

在这个步骤中，我们应特别注意多词表达中的停用词及受到停用词影响的词。我们可以思考这样几个例子：room with balcony 和 room without balcony，good 和 not good，如果去除其中的停用词(with、without、not)，这些短语的意思将会发生显著变化(意思与之前相反)。英语中也有一些仅由停用词组成的短语，如 *The One*(一部电影的名字)，"to be or not to be"(莎士比亚戏剧《哈姆雷特》中的著名短语)，或 The Who(英国摇滚乐队)。因此 Weiss 等人[275]建议将删除停用词的步骤放在创建文本集合的特征并完成其他预处理技术(如词干提取)之后。

除出现在词频表顶部的停用词外，表另一端的词也可以删除。例如这样一个分类问题：将 1000 个文档分为 C1 和 C2 两类。在整个文档集合中只有文档 d 包含了一个特定的词 w，且文档 d 是属于 C1 的。在这个示例中显然单词 w 对于将文档归于 C1 是有帮助的。但“当文档中出现单词 w，则其属于 C1”这个规则仅能覆盖 1/1000 的训练示例，且不具有代表性。这样的规则若设置太多可能会导致分类器过拟合，而不考虑 w 则会使训练数据出现 1/1000 (即 0.1%)的误差。该误差可忽略不计。

在聚类任务中计算两个文档相似度时，频率较低的单词不会对聚类结果
98 产生影响。因为当一个文档中包含了某个词而另一个文档中没有包含这个词时，这两篇文档在给定的维度上是没有相似性的。

对于大多数任务来说，去除罕见词能带来较好的结果。例如对于算法，复杂度会随着特征的数量呈指数增长，去除罕见词可以显著降低问题的计算复杂度。但另一方面，如果不考虑罕见词(例如，一个人的特定名称、地点或公司名)可能导致无法实现某个目标。例如在信息检索任务中，搜索引擎可能无法找到包含了某特定单词的文本。因此，对罕见词建立索引可以提高搜索引擎的准确率。但从另一方面来说，由于要存储和处理更多的术语，可能会导致计算性能降低。

3.11 变音符号的消除

变音符号是添加在字母上的符号，通常在字母的上方或下方。变音符号通常会改变发音的方式(例如变为长音或重音)。在越南语、捷克语、西班牙语或法语
99 等语种中，变音符号是非常常见的。变音符号有助于区分两个完全不同的单词，比如西班牙语中的 cómo(如何)和 como(我吃)，法语中的 cote(配额)、coté(尊重)、côte(海岸)和 côté(边)。因此，去除变音符号可能会导致重要信息的丢失。

所以，我们有必要去查看数据并思考其创建过程。在过去，短消息和电子邮件几乎都是没有变音符号的，所以我们需要使用一些归一化步骤。

英语几乎不使用变音符号，因此去除变音符号通常不会造成重大问题(例如，naïve 变为 naive)。

在 R 中，使用大多数版本的 iconv()函数并在输出编码类型中附加// TRANSLIT 可以删除变音符号。

```
>x<-"Dobrýden, člověče!"
>iconv(x, from = "CP1250", to = "ASCII//TRANSLIT")
[1] "Dobry den, clovece!"
```

3.12　归一化

归一化的目标是将格式不同(例如，分别用大写和小写书写)但含义相同的分词片段转换为相同的片段[263]。

3.12.1　大小写转换

大小写转换是将单词的所有字符转换为小写或大写的过程(小写更常见[62])。以不同格式书写相同含义单词会使唯一词的数量增加，这种增加是不必要的，因此可以将它们转换成一种同一种格式。如果某个词在文中既使用了小写又使用了大写，有可能是该词出现在句子开头、标题中或需要在文中强调该词等原因造成的。

但当单词需要大写时，如果转换其大小写会改变该词的意思。通常在文中人名、地名、公司名等都需要大写。单词 bush 在句中指的是一种小的、木质的植物，而 Bush 可能指美国前总统布什(当 Bush 处于句子开头时，它可能是这两种情况中的其中一种)，在转换为小写后如果没有上下文的帮助我们很难根据 bush 这个单词来区分文本是关于植物还是关于政治的。我们常见的缩写也都是用大写字母书写的，虽然有时候它们看起来像普通单词：例如，SMART 在大写时表示一种著名的文本机器分析与检索系统，而转换为小写 100
后，其含义与 intelligent 相近。

在某些语种中，将词进行大小写转换可能会导致一些问题。例如，在法语中，将大写字母转换为小写时，其重音位置是可选的，如 PECHE 这个词可以转换为 pêche(钓鱼)，也可以转换为 peach 或 péché(罪恶)。

大写在某些语言中起着重要作用[102]，例如在德语中所有的名词都是大写的；Recht 作为名词指法律，而 recht 作为形容词指右边的。字母 ß 也只以小写形式存在。

智能大小写转换是机器学习的任务之一。但也有一些可代替的简单方法，比如将句子开头的所有单词和标题中的单词转换为小写。其他词的大小写保留[6]。

3.12.2　词干提取和词元化

单词是语言中可以独立使用的最小词汇单位。词素是词的最小单位，具有某种语义或语法意义。词素通常包括前缀、后缀和词根。例如，单词 unexpected 由三个词素组成——前缀 un、词根 expect 和后缀 ed。有些词素可以单独使用，如 expect，有些词素则不能，如 un、ed。前者称为自由形式，后者称为黏着形式[11]。

词干是单词的一部分，其承载着单词的基本含义。当词干仅有一个词素时，它与词根是相同的。自由词干可以单独出现，而黏着词干不能。

单词的构词过程遵循一些基本规则。例如复数词素 s 可以添加在一个单数名词后，形成复数名词(例如 book 和 books)。屈折变化(inflection)是形态学中一种主要的构词方法，即在词干上增加复数、所有格、复数＋所有格、比较级、最高级、第三人称单数、过去式、过去分词或现在分词。另一种构词法是派生法(derivation)，包括增加形容词派生词缀(如 day 转换为 daily，depend 转换为 dependent，help 转换为 helpful)、副词派生词缀(如 slow 转换为 slowly、clock 转换为 clockwise)等[126]。屈折变化不会改变词的类别(例如名词加上后缀仍是名词)，而派生法可以改变词的类别(例如名词加上后缀变为形容词)。

显然，词干相同的单词语义非常接近。当新闻文章中包含了“sport”“sports”“sporting”“sported”或“sporty”这些词时，它很有可能是一篇体育类文章。但对于计算机来说，这五个单词都是不同的，如果要正确将一篇文章归到体育类别，在分类规则中这五个单词都需要与之相连。

101 词干提取的目标是将文中出现的某词的所有不同形式转换为同一常见形式，即词干。

要找到某个词的词干，就需要对其进行形态学分析。词干器是提取词干的程序或函数，它可以使用简单的规则去掉词缀，但这种规则可能导致名词和动词间的区别消失，例如名词 driver 和动词 driving 会被改为 driv，而 driv 不是一个正确的单词。有些词干器并不能确保提取的词干均是正确的单词[189]。这当然也不会被认为是词干器的缺陷，因为词干提取的结果通常被用作机器学习任务的特征，而不是人类需要理解的信息。同时，当词干随着后缀的增加而变化时(例如 index 变为 indices)，有些词干器并不会将不同的变体转换为同一个常见的词干。

显然，词干提取时可能会出现错误。这些错误包括了提取不足(understemming，词干不能覆盖所有的词变体)和提取过度(overstemming，词被缩短了太多因此包含了不同的意思)。提取不足常常出现在注重精确率的词干器上，而提取过度常出现在注重召回率的词干器上[39]。

最著名的词干提取算法是波特词干算法(Porter's algorithm)，这是一种基于规则的词干算法[217]。该算法使用五组规则提取字符串词干。例如，SSES 变为 SS(caresses 变为 caress)，ATIONAL 变为 ATE(relational 变为 relate)，ALIZE 变为 AL(formalize 变为 formal)，AL 变为“ ”(revival 变为 reviv)。我们可以对这些规则设置前提，比如词干是否包含元音、是否以双辅音结尾、是否比给定的长度长等。

波特等人[218]开发了一个定义词干提取算法的系统。该词干提取算法的规则是通过一种名为 Snowball 的简单语言编写的，Snowball 的编译器可以将 Snowball 程序转换为等效的 ANSI C 或 Java 程序。

词典词干器需要使用包含了所有变体(形态变化)词及其词干的词典。这种方法不适用于单词较多或词形变化较多的语种[140]。

基于词干提取算法规则的词干器和基于词典的词干器都需要由语言专家事先构建语言规则。但这种方式会出现规则遗漏、词未编入词典等情况。因此有些时候，统计或机器学习的方法更好。例如，巴奇尼、费罗和梅卢奇等人[15]从语料库中每个词的所有切分结果中从中找出该词可能性最高的词干和后缀。在文献[39]中，作者将出现在相似上下文中、拥有至少最小长度的相同前缀的单词聚在一起，这些词应该在语义和词法上具有相似性，可以使用同一种形式代替，也可以将这些词作为训练数据，使用分类器学习词干提取规则，以便处理未知数据。 102

词元化是将词转换为它在字典中的形式，即词元。这种转换需要比词干提取更加复杂的知识。词元器通常需要完整的词汇和形态分析才能使单词还原成原始形态。例如，要将 better 和 thoughts 这样的词转换为它们的原始形式 good 和 think，用词干提取的方式是无法完成的。像在文献[14，136]中，研究者也曾尝试制作一个词元器，但始终无法达到理想效果。

3.12.3　拼写校对

拼写错误是文本中常见的问题，它给数据带来噪声，使任务结果受到影响。拼写校对可用于解决该问题。一般来说，拼写校对的过程包括了错误检测、候选更正结果的生成，以及候选更正结果的排序[155]。

我们可以使用将每个单词与现有字典中的单词做比较、查看每个字符串 n-gram(n 通常为 1、2、3)等方法来检查拼写错误，以确定给定语言中是否存在这样的 n-gram。

当发现文本中的错误时，我们的第一反应是去更正它。拼写更正有考虑及不考虑单词语境两种方法。不考虑语境因素的方法认为大多数错误都是由插入、删除、替换和换位引起的，这种错误一般出现在词的中间，与键盘按键位置有关。

有时，错误单词的语境信息能够帮助我们从候选更正词中筛选出正确单词。语境也可帮助我们找到那些虽然没有拼写错误但使用不当的单词。例如 Three are two people form Prague here 这句话中没有拼写错误，但 Three 和 form 应该换成 There 和 from。

基于上下文的拼写校对算法依赖于词汇联想(哪一个候选词的语义更适合拼写错误处的单词)、词汇重复(哪一个候选词在文中出现的次数最多)和主题偏向(哪一个候选词与文本主题最相关)[90]。

hunspell 包用于在文本文档中识别和更正拼写错误。其中 hunspell_parse()函数用于解析将要进行拼写检查的文本，文本的格式可以通过参数传递(支持 text、latex、man、html 及 xml 格式)。

103

```
>t<-c("How are you these days?",
+          "I'm fine, thnx!",
+          "It is<emph>grrreat</emph>, right?")
>words<-hunspell_parse(t, format = "html")
>words
[[1]]
[1] "How" "are" "you" "these" "days"

[[2]]
[1] "I" "m" "fine" "thnx"

[[3]]
[1] "It" "is" "grrreat" "right"
```

hunspell_stem()函数提供单词的词干信息，hunspell_analyze()函数提供单词的词干和后缀信息。

```
>print(hunspell_analyze(words[[1]]))
[[1]]
[1] " st:how"

[[2]]
[1] " st:are"

[[3]]
```

```
[1] " st : you"

[[4]]
[1] " st : these"

[[5]]
[1] " st : day fl : S"
```

hunspell _ check()函数用于检查文本是否包含拼写错误。其中每个字符串将返回一个用于表示是否包含拼写错误的逻辑值。

```
> correct<- hunspell _ check(words[[3]])
> names(correct)<- words[[3]]
> correct
  It    is grrreat    right
TRUE  TRUE   FALSE     TRUE
```

104

封装函数 hunspell()函数能够解析传入的文本，从其中找到拼写错误的单词并返回一个列表。该函数有效地结合了 hunspell _ parse()函数及 hunspell _ check()函数的功能。

hunspell _ suggest()函数为输入单词返回一个候选更正词，该函数可用于寻找输入错误单词的候选更正词。

```
>hunspell _ suggest(words[[3]][! correct])
[[1]]
[1] "great"

[[2]]
[1] "right" "girth"
```

hunspell()函数的拼写检查功能是基于字典的，使用 list _ dictionary()函数能够返回所有可用字典的列表。

```
>list _ dictionaries()
[1] "en _ AU" "en _ CA" "en _ GB" "en _ US"
```

3.13 标　注

标注的目的是区分看起来相同但含义不同的分词片段，通过分词片段所在的上下文可以揭示该片段的正确含义[263]。标注实际上是一个与归一化相反的过程。

3.13.1 词性标注

语法功能相同的词具有相同的词性[241]。开放性词类包括了各种具有实际意义的词，通常包括名词、动词或形容词。该词类可吸收新词，其包含的词数量比封闭性词类更多。封闭性词类的单词数是相对恒定的，很少有新单词添加进来。它们通常具有构句功能，提供开放词之间句法关系的信息，通常包含介词、连词、代词和限定词[116]。表 3.2 列举了著名的 Penn Treebank 项目中使用的词性类别。从 1989 年到 1996 年，Penn Treebank 项目的词性标注文本累计涵盖了大约 700 万个单词。

105 **表 3.2　Penn Treebank 项目中使用的词性标签列表[259]**

标签	描述
CC	并列连词
CD	基数词
DT	限定词
EX	存在句
FW	外来词
IN	介词或从属连词
JJ	形容词
JJR	形容词比较级
JJS	形容词最高级
LS	列表标识
MD	情态动词
NN	名词单数形式(可数或不可数)
NNS	名词复数形式
NNP	专有名词单数形式
NNPS	专有名词复数形式
PDT	前位限定词
POS	所有格结束词

续表

标签	描述
PRP	人称代词
PRP $	物主代词，所有格代词
RB	副词
RBR	副词比较级
RBS	副词最高级
RP	小品词
SYM	符号
TO	表示 to
UH	感叹词
VB	动词基本形态
VBD	动词过去式
VBG	动词，动名词/现在分词
VBN	动词，过去分词
VBP	动词非第三人称单数现在式
VBZ	动词第三人称单数现在式
WDT	限定词
WP	wh-代词
WP $	wh-所有格代词
WRB	wh-疑问代词
.	句号
,	逗号
:	冒号、分号
(	左括号
)	右括号
"	双引号
‘	左单引号
“	左双引号
’	右单引号
”	右双引号

106 了解文档中单词的词性有助于我们从句子中提取包含丰富信息的关键词[146]、剽窃检测[124]、命名实体识别[168]等。词性标注也是句法分析和机器翻译等任务的重要组成部分[43]。

目前效果较好的自动词性标注算法都是基于监督式方法并建立在丰富语种资源的基础上的[288]。基于规则的标注方法通过一组规则为分词片段分配正确的词性标签，基于统计的标注方法将语言模型计算出的概率最高的标签分配给分词片段[37]。

RDRPOSTagger 包采用了基于涟波下降规则的词性标注器(The Ripple Down Rules-based Part-Of-Speech Tagger，RDRPOS)进行词性标注和形态标注，其中包含了 45 种语言的预训练模型。

UniversalPOS 法，即通用标注法(universal annotation)，使用一组多语通用的简化词性标签。POS 法使用目标扩展语言的特定标签集。MORPH 法采用非常详细的形态标注方式。获取这些方法的语种适用范围，可以使用 rdr_available_models()函数。

在标注文本时，可使用 rdr_model()函数创建一个标注器，它的参数包括了语种和标注类型。再使用 rdr_pos()函数对传入的标注器模型和文本进行词性标注，并返回单词及其被分配的标签信息。

```
> library(RDRPOSTagger)
> text <-"This book is about text mining and
          machine learning."
> tagger <- rdr_model(language = "English",
+                     annotation = "UniversalPOS")
> rdr_pos(tagger, x = text)
   doc_id token_id    token   pos
1      d1        1     This  PRON
2      d1        2     book  NOUN
3      d1        3       is   AUX
4      d1        4    about   ADP
5      d1        5     text  NOUN
6      d1        6   mining  NOUN
7      d1        7      and CCONJ
8      d1        8  machine  NOUN
9      d1        9 learning  VERB
10     d1       10        . PUNCT
```

```
> tagger <- rdr_model(language = "English",
+                     annotation = "POS")
> rdr_pos(tagger, x = text)
   doc_id token_id    token  pos
1      d1        1     This   DT
2      d1        2     book   NN
3      d1        3       is  VBZ
4      d1        4    about   IN
5      d1        5     text   NN
6      d1        6   mining   NN
7      d1        7      and   CC
8      d1        8  machine   NN
9      d1        9 learning  VBG
10     d1       10        .    .
> text <-"Este libro está escrito en inglés."
> tagger <- rdr_model(language = "Spanish",
+                     annotation = "MORPH")
> rdr_pos(tagger, x = text)
   doc_id token_id    token     pos
1      d1        1     Este  DD0MS0
2      d1        2    libro NCMS000
3      d1        3     está VAIP3S0
4      d1        4  escrito VMP00SM
5      d1        5       en   SPS00
6      d1        6   inglés NCMS000
7      d1        7        .      Fp
```

3.13.2　句法分析

句法分析可以用来判断句子的语种或分析句子的内部结构[206]。而对句子结构的判断往往要依赖该语言的语法节。我们无法为所有句子创建句法分析规则，因此基于统计的或机器学习的句法分析器非常重要[54]。

完全句法分析的过程非常复杂，其中经常存在歧义。在很多情况下，只识别文本中较为明确的部分就足够了。这些部分被称为块，可以被块组分析器(chunker)或浅层句法分析器(shallow parser)找到。浅层句法分析(分块)是在文本中寻找结构清晰的无重叠词组的过程[2]。

在 R 中，我们可以通过 udpipe 包中的 udpipe()函数来实现句法分析。

更多有关的细节请参见本章末尾的示例。

```
> udpipe("There is a man in the small room. ",
+          object = "english")[, c("token",
+                                  "token_id",
108 +                              "head_token_id",
+                                  "dep_rel")]
   token  token_id  head_token_id  dep_rel
1  There         1              2     expl
2     is         2              0     root
3      a         3              4      det
4    man         4              2    nsubj
5     in         5              8     case
6    the         6              8      det
7  small         7              8     amod
8   room         8              4     nmod
9      .         9              2    punct
```

该函数返回分词片段之间的依赖关系。我们可以将上述示例的结果进行可视化，如图 3.7 所示。

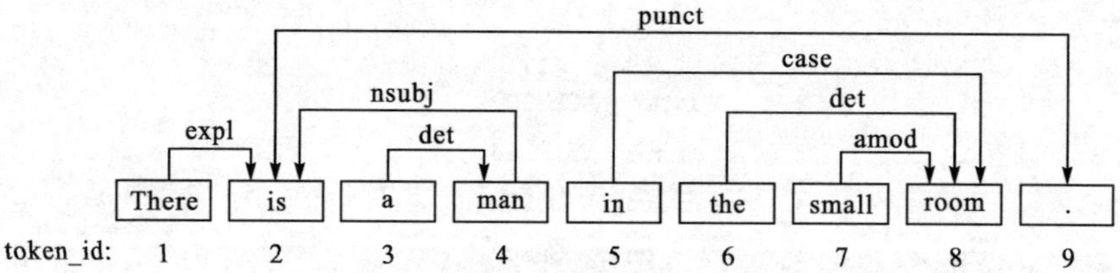

图 3.7　句法分析示例

上图中的关系类型来自被称为通用斯坦福依存(Universal Stanford Dependencies)[67]的句法关系分类法，它包括：名词从句修饰语(acl)、状语从句修饰语(advcl)、状语修饰语(advmod)、形容词修饰语(amod)、同位语(appos)、辅助词(aux)、格标记(case)、协调连词(cc)、从句补足语(ccomp)、分类词(clf)、复合词(compound)、连词(conj)、连接词(cop)、从句主语(csubj)、非分类依赖词(dep)、限定词(det)、语素(discourse)、错位元素(dislocated)、感叹词(expl)、固定多字表达式(fixed)、扁平多字表达式(flat)、配合词(goeswith)、间接宾语(iobj)、列表(list)、标记词(mark)、名词修饰语(nmod)、名词主语(nsubj)、数字修饰语(nummod)、宾语(obj)、间接名词(obl)、孤主词(orphan)、无连词并列(parataxis)、标点符号

(punct)、重复非流畅(reparandum)、根节点(root)、呼格词(vocative)，以及开放从句补足语(xcomp)。

3.14　词袋模型的权重计算 109

当明确了文档的特征后，我们就可以对其进行量化，再为每个文档中的特征赋一个权重，以表示其重要性。权重值通常是根据每个文档和整个集合中出现的单词数计算得出的。文档 j 中每个单词 i 的权重由三个部分计算得出[236]：

- 局部权重 lw_{ij} 表示单词 i 在每个文档中出现的频率；
- 全局权重 gw_i 反映单词 i 的辨别能力，基于其在整个文档集合中的分布得出；
- 消除不同文本长度影响的归一化因子 n_j。

根据下述公式可以计算出权重 w_{ij}。其中，局部权重是唯一需要确定的强制性权重，其他部分不需要全部使用。

$$w_{ij}=\frac{lw_{ij}\times gw_i}{n_j} \tag{3.4}$$

3.14.1　局部权重

局部权重量化了某单词在某单个文档中的重要性，而不考虑其在其他文档中的权重。因此，它基于该词在特定文件中出现的频率得出。频率越高，权重越高。

某些情况下，我们只需确认某单词在文档中是否存在。因此，权重是二值型的，这被称为词出现(term presence)。值 0 表示文本中不存在该词，值 1 表示存在该词，这个过程不考虑该词的出现频率。通过这个方法可以判断单词是否有用[252]。

最直接的局部加权是将词频率用作权重。如果某个词没有出现在一篇文档中，则其权重为 0，如果出现一次则权重为 1，出现两次则权重为 2，以此类推。因此，当一个单词在某个文档中出现了十次时，它的重要性将是只出现五次单词的二倍，也是只出现一次单词的十倍。

然而，这种直接的计算方式在某些时候不能反映真实情况。当某单词在
文档 A 中出现五次，在文档 B 中出现一次时，文档 A 肯定与该词更相关。但 110
出现五次这个信息很重要吗？不一定。考虑这样一种情况：在一个检索问题中，当我们使用包含了三个词(q={w_1，w_2，w_3})的检索语句查找文档时，文档 A 中的单词 w_1 出现四次，w_2 和 w_3 出现零次(该文档中包含的查询语

句中单词的权重和为 4)，而文档 B 中的 w_1、w_2、w_3 分别只出现一次(权重和为 3)，由此可知，文档 A 比文档 B 更加相关，但实际上，我们认为文档 B 应该更相关，因为它包含了更多的查询单词[252]。

为了减少某个单词频繁出现带来的影响，研究者制定了一些权重设置规则。巴克利、艾伦、索尔顿等人[41]和迪迈[77]提出了将对数应用至权重计算中，在这种情况下权重的增长小于线性增长。增强归一化词频率(augmented normalized term frequency)将值 k 置于一定范围内，最大为 1(通常 $k=0.5$)[235]，给定单词若出现一次，则其具有最小的权重，如果在文章中重复出现，则其权重将增加到 1。这可以理解为一种基于文档术语的最大频率的归一化。

有关上述权重和其他一些局部权重的详细描述，请参见表 3.3。图 3.8 显示了局部权重值如何随着单词频率的增加而增长。

表 3.3　计算单词 i 在文档 j 中的局部权重，f_{ij} 是单词 i 在文档 j 中的出现频率，a_j 为 average(f_j)，x_j 为 max(f_j)，k 是用户给定的 0 到 1 之间的常数，l_{avg} 是文档平均长度，l_j 是文档 j 的长度。

权重名	计算
二值型(用于表示术语是否存在)	$lw_{ij}=0$ if $f_{ij}=0$ $lw_{ij}=1$ if $f_{ij}>0$
词频(Term Frequency，TF)	$lw_{ij}=f_{ij}$
平方词频	$lw_{ij}={f_{ij}}^2$
阈值词频	$lw_{ij}=0$ if $f_{ij}=0$ $lw_{ij}=1$ if $f_{ij}=1$ $lw_{ij}=2$ if $f_{ij}>=2$
对数	$lw_{ij}=0$ if $f_{ij}=0$ $lw_{ij}=1+log f_{ij}$ if $f_{ij}>0$
交替对数	$lw_{ij}=0$ if $f_{ij}=0$ $lw_{ij}=1+\log f_{ij}$ if $f_{ij}>0$
归一化对数	$lw_{ij}=0$ if $f_{ij}=0$ $lw_{ij}=\frac{1+\log f_{ij}}{1+\log a_j}$ if $f_{ij}>0$
增强归一化对数	$lw_{ij}=0$ if $f_{ij}=0$ $lw_{ij}=\mathrm{k}+(1-\mathrm{k})(\frac{f_{ij}}{x_j})$ if $f_{ij}>0$
变系数均值对数	$lw_{ij}=0$ if $f_{ij}=0$ $lw_{ij}=\mathrm{k}+(1-\mathrm{k})\frac{f_{ij}}{x_j}$ if $f_{ij}>0$

续表

权重名	计算
平方根	$lw_{ij}=0 \quad \text{if } f_{ij}=0$ $lw_{ij}=\sqrt{f_{ij}-0.5}+1 \quad \text{if } f_{ij}>0$
增强对数	$lw_{ij}=0 \quad \text{if } f_{ij}=0$ $lw_{ij}=\mathrm{k}+(1-\mathrm{k})\log(f_{ij}+1) \quad \text{if } f_{ij}>0$
增强均值词频	$lw_{ij}=0 \quad \text{if } f_{ij}=0$ $lw_{ij}=\mathrm{k}+(1-\mathrm{k})\frac{f_{ij}}{a_j} \quad \text{if } f_{ij}>0$
随机性偏差类归一化	$lw_{ij}=f_{ij}\times\frac{l_{\mathrm{avg}}}{l_j}$
霍加皮词频因子	$lw_{ij}=\frac{f_{ij}}{2+f_{ij}}$

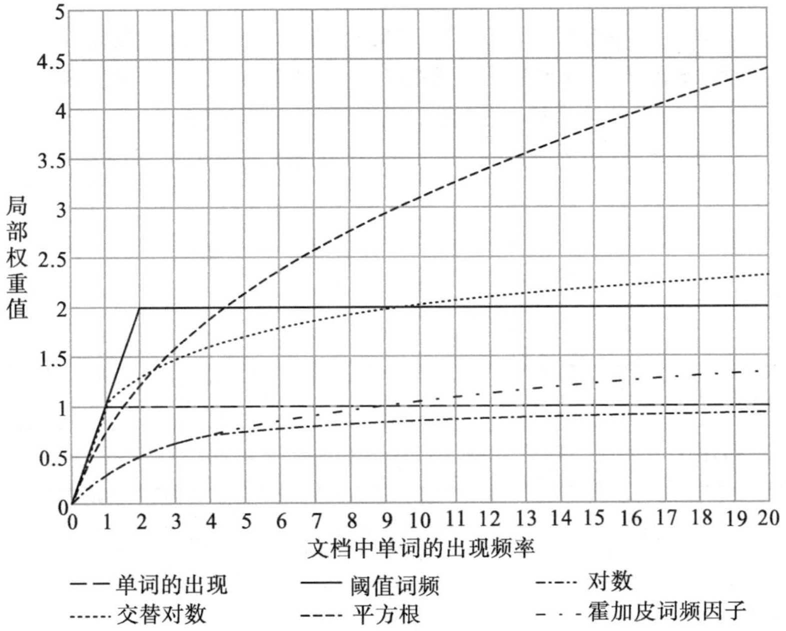

图 3.8　一个术语在文档中出现的次数与选定的局部权重值之间的依赖关系

3.14.2　全局权重

全局权重的目标是降低频率过高的词汇的权重。例如 the 这样的英语单词几乎会出现在每一篇英语文章中，它对报纸文章在体育或政治范畴下的分类没有影响，对确定两个文档之间的相似性没有多大作用，对信息检索结果的影响也可以忽略不计。因此，我们需要降低这些词的权重，给予那些不经常出现的词更高的权重，使文档的特征更明显。所以，我们需要考虑单词在整个文档集合中的分布。

逆文档频率(Inverse Document Frequency，IDF)[227]可能是目前全球最流行的权重计算方法。它计算术语出现在随机文档中的逆概率的对数。当每个文档中都包含某术语时，该术语的出现概率为 1，对数为 0。这意味着这一项对以后的计算没有影响。逆文档频率与词频结合的计算方式可能是目前最流行的加权方案，被称为词频—逆文档频率(term frequency - inverse document frequency，tf-idf)。

从概率角度讲，IDF 指单词出现在某个随机文档中的概率的对数[49]。熵是最复杂的信息理论度量[181,77]，其值介于 0 和 1 之间。一些其他的计算方法及必要的公式见表 3.4。

表 3.4　在计算单词 i 的全局权重时，N 为集合中文档的数量，n_i 为包含单词 i 的文档数量(文档频率)，f_{ij} 为单词 i 在文档 j 中的频率，F_i 为单词 i 的全局频率，l_j 为文档 j 的长度。

权重名	计算
无	$gw_i=1$
逆文档频率(Inverse Document Frequency，IDF)	$gw_i=\log\frac{N}{n_i}$
平方逆文档频率	$gw_i=\log^2\frac{N}{n_i}$
概率逆文档频率	$gw_i=\log\frac{N-n_i}{n_i}$
全局逆文档频率	$gw_i=\frac{F_i}{n_i}$
熵	$gw_i=1+\sum_{j=1}^{N}\frac{\frac{f_{ij}}{F_i}\log\frac{f_{ij}}{F_i}}{\log N}$
增量全局逆文档频率	$gw_i=\frac{F_i}{n_i}+1$
对数全局逆文档频率	$gw_i=\log(\frac{F_i}{n_i}+1)$
平方根全局逆文档频率	$gw_i=\sqrt{\frac{F_i}{n_i}-0.9}$
逆总术语频率	$gw_i=\log\frac{\sum_{j=1}^{N}l_j}{F_i}$

3.14.3 归一化因子 111

文档长度规范化的基本思想基于两个方面：

■ 较长的文档包含更多不同的单词。这将显著影响文档之间的相似性，因为在向量空间的各个维度中将会存在更多的匹配项。这一点在信息检索任务中非常明显，因为查询过程更有可能会匹配较长的文档，而不是较短的文档。 112

■ 单词在长文档中出现频率更高。例如在两篇文档中，第一篇文档包含了 50 个单词，其中单词 Prague(布拉格)在文档中出现了 5 次，而第二篇文档包含了 100 万个单词，单词 Prague 出现了 6 次。那么第一篇文档肯定与捷克的关联度更高，即使在这篇文档中 Prague 只出现了 5 次。相对来看，Prague 一词在第一篇文档中出现的次数占所有单词的五分之一，而在第二篇文档中它出现次数的占比趋于 0。

为了计算归一化因子，我们需要将向量的权值组合成一个数字。这些权值通过局部权重值与全局权重值(在使用时)相乘的方式计算得出。

最常用的归一化技术是余弦归一化，即将向量与其长度相除(计算 $\sqrt{w_1^2+w_2^2+\cdots+w_m^2}$)从而将其转换为单位向量(矢量长度 1)。这也说明了文档长度归一化的两个作用。首先，大量高频词出现在文档中(非零元素)，归 113
一化因子有较高的价值[252]；其次，只用计算这些向量的点积即可计算出两个向量的余弦相似度(见本书 12.3.1)[185]。 114

另外，我们还可以用每个向量分量除以向量中的最大值，使分量的值缩小至 0 到 1 之间[216]或将其和向量分量与最大值比值的一半相加，从而将其规范至 0.5 到 1 之间[141]。

3.15 存储结构化数据的常用格式

进行了上述的预处理步骤并计算了文档特征矩阵分量的值后，我们就可以通过机器学习算法进一步处理数据了。数据现在以内部存储形式存在于执行向结构化表示转换的给定软件包中。当软件具备必要的计算能力，就可以对数据使用数据挖掘算法。当使用不同的数据挖掘软件时(例如通过软件使用具有更高计算速度的特定算法时)，数据通常需要存储到具有该软件所需的特定结构的文件中，并加载到软件中。本节下面将介绍在机器学习中存储结构化数据的常见格式。

3.15.1 属性-关系文件格式(Attribute-Relation File Format, ARFF)

属性-关系文件格式(Attribute-Relation File Format, ARFF)开发自怀卡托大学计算机科学系的一个机器学习项目，被用于 Weka 机器学习软件[280]。这种格式的文件由表头和数据段组成。

标题(header)包含关系的名称和属性列表，以及它们的数据类型。关系名和属性名都是字符串(包含空格时需用引号标出)。数据类型可以是以下四种类型之一：

- 数值型(numeric)——整数或实数
- 分类型(<nominal-specification>)将可能的值在括号内列出，使用逗号分隔(值含有空格时需用引号标示)
- 字符串型(string)——文本值
- 日期和时间型([<date-format>])——表示日期和时间的值，还可以附带解析说明(默认形式是 yyyy-MM-dd'T'HH:mm:ss)

115 在数据部分，每一行都包含一个实例。实例按照表头中给出的顺序由逗号分隔的值列表表示。其中，包含空格的字符串和分类值必须加引号；日期总是被加上引号的；缺少的值用一个问号表示。

图 3.9 展示了一个 ARFF 文件，该示例包含了被分为垃圾邮件(spam)和非垃圾邮件(ham)的电子邮件。在本例中，电子邮件文本以其原始文本的格式存在。原始文本数据被转换为结构化表示之后，出现了更多属性，这在图 3.10 中可以看到。

```
@relation e-mails

@attribute text string
@attribute class {spam, ham}

@data
'Want buy cheap V * I * A * G * R * A?', spam
'The meeting will take place on Monday.', ham
'A new version of our product will be launched next week.', ham
'Need help with transferring funds from Africa', spam
```

图 3.9 ARFF 文件示例，该示例包含了被分为垃圾邮件(spam)和非垃圾邮件(ham)的电子邮件

```
@relation "e-mails structured"

@attribute Africa numeric
@attribute Need numeric
@attribute V*I*A*G*R*A numeric
@attribute Want numeric
@attribute buy numeric
@attribute cheap numeric
@attribute from numeric
@attribute funds numeric
@attribute help numeric
@attribute transferring numeric
@attribute with numeric
@attribute A numeric
@attribute Monday numeric
@attribute The numeric
@attribute be numeric
@attribute launched numeric
@attribute meeting numeric
@attribute new numeric
@attribute next numeric
@attribute of numeric
@attribute on numeric
@attribute our numeric
@attribute place numeric
@attribute product numeric
@attribute take numeric
@attribute version numeric
@attribute week numeric
@attribute will numeric
@attribute class {spam, ham}

@data
0,0,1,1,1,1,0,0,0,0,0,0,0,0,0,0,0,0,0,0,0,0,0,0,0,0,0,0,spam
0,0,0,0,0,0,0,0,0,0,0,0,1,1,0,0,1,0,0,0,1,0,1,0,1,0,0,1,ham
0,0,0,0,0,0,0,0,0,0,0,1,0,0,1,1,0,1,1,1,0,1,0,1,0,1,1,1,ham
1,1,0,0,0,0,1,1,1,1,1,0,0,0,0,0,0,0,0,0,0,0,0,0,0,0,0,0,spam
```

图 3.10　ARFF 文件示例，示例中包含了被分类为垃圾邮件或非垃圾邮件的电子邮件（示例在没有应用特殊预处理技术的情况下，通过词袋模型将数据转换为结构化表示）

从图 3.10 可以明显看出，即使这个例子非常简单，向量中的大多数值也都是零(非常稀疏)。当数据集中包含大量文本时，文本向量往往非常大，这个问题就会加剧。这也意味着 ARFF 文件往往会在磁盘上占用很大空间，因为它们存储了许多不必要的零值。为了解决这个问题，我们可以只存储非零值，但有必要为这样的值添加一个索引。索引从 0 开始，值存储在空间分隔对＜index＞＜value＞中，每个实例都用一对花括号括起来。图 3.11 是一个稀疏 ARFF 文件的示例。

```
@relation "e-mails sparse"

@attribute Africa numeric
@attribute Need numeric
...
@attribute class {spam, ham}

@data
{2 1, 3 1, 4 1, 5 1, 28 spam}
{12 1, 13 1, 16 1, 20 1, 22 1, 24 1, 27 1, 28 ham}
{11 1, 14 1, 15 1, 17 1, 18 1, 19 1, 21 1, 23 1, 25 1, 26 1, 27 1, 28 ham}
{0 1, 1 1, 6 1, 7 1, 8 1, 9 1, 10 1, 28 spam}
```

图 3.11　ARFF 文件示例，示例中包含被分类为垃圾邮件或非垃圾邮件的电子邮件(在没有应用特殊预处理技术的情况下，示例展示了通过词袋模型将数据转换为结构化表示步骤；示例使用稠密向量代替包含多个零的稀疏向量)

ARFF 和稀疏 ARFF 文件都可以被存储为一种基于 xml 的格式，这种格式称为可扩展属性关系文件格式(eXtensible attribute-Relation File Format, XRFF)。该格式能够在描述中涵盖数据集的一些附加属性，如类属性说明、属性权重和实例权重。在稀疏 XRFF 文件中，我们需要将每个值的索引指定为＜value＞元素。与稀疏 ARFF 格式不同，XRFF 中的索引以 1 开头。图 3.12 和 3.13 均为电子邮件数据集 XRFF 文件的示例。

```
<dataset name = "e-mails structured">
   <header>
      <attributes>
         <attribute name = "Africa" type = "numeric"/>
         <attribute name = "Need" type = "numeric"/>
         <attribute name = "V * I * A * G * R * A" type = "numeric"/>
         ...
         <attribute name = "class" type = "nominal">
            <labels>
               <label>spam</label>
               <label>ham</label>
            </labels>
         </attribute>
      </attributes>
   </header>
   <body>
      <instances>
         <instance>
            <value>0</value>
            <value>0</value>
            <value>1</value>
            ...
            <value>spam</value>
         </instance>
         <instance>
            <value>0</value>
            <value>0</value>
            <value>0</value>
            ...
            <value>ham</value>
         </instance>
         ...
      </instances>
   </body>
</dataset>
```

图 3.12　XRFF 文件示例，示例中包含了被分类为垃圾邮件或非垃圾邮件的电子邮件(示例在没有应用特殊预处理技术的情况下，通过词袋模型将数据转换为结构化表示；示例使用稠密向量代替包含多个零的稀疏向量)

```
<dataset name="e-mails structured">
  <header>
  ...
  </header>
  <body>
    <instances>
    <instance type="sparse">
      <value index="3">1</value>
      ...
      <value index="5">spam</value>
    </instance>
    <instance type="sparse">
      <value index="1">1</value>
      <value index="5">ham</value>
    </instance>
  </instances>
  </body>
</dataset>
```

图 3.13 XRFF 文件示例，示例中包含了被分类为垃圾邮件或非垃圾邮件的电子邮件（示例在没有应用特殊预处理技术的情况下，通过词袋模型将数据转换为结构化表示；示例使用稠密向量代替包含多个零的稀疏向量，标题部分与稠密 XRFF 示例的情况相同）

3.15.2 逗号分隔值(Comma-Separated Values，CSV)

逗号分隔值格式是用于交换结构化数据的一种非常简单的格式。

116 CSV 文件中的每一行都包含一个实例，每个实例的各属性之间都用逗号
分隔，并且各实例属性的顺序相同。当数据字段中包含逗号(通常用于分隔
值)或换行符(通常表示记录的结束)时，该字段应该用双引号标记。在这种情
117 况下，字段中出现的每组双引号都必须再加上一组双引号进行转义。

CSV 文件的第一行可以是属性名称标题，该标题的格式与文件的其他部分相同。虽然格式是标准化的[248]，但仍存在许多基于上述原则的变体。例如，可以使用制表符而不是逗号来分隔值，或者可以使用与 CRLF 不同的行结束符。

图 3.14 展示了电子邮件结构化表示的 CSV 文件。

```
Africa,Need,V*I*A*G*R*A,...,week,will,class
0,0,1,1,1,1,0,0,0,0,0,0,0,0,0,0,0,0,0,0,0,0,0,0,0,0,0,0,spam
0,0,0,0,0,0,0,0,0,0,0,0,1,1,0,0,1,0,0,0,1,0,1,0,1,0,0,1,ham
0,0,0,0,0,0,0,0,0,0,0,1,0,0,1,1,0,1,1,1,0,1,0,1,0,1,1,1,ham
1,1,0,0,0,0,1,1,1,1,1,0,0,0,0,0,0,0,0,0,0,0,0,0,0,0,0,0,spam
```

图 3.14　CSV 文件示例，示例中包含被分类为垃圾邮件或非垃圾邮件的电子邮件（示例在没有应用特殊预处理技术的情况下，通过词袋模型将数据转换为结构化表示）

3.15.3　C5 格式

C5（UNIX 版本）和 See5（Windows 版本）是两个非常高效的数据挖掘工具，可以构建决策树或规则，并使用它们进行分类和预测[220]。

C5 包将要处理的数据分成几个文件，都使用 filestem 命名，再通过扩展名定义存储在<filestem>.<extension>. 文件中的数据部分。

用于定义属性的具有扩展名的文件和包含要处理的实例值的具有扩展数据的文件都是必需的。其他三种可选的文件类型包括用于测试的数据集（扩展测试）、要分类的实例（扩展用例）和关于错误分类成本（扩展成本）的信息。

程序生成带有扩展树或规则的文件，这些扩展树或规则包含生成的决策 118
树或规则。

在名称文件中，类参数是第一个信息。一个类可以用三种不同的方式定义：

- 用逗号分隔的类标签列表，如垃圾邮件、非垃圾邮件；
- 要用作类的离散属性名称； 119
- 连续属性的名称，以及将所有可能值分隔为若干间隔的阈值，例如，age：21，50. 定义三个类（年龄≤21 岁、21 岁＜年龄≤50 岁，50 岁＜年龄）。

类参数下面是所有属性名称及其数据类型的列表。数据类型与属性之间用冒号分隔。可用的数据类型包括：连续数值（continuous）、日期型数据（date，格式为 YYYY/MM/DD 或 YYYY-MM-DD）、时间型数据（time，格式为 HH:MM:SS，值介于 00:00:00 和 23:59:59 之间）、组合日期和时间的时间戳数据（timestamp，格式为 YYYY/MM/DD HH:MM:SS 或 YYYY-MM-DD HH:MM:SS）、枚举的以逗号分隔的名称列表（例如，risk：low，medium，high）、由数据本身组成的离散无序值（discrete N）、属性忽略数据（ignore）、对命名和引用实例做了标签（处理过程中忽略标签）的数据

(label)。属性也可以通过公式定义，例如 Difference：= A - B。

最后一部分是能显式指定应该处理哪些属性的可选信息。要么将处理后的属性列出：attributes included：a1，a3，a5，要么将不使用的属性列出：attributes excluded：a2，a4。

数据文件包含训练实例的值。每个实例都包含由逗号分隔的所有显示定义属性的值列表。如果类在 names 文件的第一行中，则每行的最后一个值是一个类标签。问号用于表示缺失或未知的值，N/A 表示不适用的值。从其他属性计算的属性值自然不包括在内。

测试和用例文件具有与数据文件相同的格式。在案例文件中，类值可以是未知的。

图 3.15 是名称和数据文件的示例。

file *emails. names*：

```
spam, ham.
Africa  : continuous.
Need    : continuous.
VIAGRA  : continuous.
...
week    : continuous.
will    : continuous.
```

file *emails. data*：

```
0,0,1,1,1,1,0,0,0,0,0,0,0,0,0,0,0,0,0,0,0,0,0,0,0,0,0,0,spam
0,0,0,0,0,0,0,0,0,0,0,0,1,1,0,0,1,0,0,0,1,0,1,0,1,0,0,1,ham
0,0,0,0,0,0,0,0,0,0,0,1,0,0,1,1,0,1,1,1,0,1,0,1,0,1,1,1,ham
1,1,0,0,0,0,1,1,1,1,1,0,0,0,0,0,0,0,0,0,0,0,0,0,0,0,0,0,spam
```

图 3.15 C5 包的文件示例，示例中包含被分类为垃圾邮件或非垃圾邮件的电子邮件（示例在没有应用特殊预处理技术的情况下，通过词袋模型将数据转换为结构化表示）

121 3.15.4 CLUTO 矩阵文件

CLUTO 是一个用于聚类低维和高维数据集的软件包，用于分析各种聚类的特征。它包含多种聚类算法、相似/距离函数、聚类准则函数、聚类合并方案、有效总结聚类的方法和可视化功能[141]。

矩阵文件（*.mat）通过稠密矩阵、稀疏矩阵或稠密/稀疏相似图来表示待聚类的数据。

稠密矩阵的第一行包含矩阵的行数和列数，其余的每行表示一个实例。矩阵的行是以空格分隔的浮点值，包括非零值。稀疏矩阵的第一行中包含了矩阵的行数、列数和非零值数量，其余的每行包含一个实例。这些行采用以空格分隔的索引对和相应的非零值(不需要排序)形式，索引以 1 开头。

稠密图第一行包含了图的顶点数，其余行包含一个 $n \times n$ 邻接矩阵。其中，n 是顶点数，位置 i 和 j 上的元素是浮点值，表示图的第 i 个顶点和第 j 个顶点的相似度。稀疏图第一行包含了图的顶点和边的数量，其余行包含索引值对形式的邻接矩阵(索引以 1 开头)。

此外，CLUTO 的 rlabel 文件提供了数据矩阵行的标签。clabel 文件提供数据矩阵列的标签，rclass 文件提供数据矩阵行的类标签，用于外部聚类评估。

file *emails. mat* (sparse format):

```
4 28 29
3 1 4 1 5 1 6 1
13 1 14 1 17 1 21 1 23 1 25 1 28 1
12 1 15 1 16 1 18 1 19 1 20 1 22 1 24 1 26 1 27 1 28 1
1 1 2 1 7 1 8 1 9 1 10 1 11 1
```

file *emails. rlabelfile*:

```
spam
ham
ham
spam
```

file *emails. clabel*:

```
Africa
Need
VIAGRA
...
week
will
```

图 3. 16　CLUTO 包的文件示例，示例中包含被分类为垃圾邮件或非垃圾邮件的电子邮件。示例在没有应用特殊预处理技术的情况下，通过词袋模型将数据转换为结构化表示。

3. 15. 5　SVMlight 格式

该格式是托斯腾·约阿希姆斯开发的著名的 SVM^{light} 包中使用的数据格

式，该包实现了支持向量机算法[135]。

文件中的每一行表示一个训练示例。第一个值是目标值，可以是+1、-1、0或浮点数。这些类通常标记为-1和+1。类标签为0时表示应使用转换对该示例进行分类。目标还可以包含在回归模式中使用的真实值。

接下来是特征值对列表。特征由其编号描述，其中第一个特征的编号为1，值为浮点数。目标值和每个特征值对(必须通过增加特征编号进行排序)由空格字符分隔。在稀疏格式中很常见的零值特征不会被包含进去。

122 每行后面可以跟一个以#开头的字符串，将其用于用户定义内核的附加信息。

图3.17展示了SVMlight文件。

```
1 3:1 4:1 5:1 6:1
-1 13:1 14:1 17:1 21:1 23:1 25:1 28:1
-1 12:1 15:1 16:1 18:1 19:1 20:1 22:1 24:1 26:1 27:1 28:1
1 1:1 2:1 7:1 8:1 9:1 10:1 11:1
```

图3.17 SVMlight格式的文件示例，示例中包含被分类为垃圾邮件或非垃圾邮件的电子邮件(示例在没有应用特殊预处理技术的情况下，通过词袋模型将数据转换为结构化表示)

3.15.6 使用R读取数据

R中的部分包提供了从常见格式文件中读取数据的功能函数。

RWeka包中的read.arff()函数提供了从ARFF文件中读取数据的功能。
123 该函数唯一的输入参数是带有文件名或连接名的字符串。函数返回包含该数据的数据帧。

如果需要读取表格格式数据，例如CSV文件，可以使用read.table()函数。该函数可以读取表格文件并从中创建数据帧。行对应单个实例，每行上的字段对应实例的属性。通过设置输入参数，用户可以指定文件是否包含标题、分隔符、指定字符串的引用方式、哪个字符用作小数点、要读取的最大行数或要跳过的数据行数。read.csv()函数、read.csv2()函数与read.table()函数都可以读取CSV文件，但其参数的默认值不同。

使用RWeka包中的C45Loader()函数可以读取C4.5格式的数据(与上面描述的C5格式相同)。

skmeans包提供了readCM()函数，该函数可读取CLUTO格式的稀疏矩阵并返回一个由indexR包定义的三元组矩阵(值由三元组表示——行索引、列索引、值)。

要以 R 格式保存数据，我们可以使用 save()函数。它接受将一个所有对象的列表写入扩展名为 .RData 的文件，文件名(file)作为其中一个参数。随后我们可以使用 load()函数读取这些对象并重新在内存中创建结构，其中的参数是存储对象的文件名。

3.16　一个复杂示例

与几乎所有主流的统计计算产品一样，R 也提供文本挖掘功能。tm 是一个著名的文本挖掘框架，它是一个开源包，提供组织、转换和分析文本数据所需的基础组件[86]。

文档集合可以被表示成 VCopus 类(Volatile Corpus，一种默认实现方式，文档存储在动态内存中)或 PCorpus 类(Permanent Corpus，文档存储在 R 程序之外)。创建语料库的方法即 VCorpus()或 PCorpus()，其第一个参数是一个指定数据来源的 Source 类对象。

我们可以使用许多方法来创建语料库，每种方法适用于处理不同格式的数据。getSources()函数能够返回完整的可用资源列表，包括：

- VectorSource()——向量的每个元素都被解释为文档。
- DataFrameSource()——为数据帧创建语料库，其中第一列为 doc _ id 124 (唯一字符串标识符)，第二列为 text(UTF-8 编码字符串)。
- DirSource()——目录中的每个文件都被视为文档。
- URISource()——文档来自指定 URI 的数据。

阅读器函数可以读取指定来源的数据。阅读器的行为受参数 readerControl 的影响。阅读器中存在一个包含组件读取器(reader，指定要使用的特定读取器)和语言(language，定义文档语言)的列表。阅读器[其完整列表由 getReaders()函数返回]具备例如 readDataframe(从数据帧读取数据)、readDOC(从 Microsoft Word 文档读取数据)、readPDF(从 PDF 格式文档读取数据)、readPlain[从带有内容(content)组件的列表读取文本]，或 readXML(读取 XML 文档)等功能。除了接受包含数据的对象外，所有函数还接受适用于特定数据源的附加信息(例如用于读取 PDF 文档的 PDF 提取引擎的名称)。文档语种(默认情况下为 en)作为一个 IETF 语种标签传递。

我们可以使用 tm _ map()函数修改语料库中的文档。该函数可以将转换函数应用于语料库中的所有文档。通过 gettransforms()函数，我们可以得到转换函数列表：

■ removeNumbers()——删除数字；逻辑参数 ucp 指定是否使用 Unicode 字符属性来确定数字字符。

■ removePunctuation()——删除标点符号；用户可通过 preserve _ intra _ word _ contractions 参数指定是否保留词内缩略语，preserve _ intra _ word _ dashes 参数用于控制是否删除词内破折号，ucp 参数用于确定标点字符[参数值为 FALSE(默认情况)时包括! " # $ % & '( ) * + , - . / : ; <=>? @ \ [ ] ^ _ ` { | } ~，参数值为 TRUE 时使用 Unicode 标点字符]。

■ removeWords()——返回一个不包含第二个参数指定单词的文档(或一个名为 words 的参数)；这个功能通常用于删除停用词，单词列表可以由带有指定语种参数的 stopwords()函数返回。

■ stemDocument()——使用波特词干提取算法执行词干提取；可以使用 language 参数来选择一个合适的 Snowball 词干器。

125 ■ stripWhitespace()——将文档中的多个空格替换为单个空格。

Content _ transformer()函数可以用于创建自定义转换。这个函数接受将另一个函数作为其参数，通过内容获取和内容设置方法修改对象的内容。这个函数可以是现有函数，也可以是程序员定义的函数，如下所示：

```
# 现有的功能
c<- tm_map(c, content_transformer(tolower))

# 定义的函数将所有电子邮件地址替换为"——email——"
email.replace<- content_transformer(
        function (x) gsub("([\\w.]+)@([\\w.]+\\.[a-z]+)",
                          "—email—",
                          x,
                          perl = TRUE)
        )
c<- tm_map(c, content_transformer(email.replace))
```

tm _ filter()函数可过滤出满足特定条件的文档。当第二个参数 FUN 传递的过滤函数返回 TRUE 时，tm _ filter()会返回一个匹配 FUN 中函数的文档语料库。tm _ index()函数与 tm _ filter()函数的工作原理相同，但只返回相应的索引。

要在磁盘上保存语料库，我们可以使用 writeCorpus()函数。该函数将语料库作为输入，并将文本内容(将 as.character()应用到每个文档)写入给定位置的文件中。文件名来自文档 ID 或可选参数中传递的字符串。

要创建“文档－特征”矩阵(文档按行排列)或“特征－文档”矩阵(特征按行排列)，我们可以使用 DocumentTermMatrix()函数和 TermDocumentMatrix()函数。这两个函数都用于创建稀疏矩阵。as.matrix()函数用于显示一个完整的矩阵。inspect()函数可以显示示例。

使用一列被命名的控制选项可以控制矩阵中值(特征权重)的计算过程。局部选项用于计算每个文档，全局选项用于计算整个矩阵。

局部选项包括：

■ tokenize——对文档进行分词的函数。该函数可以是预定义的函数，也可以是用户定义的函数。

■ tolower——指示字符是否应该转换为小写的逻辑值，或一个将字符转 126
换为小写的自定义函数。

■ language——指示停用词和词干的语种(最好作为 IETF 语言标识)。

■ removePunctuation——指示是否应该删除标点符号的逻辑值，执行删除标点符号操作的函数或 removePunctuation()的参数列。

■ removeNumbers——指示数字是否应该被删除的逻辑值或者实现数字删除的函数。

■ stopwords——指示是否使用特定语种停用词列表完成停用词删除操作的布尔值，包含自定义停用词的字符向量，或用于删除停用词的自定义函数。

■ stemming——指示分词片段是否是词干的布尔值，或自定义的词干分析函数。

■ dictionary——包含了可接受词的字符串向量，文件中的其他项目将被忽略。

■ bounds——长度为 2 的整数向量的局部标记列表。第一个值定义一个词在文档中出现的最小次数，第二个值定义该词在文档中出现的最大次数。

■ wordlength——长度为 2 的整数向量。该值定义了单词的最小和最大长度。

全局选项包括：

■ bound——带有 global 标签的列表，其中包含具有两个元素的整型向量，这两个元素分别定义了单词在文档中出现频率的下限和上限，超出界限的项会被消除。

```
#消除出现次数小于2次的单词
tdm<-TermDocumentMatrix(
    c,
    control = list(bounds = list(global = c(2, Inf)))
    )
```

127 ■ weighting——tm 包提供了 weightTf(即特征频率，是一个默认选项)、weightTfIdf(即特征频率，或称为反文档频率)、weightBin(是二进制加权，定义单词为存在/不存在)和 weightSMART 选项。weightSMART 选项用 SMART 注释法定义权重。作为参数传递的字符串中的三个字符指定了局部、全局组件和标准化因子。本地权重包括词频(n)、对数(l)、增广归一化词频(a)、词的存在(b)和归一化对数，也称为对数平均(L)。全局选项包括不加权(n)、反文档频率(t)和概率 IDF(p)。这些向量可以使用余弦归一化(c)、回转归一化(u)、字节大小(b)，或者不需要归一化(n)。

removeSparseTerms()是一个非常有用的函数，它可以通过删除文档单词矩阵中空值(0 值)百分比高于所设置参数(0 到 1 之间的值)的单词来减少文档矩阵的稀疏性。

Docs()(返回文档 id)、Terms()(返回术语列表)、nDocs()(返回文档数量)和 nTerms()(返回文档数量)等函数可以提供“特征－文档”矩阵或“文档－特征”矩阵的基本信息，矩阵作为这些函数的参数。

findMostFreqTerms()函数计算并输出每个文档或文档集合(由 INDEX 对象给出)中单词出现的频率，输出结果按频率降序排列，参数 *n* 用于定义输出单词的数量。参与文档的形式为“特征－文档”矩阵、“文档－特征”矩阵或经 termFreq()返回的频率向量(用于计算单个文档的特征频率)。

plot()函数可以以图的形式将“特征－文档”矩阵(需要 Rgraphviz 库)中单词之间的关联进行可视化操作。其中顶点(单词)由边(关联)连接，要绘制的项(默认情况下随机选择 20 项)和相关阈值是可选的参数。

为了在“文档－特征”矩阵或带有未加权特征频率的“特征－文档”矩阵中的值上实现齐普夫定律和希普斯定律的可视化，tm 提供了 Zipf_plot()函数和 Heaps_plot()函数。使用该函数时，用户可以指定绘图类型和用于绘图的图形参数。

下面是一个使用 tm 包分析语料库和准备“文档－特征”矩阵的示例。

128

```
> d <- c("The Vegas Golden Knights ice hockey team
+          achieved the milestone of most home wins. ",
+         "Germany won 1 - 0 over Argentina in the FIFA Wold
+          Cup finals. ",
+         "Someone has won tonight's USD 10 million jackpot
+          in the National Lottery. ",
+         "A man has won a USD 10 million jackpot on
+         a Las Vegas slot machine. ")

> # 从字符向量创建语料库
> c <- VCorpus(VectorSource(d))

> # 查看一些关于语料库的基本信息
> c
<<VCorpus>>
Metadata: corpus specific : 0, document level (indexed) : 0
Content: documents : 4

> # 查看第二份文件的文本
> c[[2]]$content # same as as.character(c[[2]])
[1] "Germany won 1 - 0 over Argentina in the FIFA Wold
Cup finals. "

> # 只找到了包含"维加斯"一词的文件
> c2 <- tm_filter(c,
+                 FUN = function(x)
+                         any(grep("Vegas", content(x))))
> lapply(c2, as.character)
$'1'
[1] "The Vegas Golden Knights ice hockey team achieved the milestone of most home
wins. "

$'4'
[1] "A man has won a USD 10 million jackpot on a Las Vegas slot machine. "
```

```
# 找到包含"维加斯"这个词的文档索引
> tm_index(c, FUN = function(x)
+                           any(grep("Vegas", content(x))))
[1]  TRUE FALSE FALSE TRUE

> #将文档从过滤过的语料库写入目录"filtered_corpus"
129 > writeCorpus(c2, path = "filtered_corpus")

> #删除文档中的数字
> c <- tm_map(c, removeNumbers)

> #查看所有文档的文本
> lapply(c, as.character)
$'1'
[1]  "The Vegas Golden Knights ice hockey team achieved the milestone of most home wins."

$'2'
[1]  "Germany won-over Argentina in the FIFA Wold Cup finals."

$'3'
[1]  "Someone has won tonights USD million jackpot in the National Lottery."

$'4'
[1]  "A man has won a USD million jackpot on a Las Vegas slot machine."

> # removing punctuation
> c <- tm_map(c, function(x)
+                   removePunctuation(
+                     x,
+                     preserve_intra_word_contractions = FALSE))

> # 执行词干化
> c <- tm_map(c, stemDocument)

> # 查看转换后的所有文档的文本
> lapply(c, as.character)
```

```
$'1'
[1] "The Vega Golden Knight ice hockey team achiev the
    mileston of most home win"
$'2'
[1] "Germani won over Argentina in the FIFA Wold Cup final"

$'3'
[1] "Someon has won tonight USD million jackpot in the                130
    Nation Lotteri"

$'4'
[1] "A man has won a USD million jackpot on a Las Vega
    slot machin"

> # 查看转换后的所有文档的文本
> dtm <- DocumentTermMatrix(c)

# 在文档-特征矩阵检查(dtm)中显示详细信息

<<DocumentTermMatrix (documents: 4, terms: 32)>>
Non-/sparse entries  : 41/87
Sparsity             : 68%
Maximal term length  : 9
Weighting            : term frequency (tf)
Sample               :
    Terms
Docs achiev argentina cup has jackpot million the usd
   1      1         0   0   0       0       0   2   0
   2      0         1   1   0       0       0   1   0
   3      0         0   0   1       1       1   1   1
   4      0         0   0   1       1       1   0   1
    Terms
Docs vega won
   1    1   0
   2    0   1
   3    0   1
   4    1   1
```

```
> # 将文档-特征矩阵显示为矩阵
> as.matrix(dtm)

Docs achiev argentina cup fifa final  ...
   1      1         0   0    0     0  ...
   2      0         1   1    1     1  ...
   3      0         0   0    0     0  ...
   4      0         0   0    0     0  ...

> # 查看文档-特征矩阵的一些属性
> Docs(dtm)
131 [1]  "1" "2" "3" "4"
> nDocs(dtm)
[1]  4
>  Terms(dtm)
  [1]  "achiev"      "argentina"   "cup"        "fifa"
  [5]  "final"       "germani"     "golden"     "has"
  [9]  "hockey"      "home"        "ice"        "jackpot"
 [13]  "knight"      "las"         "lotteri"    "machin"
 [17]  "man"         "mileston"    "million"    "most"
 [21]  "nation"      "over"        "slot"       "someon"
 [25]  "team"        "the"         "tonight"    "usd"
 [29]  "vega"        "win"         "wold"       "won"
 > nTerms(dtm)
 [1]  32

> # 查看在整个集合中最常见的5个术语
> findMostFreqTerms(dtm, INDEX = rep(1, times = nDocs(dtm)), n = 5)
$'1'
    the won has jackpot million
      4   3   2       2       2

> # 删除0元素超过一半的列
> dtm2<-removeSparseTerms(dtm, 0.51)
> as.matrix(dtm2)
     Terms
Docs has jackpot million the usd vega won
```

```
1 0  0    0    2  0    1  0
2 0  0    0    1  0    0  1
3 1  1    1    1  1    0  1
4 1  1    1    0  1    1  1

> # 将数据存储到 CSV 文件中，以便稍后使用
> m <- as.matrix(dtm2)
> write.csv(m, file = "data.csv")
```

通过自然语言处理工具包 udpipe 也可以实现 tm 包提供的功能。udpipe 包提供了标记化、部分语音标记、语义化和依赖性解析等功能，并且支持训练注释模型、将文本转换为“文档－特征”矩阵，以及使用矩阵进行一些基本操作。

udpipe()函数可以分析文本并返回数据帧，数据帧中每一行对应于数据中的一个分词片段。数据帧的字段包括文档标识符(doc _ id)、文档中段落的 132
标识符(paragraph _ id)、文档中句子的标识符(sentence _ id)、句子的文本内容(sentence)、表示原始文本中分词片段开始和结束位置的整数索引(start、end)、文档中的行标识符(term _ id)、每个句子中的分词片段索引(token _ id，从 1 开始)、分词片段(token)、分词片段的词元(lemma)、分词片段在通用和树图资料库中特定的词性标签(upos、xpos)、由“｜”分隔的分词片段的形态特征(feats)、指明句子中与 token _ id 相关的分词片段(head _ token _ id)及其关系类型(dep _ rel)、增强依赖图(deps)，以及用于重建原始文本的分词片段中的空格信息(misc)。

document _ term _ frequencies(d)函数计算每个文档中单词的出现次数。输入参数的数据类型是数据帧、数据表或字符串向量(首先需要根据提交的可选参数 split 进行拆分)。随后会输出一个包括了 doc _ id、term 和 freq 三列的数据表，这些列分别表示某个单词在某文档中出现的次数。

document _ term _ frequencies()函数返回的数据表可以传递给 document _ termfrequencies _ statistics()。这个函数可以根据文档中的单词数量输出归一化单词频率、反文档频率和 Okapi BM25 统计信息。

document _ term _ matrix()函数可以将 document _ term _ frequencies(d)函数的输出转换为“文档－特征”矩阵。矩阵是 dgCMatrix 类的稀疏对象，矩阵中的行表示不同文档，列表示不同单词。也可以使用 vocabulary 参数提供词汇表，在这种情况下只有词汇表中的单词才会出现在矩阵中。

使用 dtm _ cbind()函数或 dtm _ rbind()函数可以将两个稀疏矩阵按列或

按行连接起来。

dtm _ colsum()函数和 dtm _ rowsum (dtm)函数返回“文档－特征”矩阵的列和行和。

使用 dtm _ remove _ lowfreq()函数，可以从“文档－特征”矩阵中删除出现频率较低的单词和没有单词的文档，其最小频率由 minfreq 参数给出。也可以使用 maxterms 参数控制矩阵中保留的单词的最大数量。类似地，通过 dtm _ remove _ tfidf()函数可以删除 tf-idf 频率较低的单词。

使用 dtm _ remove _ terms()函数可以消除特定的单词。其中，单词可通过 terms 参数进行设置。

```
> library(udpipe)
>udpipe("Machine learning is great. Learn it!",
+          object = "english")
    doc _ id  paragraph _ id  sentence _ id                   sentence
133 1   doc1            1             1  Machine learning is great.
  2   doc1            1             1  Machine learning is great.
  3   doc1            1             1  Machine learning is great.
  4   doc1            1             1  Machine learning is great.
  5   doc1            1             1  Machine learning is great.
  6   doc1            1             2                   Learn it!
  7   doc1            1             2                   Learn it!
  8   doc1            1             2                   Learn it!
   start  end  term _ id  token _ id     token    lemma    upos  xpos
  1    1    7        1          1   Machine  machine    NOUN    NN
  2    9   16        2          2  learning learning    NOUN    NN
  3   18   19        3          3        is       be     AUX   VBZ
  4   21   25        4          4     great    great     ADJ    JJ
  5   26   26        5          5         .        .   PUNCT     .
  6   28   32        6          1     Learn    Learn    VERB    VB
  7   34   35        7          2        it       it    PRON   PRP
  8   36   36        8          3         !        !    PUNC     .

                                                        feats
  1                                               Number = Sing
  2                                               Number = Sing
```

```
3     Mood=Ind|Number=Sing|Person=3|Tense=Pres|VerbForm=Fin
4                                                Degree=Pos
5                                                      <NA>
6                                      Mood=Imp|VerbForm=Fin
7    Case=Acc|Gender=Neut|Number=Sing|Person=3|PronType=Prs
8                                                      <NA>
  head_token_id dep_rel   deps             misc
1             2 compound  <NA>             <NA>
2             4    nsubj  <NA>             <NA>
3             4      cop  <NA>             <NA>
4             0     root  <NA>     SpaceAfter=No
5             4    punct  <NA>             <NA>
6             0     root  <NA>             <NA>
7             1      obj  <NA>     SpaceAfter=No
8             1    punct  <NA>  SpacesAfter=\\n

> d <- c("Good product!",
+        "Bad product. ",
+        "Not very good product. ",
+        "Not bad. ",
+        "Very very good. ")
> d <- tolower(d)
> df <- document_term_frequencies(d)
> df
      doc_id    term freq
 1:     doc1    good    1
 2:     doc1 product    1
 3:     doc2     bad    1
 4:     doc2 product    1
 5:     doc3     not    1
 6:     doc3    very    1
 7:     doc3    good    1
 8:     doc3 product    1
 9:     doc4     not    1
10:     doc4     bad    1
11:     doc5    very    2
12:     doc5    good    1
```

134

```
> document_term_frequencies_statistics(df)
> df
    doc_id    term freq        tf       idf    tf_idf
 1:   doc1    good    1 0.5000000 0.5108256 0.2554128
 2:   doc1 product    1 0.5000000 0.5108256 0.2554128
 3:   doc2     bad    1 0.5000000 0.9162907 0.4581454
 4:   doc2 product    1 0.5000000 0.5108256 0.2554128
 5:   doc3     not    1 0.2500000 0.9162907 0.2290727
 6:   doc3    very    1 0.2500000 0.9162907 0.2290727
 7:   doc3    good    1 0.2500000 0.5108256 0.1277064
 8:   doc3 product    1 0.2500000 0.5108256 0.1277064
 9:   doc4     not    1 0.5000000 0.9162907 0.4581454
10:   doc4     bad    1 0.5000000 0.9162907 0.4581454
11:   doc5    very    2 0.6666667 0.9162907 0.6108605
12:   doc5    good    1 0.3333333 0.5108256 0.1702752
       tf_bm25      bm25
 1:  1.1042471 0.5640777
 2:  1.1042471 0.5640777
 3:  1.1042471 1.0118114
 4:  1.1042471 0.5640777
 5:  0.8194842 0.7508858
 6:  0.8194842 0.7508858
 7:  0.8194842 0.4186135
 8:  0.8194842 0.4186135
 9:  1.1042471 1.0118114
10:  1.1042471 1.0118114
11:  1.3179724 1.2076458
12:  0.9407895 0.4805794
```

135

```
> df <- document_term_frequencies(d)
> dtm <- document_term_matrix(df)
> dtm
5 x 5 sparse Matrix of class "dgCMatrix"
     bad good not product very
doc1   .    1   .       1    .
doc2   1    .   .       1    .
doc3   .    1   1       1    1
doc4   1    .   1       .    .
```

```
doc5   .    1    .         .    2

> dtm_colsums(dtm)
    bad  good  not  product  very
      2     3    2        3     3
> dtm_rowsums(dtm)
doc 1  doc 2  doc 3  doc 4  doc 5
    2      2      4      2      3
>dtm_remove_terms(dtm, terms = c("product"))
5 x 4 sparse Matrix of class "dgCMatrix"
     bad  good  not  very
doc1   .     1    .     .
doc2   1     .    .     .
doc3   .     1    1     1
doc4   1     .    1     .
doc5   .     1    .     2

> as.matrix(dtm)
     bad  good  not  product  very
doc1   0     1    0        1     0
doc2   1     0    0        1     0
doc3   0     1    1        1     1
doc4   1     0    1        0     0
doc5   0     1    0        0     2
```

第 4 章

分　类

137 4.1 样本数据

本章节使用的训练和测试数据来自一份公开的在亚马逊电子商店中购买图书的客户评论数据集。研究者可从一个公开可访问的 URL 中获取这些数据[190]。本节使用从该数据集中随机选取的数据集合作为演示数据。演示数据共包含了 1000 个样本，并被平均分为两类：正面评论（五星评价）和负面评论（一星评价）。所有评论均由客户用英文撰写。

下面展示了随机选择的 URL[190] 中的部分评论数据，本章将使用这些数据作为分类算法的输入数据。需要注意的是，这些评论数据不针对任何具体书籍，并且为了节省空间这里仅展示了九条评论内容。

五条正面的评论：

■ Really interesting. Everything you need, the most important is inside. Clear explanation, good pictures to represent 'the move'. This books helps me to improve myself and I will soon read it again... I guess it can be useful for beginner too...

■ This book is good on many levels. I learned about Ethiopia, it's culture and the struggles during this time. Excellent writing.

■ Ron Hansen is among the best writers delving into unusual real-life historical situations, and trying to make sense of them. Mariette is a pretty 17 year old drawn to the convent, who immediately becomes a special, vision influenced, faith inspired, stigmatized True Believer. Many of the older nuns
138 are skeptical (to say the least), while the younger ones are in awe. Mr. Han-

sen guides us right into the heart and soul of this Catholic community, and of course Mariette. After reading this book, one feels a certain understanding of this potential saint, and how religion may become an obsession. I would personally agree with her physician/father, the scientific skeptic, but Mariette's story is certainly believable in the hands of a fine writer like Mr. Hansen!

■ Excellent book by a wonderful leader. Used it to develop a presentation on leadership for a mentoring team. Practical and excellent lessons for everyone. Thank you, Mr. Powell.

■ Harry Stein writes one of the most poltically honest memoirs I've read in a long time. In straightforward speak that skirts no liberl ideals, Stein chops down an ideology that he swore by in the 1960s but now sees as a hinderance to our modern-day culture. While his liberal foes cringe, every independently-minded American should give Stein's views a chance. For the naysers of this book, especially hardcore liberals, I found it interesting that many of the facts Stein used to back up his positions were pulled out of the liberally-slanted media he so accurately portrays.

四条负面评论：

■ Let me set the scene for you: I read the first three chapters of this book a few years ago right before it was published, and because I was immediately hooked and knew that I'd blow through the book in a day (then end up miserable until the next one was published over a year later), I decided to put it aside until there were more books to read. So fast forward to last week... I had an eight hour shift taking inventory at a local retailer scheduled, so I 139
pulled up my Kindle wishlist and looked for something that was also available on Audible. This book was the winner, and—shame on me—I was, unfortunately, too excited to bother with listening to the Audible sample first. Oops. Big OOPS. Within thirty seconds I was asking myself if the producers of the audiobook were serious. By fortyfive seconds, I was wondering if the author had approved the narrator and was happy with her. Then, around the sixty second mark, I decided it didn't matter to me. I turned it off. I couldn't listen to a story being read that way, no matter how compelling it is. So here I am; warning others away. READ the book—don't bother trying to listen to it. Or, if listening is your only option, then I would suggest looking into using Ivona Voices to create an MP3 version of the Kindle book. You would be

better off, in my not so humble opinion .

■ Foolishly, I purchased a copy of this book for a young mother, at her request. Now, I am familiar with the contents of said book, and I don't know how to deal with the guilt. Oh, my God! What can I do to protect the daughter of this young woman? If she is naive enough to swallow this "author's" militant sickness, I have doomed an innocent child to a life of horror. On a more positive note, if I can convince the recipient to toss the volume into the dumpster, I will have removed one copy of it from circulation, and perhaps saved another innocent child from this abuse. This abomination is not recommended.

■ The Lombardi Rules attempts to provide a philosophical background of Coach Lombardi's beliefs and apply them to life and business. This was written by Vince Lombardi Jr, not the man himself, and although you'd expect his son to also possess many of the inspiring attributes of Coach Lombardi, they are not exhibited in this book. It is essentially a collection of Vince Lombardi quotes turned into 2-3 page chapters. Making matters worse is that the text supporting the quotes ranges from cliche to painfully obvious with nothing profound or meaningful, not even a decent example from Lombardi's illustrious coaching career. Its always frustrating when you could read the chapter headings and gain as much value as the entire book. You would be better served just searching for Vince Lombardi quotes than wasting any time with this book.

■ I normally adore anything and everything Victoria Alexander. This book started out to be good but I felt it quickly left me feeling bored and dissatisfied. The Princess's character was very annoying. Although I love Weston I just couldn't get passed how slow the book moved along. I would not recommend this book to a first time reader of Victoria Alexander. She is a wonderful writer, this book I feel was just a lemon out of hundreds.

用于演示分类算法的1000条样本数据中，一半被标记为正面评论，一半被标记为负面评论。所有的评论数据都是原始的，其中可能出现语法、拼写
140 错误等常出现在社交网络文本中的错误。在该阶段无须对数据做任何特别的调整，仅需通过移除对分类没有帮助的词来降低维度数量，从而降低计算复杂度，节省计算内存和时间。`tm`包中的`removeSparseTerms()`函数能够根据用户给出的参数删除包含太多零的列，从而降低矩阵的稀疏性。假设将 re-

moveSparseTerms()函数中的实验参数设为 0.995，则文档中出现概率至少为 0.5%(1－0.995)的词将被保留下来，使总数为 17903 个词的文本数据在被过滤后只剩 2218 个词。该方法能在保留分类准确性的情况下过滤掉大部分词。

原始的评论数据为纯文本格式，我们需要将其转换为 CSV(逗号分隔值)格式再输入，其中第一行是单词名称，每条评论为一个向量，向量中元素的值是评论中单词的出现频率。

简单来说，向量可以被看作是由基因组成的基因组，基因代表单词，基因组构成文本文件。文件之间共享的基因越多，文件就越相似(相关)。向量指向包含相似文档的子空间。

数据呈矩阵形式表示，矩阵中每一列表示一个词，每一行(向量)表示一条评论文本。向量的最后一个元素是类标签，它是一个离散值。下面各小节在介绍分类算法时均使用该样本数据集作为示例数据。

4.2 分类算法

由于篇幅限制，本书主要介绍迄今为止文本挖掘领域的主流经典算法，无法涵盖所有方面，因此也鼓励读者去尝试当前流行的其他方法。在机器学习中，一般没有适用于任何数据类型的通用的、最好的算法，需要研究者在实践中通过实验寻找解决某个特定问题的最佳的数据挖掘或文本挖掘工具。

很多已出版的著作均提到了这个问题，例如文献[281]和[282]所列明的图书。找到并将解决某特定问题的最终优化算法呈现出来的只是全部研究工作的冰山一角，剩下的部分往往会消耗研究者更多的时间和资源。

本书各章节主要介绍基于各种学习规则的机器学习算法，包括：

■ 贝叶斯分类器——一种基于(条件)概率论的传统且高效的分类方法， 141
底层具有包括不确定度在内的非常优秀的数学理论支撑。

■ 最近邻——一种基于已知数据的相似度计算的方法，在训练阶段非常快，但在分类阶段经常很慢。

■ 决策树——目前非常流行的一种“分而治之”算法，算法的结果可以为我们提供知识，这些知识可以通过树转换为规则。

■ 随机森林——利用一组决策树来进行分类，通过显著减少备选相关树和过拟合来优化结果。

■ 自适应提升算法(Adaboost)——使用一组“弱分类器”(即每个分类器在分类时的错误率仅略低于 50%)集合来提供更加优秀的结果，该算法在目前较为流行。

- 支持向量机(Support Vector Machines, SVM)——当原始空间只有非线性边界时经常使用该算法，SVM 可以在人工扩大的空间中寻找类之间的线性边界，能够给出非常好的结果但也会带来很高的计算复杂度。
- 深度学习——该算法目前应用于许多领域，底层使用了目前人工智能领域非常熟知且有效的人工神经网络。该算法依赖于多层网络，学习深度取决于网络层的数量，每一层网络都会对输入值进行重新组合，从而创建出用于分类的抽象空间。深度学习需要时间、内存等资源支持，要求计算机具有强大的硬件优势。

有很多方法可以实现以上提到的算法，例如 R 语言。在使用同一种编程语言或系统时，用户可以根据自己的问题需求选择一种或多种不同的实现方式。首先最重要的是去了解算法需要使用哪些参数、接受哪些值(包括默认值)作为输入。算法的默认参数一般设置为统计中最常用的值，但这不一定是最优的。

本书不是算法使用手册，因此不提供各类算法参数的详细描述。但读者可
142 以在互联网上找到描述算法参数的 PDF 版本，本书后的文献中附有相应网址：

- 贝叶斯分类器——参见文献[182]；
- 最近邻——参见文献[226]
- 决策树——参见文献[154]
- 随机森林——参见文献[171]
- 自适应提升算法——参见文献[60]
- 支持向量机——参见文献[153]和[193]
- 深度学习——参见文献[83]

4.3 分类器效率评估

在选取并训练分类算法后，我们需要知道分类器的效率，即分类器从训练样本中挖掘出的知识是否足以用于预测未来的数据。

当分类器训练过程达到了某个峰值时(耗尽时间、最大步数或任何其他合适的标准)便完成了学习，此时我们需要计算出算法的训练质量，计算结果使用数字表示。计算结果的值还可以用于从特定领域的角度比较不同分类算法对相同数据的分类表现。

本节主要介绍在实践中最常使用的四种评价方法。评价分类器的效率需要使用与训练数据主题相同但在训练时没有使用过的测试数据(样本)。这类似于在学校上课时教师(监督者)教学生如何计算某些特定题目，并使用其他类似的题目来测试学生的学习效果。

从二元的角度看，我们可以通过计算以下四个值来评价分类器的效率：真阳性（*TP*）——所有样本中被正确分类给 *C* 的样本数量，假阳性（*FP*）——所有样本中被错误分类给 *C* 的样本数量，真阴性（*TN*）——不属于 *C* 且没有被分类为 *C* 的样本数量，以及假阴性（*FN*）——属于 *C* 但被错误分类为其他组的样本数量[107]。

■ 准确率（accuracy）：$(TP+TN)/(TP+TN+FP+FN)$，即所有样本中被正确分类的样本所占的比例，常以百分数表示；

■ 精准率（precision）：$TP/(TP+FP)$，即被正确分配为 *C* 的样本在所有被正确或错误分类为 *C* 的样本（被分类器从一组数据中分类为 *C* 的样本）中所占的比例； 143

■ 召回率（recall）：$TP/(TP+FN)$，即样本被正确识别的比例；

■ *F* 值（*F*-measure）：精准率和召回率的加权谐波平均值：

$$F=\frac{1}{\alpha\frac{1}{precision}+(1+\alpha)\frac{1}{recall}}=\frac{(\beta^2+1)\cdot precision\cdot recall}{\beta^2\cdot precision+recall}$$

在这个式子中，$\beta^2=\frac{1-\alpha}{\alpha}$。当 β 增加时，精准率会变得更加重要。当精准率和召回率的权重相等时，$\beta=1$，这也被称为 *F*1 或 *F* 分数（*F*-score），即精准率和召回率的调和平均值：

$$F=\frac{2\cdot precision\cdot recall}{2\cdot precision+recall}=\frac{2\cdot TP}{2\cdot TP+FP+FN}$$

我们可以画一个图，用横轴代表召回率，纵轴代表精准率，但有时我们需要用数字来表示分类效率，而不是一条曲线。

我们可以为每个类计算用于评价分类结果的各种指标。例如，类 0 的精准率为 0.5，类 1 的精准率为 0.9。一般只需要使用一种数值来评价分类器，因此接下来需要求这两个值的平均值。由于两个分类器在对每个类的分类性能上具有相同的权重，所以我们可以使用简单的算术平均数来进行宏观平均计算，最终得到平均精准率为 0.7。而微观平均计算法将每一个分类数据都考虑在内，因此我们需要汇总所有类的结果。不同大小的类具有不同的权重（较大的类提供了更多的预测数据）。假设有 20 个数据被预测为类 0，有 100 个数据被预测为类 1，类别 1 预测的数据是类 0 的 5 倍，那么微平均精准率将是 $20/(20+100)\times0.5+100/(20+100)\times0.9=0.83$。很明显，此时计算出的精准率与数量较多的类 1 的精准率更接近。

第5章

贝叶斯分类器

145 5.1 简 介

贝叶斯分类算法是最早在机器学习中使用的算法之一，其思想出自著名英国数学家和统计学家托马斯·贝叶斯(1702年伦敦——1761年英国滕布里奇威尔斯)的一本著作。作为首位使用概率归纳法的人，贝叶斯为概率推断建立了广泛应用的数学基础，即根据某一事件发生频率计算它在未来再次发生的概率。

概率计算很难给出某个问题的准确答案，具有不确定性，其他结果也有可能会发生，因此一般选择输出概率最高的结果。

在贝叶斯去世后，他有关概率的研究“*Essay Towards Solving a Problem in the Doctrine of Chances*”于1763年被发表在*Philosophical Transactions of the Royal Society of London*上。这份研究被称为贝叶斯定理，用于解决各种现实问题。到目前为止，该定理仍经常用于数据和信息处理中。

感兴趣的读者可以访问文献[19]的网址了解托马斯·贝叶斯的文章。这篇文章来自1763年11月10日理查德·普莱斯先生写给皇家学会会员、文学硕士约翰·坎顿的信。

146 垃圾邮件分类是文本挖掘领域的经典案例。我们在使用电子邮件进行通信时，可能也间接利用了垃圾邮件过滤器。其中部分过滤器的实现便是基于简化的贝叶斯定理，我们将其称为朴素贝叶斯分类器(本书的5.4节对朴素贝叶斯分类器进行了详细介绍)。贝叶斯分类算法有优秀的概率论基础，特别是条件概率建模。

当待解决问题能够用支持概率计算的已标注分类的训练数据描述时，这类模型适用于任何能够将成员所属类别表示为概率的任务。在模型计算过程中，这些概率可以作为权重，计算并输出某成员所属的概率最高的分类假设。随后，这些概率可以扮演权重的角色，支持各个类别的成员——研究者可以选择得分最高的结果作为输出。

贝叶斯分类算法一般不会给出像“当未标记的事件 a_i 属于类 C_j 的概率是 $p(a_i)=1.0$ 时，它肯定不会属于类别 $C'_{k\neq j}$”这样明确的答案。一般情况下，满足 $0.0<p(a_i)<1.0$，即使计算结果很可能是 $p(a_i)=0.0$ 或 $p(a_i)=1.0$，在实际研究中也不常出现。

5.2 贝叶斯定理

贝叶斯定理在许多算法中扮演着基础角色，这种存在形式非常有趣，例如将概率论应用在机器学习中时，其内部便使用了贝叶斯定理。有很多文献可以帮助读者熟悉贝叶斯定理的数学细节、应用和实践，例如文献[23，100，160，191，129，29]等，这些文献来自不同的作者和出版商，他们提出了不同的观点，有的集中于理论，有的集中于实践。在这些文献中，我们可以找到关于贝叶斯定理更深层次的知识。

这里可以简单地解释贝叶斯定理的原理，假设有标记为 a 和 b 的两个事件(有时被称为命题)，每个事件的相关定义如下：

- $p(a)$表示一个无条件的、不考虑事件 b 的事件 a 的先验概率；
- $p(b)$表示一个无条件的、不考虑事件 a 的事件 b 的先验概率；
- $p(a \mid b)$表示在 b 为真的情况下观察到的事件 a 发生的概率，即 $p(b)=1.0$；
- $p(b \mid a)$表示在 a 为真的情况下观察到的事件 b 发生的概率，即 $p(b)$ 147 $=1.0$。

其中，任意事件的概率 p 的取值区间在 $0.0\leqslant p\leqslant 1.0$ 内。事件的概率一般可以根据它们被观察到的频率计算出来，我们将其称之为后验概率，这在处理现实世界的实际问题中很常见。已知的 a 和 b 必须同时发生且不考虑发生顺序，利用乘积法则可知 $a\wedge b=b\wedge a$，这里可以写成：

$$p(a\wedge b)=p(a \mid b)p(b) \tag{5.1}$$

$$p(b\wedge a)=p(b \mid a)p(a) \tag{5.2}$$

注意：a 和 b 两个事件通常不是相互独立的。

由于等式 5.1 和等式 5.2 的左边描述的是相同的事件组合(事件 a 与事件 b 同

时发生)，所以我们可以使用等式 5.1 和等式 5.2 的右边算式来写出下面的方程：

$$p(a \mid b)p(b)=p(b \mid a)p(a) \tag{5.3}$$

将等式 5.3 两边同时除以 $p(b)$，我们就可以得到一个新的等式 5.4，即著名的贝叶斯规则或贝叶斯定理：

$$p(a \mid b)=\frac{p(b \mid a)p(a)}{p(b)},\ p(b)>0 \tag{5.4}$$

等式 5.4 说明了什么？等式的结果 $p(a \mid b)$表示在已知事件 b 发生时，对事件 a 观察到的后验概率。

利用概率论可将该定理扩展到两个以上的事件。但是，由于需要枚举并计算多个公式单元，计算复杂性会呈现迅速的非线性增长。这便是贝叶斯定理的一个缺点：当它应用于具有非常多维度 x_i(这在文本挖掘中非常常见，词汇表中的一个单词代表一个维度)的大特征空间时，计算复杂度会变得非常高。

因此，包括文本挖掘在内的众多现实领域中研究者们使用了一种被称为朴素贝叶斯分类器的解决方法，即使这种方法在数学计算上不太严谨，但最终输出的结果较为成功。在接下来的内容中，我们将对该分类器进行讲解。

我们还可以从这个角度看待问题：让 D 代表一组收集的数据项(在一定时间内所有可用的观测资料)，是集合 H 中的第 i 个假设，该集合中共有 n 个不同假设。这些假设由数据支撑，其中 $1\leqslant i\leqslant n$。

148 那么等式 5.5 可以写成如下形式：

$$p(h_i \mid D)=\frac{p(D \mid h_i)p(h_i)}{p(D)},\ p(D)>0 \tag{5.5}$$

但当数据 D 为已验证证据的情况下，哪一个假设的支持度(即概率值)最高？贝叶斯定理提供了一种计算每个假设 h_i 的后验概率的方法，叫作最大后验概率(maximum a posteriori，MAP)假设 h_{MAP}，其定义如下：

$$h_{\mathrm{MAP}}=\underset{h\in H}{\operatorname{argmax}}\, p(h \mid D) \tag{5.6}$$

将等式 5.5 带入等式 5.6 中，并将分母省略(因为这对于每个公式都是相同的)：

$$p(h_i \mid D)\propto p(D \mid h_i)p(h_i) \tag{5.7}$$

然后，我们可以将等式 5.7 简化为等式 5.6，并将等式 5.6 改写为比例形式：

$$h_{\mathrm{MAP}}\propto\underset{h\in H}{\operatorname{argmax}}\, p(D \mid h_i)p(h_i) \tag{5.8}$$

通过结合所有假设的预测值我们可以获得某个新的、未分类数据的最可能分类，这些假设的预测值由它们的后验概率加权得出。

由此产生了这样的问题：如何将该公式应用到归纳机器学习方法和使用标记样本进行训练的有监督分类中？汤姆·米切尔在他的书中[199]介绍了一个基于后验概率的方法：如果支持 h_{MAP} 的后验概率值为 0.4，而其他两个假设的概率分别为 0.3(总和为 0.6)，则表明其组合后验概率优于 h_{MAP}，h_{MAP} 还不是正确的结果。

5.3　贝叶斯最优分类器

要确定某个假设最可能的分类，就必须结合所有假设的预测值，并根据它们的后验概率加权。假设 C 是大小为 m 的集合，有一个值 c_j，$2 \leqslant j \leqslant$ m，其中 $c_j \in C$。可以通过观测数据 D 找到 c_j 最可能的分类，也就是条件概率 $p(c_j \mid D)$的最大值：

$$p(c_j \mid D) = \sum_{h_i \in H} p(c_j \mid h_i) p(h_i \mid D) \tag{5.9}$$ 149

在这种情况下，通过计算 $p(c_j \mid D)$的最大值可以获得未分类项概率最高的标签：

$$c_j = \underset{c_j \in C}{\operatorname{argmax}} \sum_{h_i \in H} p(c_j \mid h_i) p(h_i \mid D) \tag{5.10}$$

注意：argmax 返回一个类标签，它由计算的条件概率的最高值得出。

5.4　朴素贝叶斯分类器

根据理论，在给定数据和假设的基础上最优的贝叶斯分类器能够提供最佳分类结果。但实际中从计算复杂性的角度来看计算等式 5.9 和等式 5.10 中所有必要组合是非常难以实现的。

在文本挖掘中尤其如此。因为在分类时计算正确类标签受到属性数量的影响，表达这些属性的是社会媒体文本文档中的单词。虽然这样做有助于提高概率计算的准确率，但在收集了大量的训练样本后，我们获得的词汇量可能会非常大——成千上万个唯一词(或一般单词)。

每个单词都有属于每个类别的概率，因此即使有很多例如消除不重要单词等使数据量减少的操作，最终也会产生非常多可能的属性组合。

假设 a_1，a_2，…，a_N 表示给定的属性(词汇表单词)，代入等式 5.8 可以得到最优分类 c_{MAP}：

$$c_{MAP}=\underset{c_j \in C}{\operatorname{argmax}}\, p(a_1, a_2, \cdots, a_N \mid c_j)p(c_j) \tag{5.11}$$

当 N 较大时，计算复杂度取决于等式 5.11 中的项。这是因为属性之间可能存在相互的条件依赖关系，所以我们需要计算所有可能组合的概率。

朴素贝叶斯分类器在计算时假设属性之间不存在相互依赖关系(这也就是我们说的“朴素”，但从理论上看计算方法不太准确)，因此计算过程更加简
150 单，有利于实际使用。我们可以使用一个更简单的方程来确定 c_{MAP}，即 c_{NB} (NB 为 Naïve Bayes)的缩写，即朴素贝叶斯：

$$c_{NB}=\underset{c_j \in C}{\operatorname{argmax}}\, p(c_j)\prod_i p(a_i \mid c_j) \tag{5.12}$$

换句话说，在使用训练数据的属性概率时，只需计算属性的后验概率与分类文本属于某个类的先验概率的乘积。由于理论存在误差，分类结果可能更容易出错，出错程度取决于偏离独立性假设的程度。文献[199]对以上问题作出了更详细的解释，其中还包括了对最优贝叶斯分类器和朴素贝叶斯分类器的介绍。

在实际情况中，属性相互依赖的情况非常少见，因此尽管朴素贝叶斯分类器存在误差，它仍是现今非常受欢迎的一种分类算法，应用于众多领域。但这可能是导致电子邮件错误分类的原因之一，在解释分类结果时需要注意。

5.5 朴素贝叶斯示例

本小节使用七个描述天气的句子作为训练数据，展示朴素贝叶斯分类器是如何分类“好/坏天气”的。

训练数据根据一定规则(例如 warm 比 cold 更加正面)被分类为正面⊕(好天气)或者负面⊖(坏天气)。该数据集仅使用小写字母，用于训练朴素贝叶斯分类器：

1. it is nice weather⊕
2. it is cold⊖
3. it is not very cold⊕
4. not nice⊖
5. very cold⊖
6. cold⊖
7. very nice weather⊕

训练数据被保存成 csv 格式，并以数字表示文档中单词的出现频率：

```
it, is, nice, weather, cold, not, very, class
1,  1,   1,       1,    0,   0,    0,   pos
1,  1,   0,       0,    1,   0,    0,   neg
1,  1,   0,       0,    1,   1,    1,   pos
0,  0,   1,       0,    0,   1,    0,   neg
0,  0,   0,       0,    1,   0,    1,   neg
0,  0,   0,       0,    1,   0,    0,   neg
0,  0,   1,       1,    0,   0,    1,   pos
```
151

通过学习训练数据，分类器需要回答出句子 it is not nice cold at all 属于好天气还是坏天气(正面还是负面)。从语义的角度看，这个句子的意思并不积极，特别是对于喜欢温暖天气的读者来说，因此我们可能会觉得它是比较消极的。但是，配备了基于朴素贝叶斯分类器的电脑会给出怎样的答案呢?

首先，我们需要根据训练样本中单词 $w_i(i=1, 2, \cdots, 7)$在句子中的出现频率计算出无标签句子属于正面或负面的概率。

w_1=it：在$\oplus$中出现 2 次，$\ominus$中出现 1 次，总共出现 3 次；

w_2=is：在$\oplus$中出现 2 次，$\ominus$中出现 1 次，总共出现 3 次；

w_3=nice：在$\oplus$中出现 2 次，$\ominus$中出现 1 次，总共出现 3 次；

w_4=weather：在$\oplus$中出现 2 次，$\ominus$中出现 0 次，总共出现 2 次；

w_5=cold：在$\oplus$中出现 1 次，$\ominus$中出现 3 次，总共出现 4 次；

w_6=not：在$\oplus$中出现 1 次，$\ominus$中出现 1 次，总共出现 2 次；

w_7=very：在$\oplus$中出现 2 次，$\ominus$中出现 1 次，总共出现 3 次。

词汇表中包含了 7 个唯一词，分别是 it、is、nice、weather、cold、not、very。而训练数据集包含了 7 条句子总共 20 个单词(其中 12 个词来自正面句子，8 个来自负面句子)，一些单词重复了多次。

很明显，需要被分类的句子 it is not nice cold at all 中包含了两个没有在训练数据中出现过的单词 at 和 all。对于这种情况，我们一般忽略这些词汇，只考虑在训练数据中出现过的词。

如果分类结果符合预期，我们可以利用新增加的有标签样本来继续训练分类器，以此扩展相应词汇。这种过程常被用于半监督学习中，通过逐步构建更大的训练集使分类器的分类结果更加精确。

在当前的任务中，去除掉 at 和 all 后我们需要考虑 it is not nice cold 的分类。

152 假设单词的出现是相互独立的，根据训练样本中的单词在词汇表中的统计值，朴素贝叶斯分类器可以计算未分类句子属于$\oplus$或$\ominus$的概率，并最终给出该句子的分类标签：

$$p_{NB_+}(\text{it, is, not, nice, cold} \mid \oplus)$$
$$= p(\text{it} \mid \oplus)p(\text{is} \mid \oplus)p(\text{not} \mid \oplus)p(\text{nice} \mid \oplus)p(\text{cold} \mid \oplus)$$

以及

$$p_{NB_-}(\text{it, is, not, nice, cold} \mid \oplus)$$
$$= p(\text{it} \mid \ominus)p(\text{is} \mid \ominus)p(\text{not} \mid \ominus)p(\text{nice} \mid \ominus)p(\text{cold} \mid \ominus)$$

7 个句子中有 3 个是正面的，句子属于$\oplus$类的先验概率 $p(\oplus)=3/7=0.429$。7 个句子中有 4 个是负面的，属于$\ominus$类的先验概率 $p(\ominus)=4/7=0.571$。

通过单词的出现频率我们可以计算出所有已知概率，$c_1=\ominus$和 $c_2=\oplus$的分类权重 $\gamma_{NB}(\ominus)$和 $\gamma_{NB}(\oplus)$，其中 c_1，$c_2 \in C=\{c_1=\ominus, c_2=\oplus\}$，根据朴素贝叶斯的计算公式 5.12 可以得到：

$$\gamma_{NB}(\oplus)=p(\oplus)p(\text{it} \mid \oplus)p(\text{is} \mid \oplus)p(\text{not} \mid \oplus)p(\text{nice} \mid \oplus)p(\text{cold} \mid \oplus)$$
$$=3/72 \cdot 2/12 \cdot 2/12 \cdot 1/12 \cdot 2/12 \cdot 1/12$$
$$\doteq 0.429 \cdot 0.167 \cdot 0.167 \cdot 0.08 \cdot 0.167 \cdot 0.08 \doteq 0.00001279$$

以及

$$\gamma_{NB}(\ominus)=p(\ominus)p(\text{it} \mid \ominus)p(\text{is} \mid \ominus)p(\text{not} \mid \ominus)p(\text{nice} \mid \ominus)p(\text{cold} \mid \ominus)$$
$$=4/7 \cdot 1/8 \cdot 1/8 \cdot 1/8 \cdot 1/8 \cdot 3/8$$
$$\doteq 0.571 \cdot 0.125 \cdot 0.125 \cdot 0.125 \cdot 0.125 \cdot 0.375 \doteq 0.00005228$$

因此，分类结果是：

$$C_{NB}=\underset{c_j \in C}{\text{argmax}}[\gamma_{NB}(\ominus), \gamma_{NB}(\oplus)]$$
$$=\underset{\{c_1=\ominus, c_2=\oplus\}}{\text{argmax}}(5.228 \cdot 10^{-5}, 1.279 \cdot 10^{-5})=\ominus$$

因为 $\gamma_{NB}(\ominus)>\gamma_{NB}(\oplus)$，无标记的句子被分类为$\ominus$，这与我们的预期相同。在这个示例中，需要注意的是计算出的 $\gamma(.)'$并不是直接的分类结果，而是权重数值，因此我们可以知道假设 c_{NB}：$p(.)\neq\gamma(.)$，但是 $p(.)\propto\gamma(.)$。

153 如果需要将 $\gamma_{NB}(.)'$表示为 $p_{NB}(.)'$，可以将两个输出数值 $\gamma_{NB}(.)$在封闭概率区间[0.0，1.0]内进行规范化：

$$p_{NB}(\ominus)=\frac{\gamma_{NB}(\ominus)}{\gamma_{NB}(\oplus)+\gamma_{NB}(\ominus)}$$

以及

$$p_{NB}(\oplus)=\frac{\gamma_{NB}(\oplus)}{\gamma_{NB}(\oplus)+\gamma_{NB}(\ominus)}$$

将数值带入公式可得到最终的概率值。在这种情况下，坏天气发生的概率大约是好天气的四倍，这也间接证明了我们刚才计算出的结果：

$$p_{NB}(\ominus)=\frac{0.00005228}{0.00005228+0.00001279}\doteq 0.8034$$

$$p_{NB}(\oplus)=\frac{0.00001279}{0.00005228+0.00001279}\doteq 0.1966$$

$$p_{NB}(\ominus)+p_{NB}(\oplus)=0.8034+0.1966=1.0$$

我们可以看到，两个事件都有可能发生，但又不能完全确定，因为 $p_{NB}(\oplus)$ 和 $p_{NB}(\ominus)$ 都不等于 1.0。因此，结果是不确定的，研究者必须确定选择哪个值。在现实中，一般会选择概率最高的事件输出；但即使系统输出的大部分结果是正确的，它也有可能出现分类错误的情况。如果 $p_{NB}(\ominus)=p_{NB}(\oplus)$，则随机选择类别，因为这种情况具有最高的不确定性。

常用电子邮件的用户应该对这种情况体会较多。电子邮件系统的垃圾邮件分类器会出现分类错误的情况，这是由于非垃圾邮件和垃圾邮件通常会共享许多单词和短语，就像上面的示例，而词袋表示法将句子中的单词分隔开来，没有考虑词之间的相互关系，导致了结果的不确定性。单词 bad（或者 nice 等）既可以是积极的，也可以是消极的，即使把它们的所有组合概率计算出来也不能完全消除其不确定性。这对人类来说有时也难以区分。

总之，使用把多个单个概率相乘来计算总体概率的方法容易产生数据下溢的风险，特别是当我们对词汇数量很多的文本文档做分类时。在这种情况下，单词的平均概率非常低，因此很多数据挖掘工具在计算时会对概率值取对数使其转变为求和运算，而不是乘法运算。

5.6 R 中的朴素贝叶斯分类器

R 中提供了朴素贝叶斯分类器的多种实现方法，其中一个就是 naive-
bayes。本节会简要介绍 naivebayes 并通过一个示例演示如何使用它进行文 154
本挖掘。

5.6.1 在 RStudio 中运行朴素贝叶斯分类器

示例用到的输入文件为 BookReviews1000.csv，该文件包含了 1000 个用于训练和测试的样本。为了简单起见，我们将其和代码放在同一个目录下。

第一步，启动 RStudio 并打开 R-code。点击 RStudio 中的 Session 菜单后，选择 Set Working Directory 中的 To Source Location 来定义工作目录。这个目录用于保存输入数据及输出结果。

通过控制台(Console)也可以设置工作目录：

```
>setwd("D：/R Book/Naive Bayes")
```

单击 Source 可以运行源代码。

如果从未使用过 naivebayes，可能会出现一条红色的错误信息：

```
Error in library (naivebayes)：there is no package
called 'naivebayes'
```

这可能是因为 R 的安装目录(library)中没有该包。出现该报错时我们需要安装 naivebayes。步骤非常简单，如图 5.1 所示：

①点击 Packages

②点击 Install

③在弹出窗口中写入要安装的包名 naivebayes

④如果没有默认勾选 Install dependencies，请手动勾选

⑤在弹出窗口中单击 Install

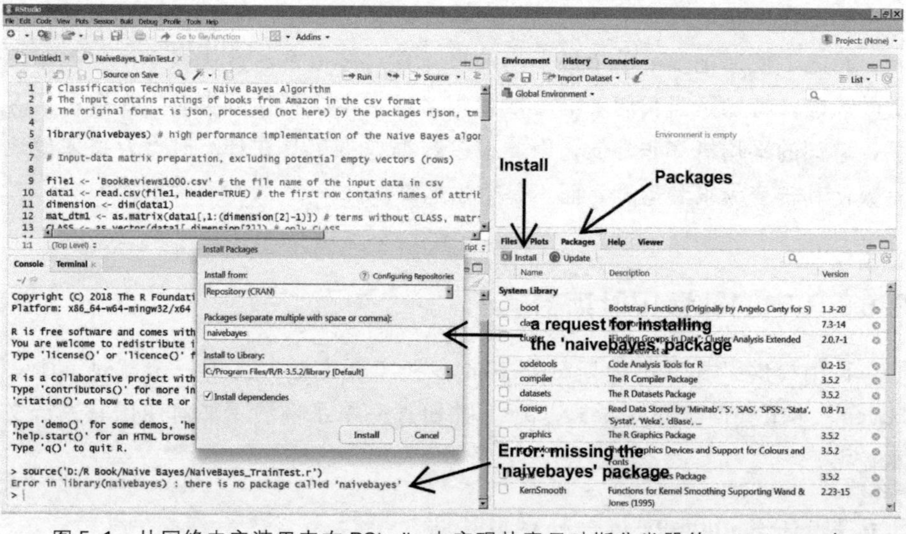

图 5.1　从网络中安装用来在 RStudio 中实现朴素贝叶斯分类器的 naivebayes 包

执行以上步骤后，系统会自动安装该包。在 RStudio 的 System Library

标签下可以看到所有已安装包的列表。安装成功后，就可以按照下述步骤运行朴素贝叶斯分类器了。需要注意的是，当一行代码超过可用页面宽度时可以换行，换行后的部分需要进行缩进，用于区别于控制台消息、R 代码及注释，但实际上这些代码只算一行。

5.6.2 使用外部数据集测试 156

本节将简单演示在 R 中如何利用外部数据集构建和测试训练后的朴素贝叶斯分类器。我们从包含了 1000 个样本的矩阵中随机抽取 100 个正、负面样本用作测试样本，剩下 900 个样本用作训练样本。矩阵中的每一行都代表一个随机选择的样本，从分类角度看，样本的分类序列是随机的，因此不需要再次随机取样。测试样本中正面样本 48 个，负面样本 52 个，训练样本中正面样本 452 个，负面样本 448 个，这个比例几乎达到理想了的 50%∶50%。

下面是 R 示例代码：

```
library(naivebayes)

#载入数据
data<- read.csv("BookReviews.csv", header = TRUE)

#将数据转换为矩阵
dtm<- as.matrix(data)

#删除对象数据(现在不需要了)
rm(data)

#实例的数量
n<- dim(dtm)[1]

#属性的数量
m<- dim(dtm)[2]

# 对 100 个测试样本进行编号
number_of_test_samples<- 100
test_index<- sample(n, number_of_test_samples)

#选择训练样本
```

```
train_data<-dtm[-test_index, 1:(m-1)]
train_labels<-dtm[-test_index, m]
#选择测试样本
test_data<-dtm[test_index, 1:(m-1)]
test_labels<-dtm[test_index, m]

#训练朴素贝叶斯模型
nb_model<-naive_bayes(x=train_data, y=train_labels)

157 #对测试数据类别进行预测
predictions<-predict(nb_model, test_data, type="class")

#创建混淆矩阵
cm<-table(test_labels, predictions)
print("Confusion matrix")
print(cm)

#实例的数量
n<-sum(cm)

#每个类别中被正确分类的实例的数量
correct<-diag(cm)

#每个类别中实例的数量
instances_in_classes<-apply(cm, 1, sum)

#每个类别预测的数量
class_predictions<-apply(cm, 2, sum)

#准确率
accuracy<-sum(correct)/n

#每个类别的精确率
precision<-correct/class_predictions

#每个类别的召回率
recall<-correct/instances_in_classes
```

```
#每个类别的 F1 值
f1<-2 * precision * recall / (precision + recall)

#打印所有类的信息
df<-data.frame(precision, recall, f1)
print("Detailed classification metrics")
print(df)
print(paste("Accuracy: ", accuracy))

#宏平均
print("Macro-averaged metrics")
print(colMeans(df))
```

158

```
#微平均
print("Micro-averaged metrics")
print(apply(df, 2, function (x)
                weighted.mean(x, w = instances_in_classes)))
```

成功运行后，控制台的输出内容如下：

```
[1] "Confusion matrix"
            predictions
test_labels   0   1
          0  38  14
          1   9  39
[1]  "Detailed classification metrics"
  precision      recall          f1
0 0.8085106   0.7307692   0.7676768
1 0.7358491   0.8125000   0.7722772
[1]  "Accuracy: 0.77"

[1]  "Macro-averaged metrics"
precision         recall          f1
0.7721798      0.7716346   0.7699770

[1]  "Micro-averaged metrics"
```

```
precision       recall          f1
0.7736331    0.7700000    0.7698850
```

5.6.3 十折交叉验证测试

第二个示例使用了相同的数据，通过标准的十折交叉验证来逐步测试分类器的准确率。

十折交叉验证总共有 10 个步骤，每个步骤选取 10%的样本进行测试，剩余 90%的样本进行训练，因此每个样本会分别参与两种测试。每个步骤均计算分类性能指标，所有步骤中的 10 个测量值的平均值为该指标的最终值。为了简单起见，这个示例只计算了准确率(accuracy)及平均标准误差(the standard error of the mean，SEM)，该误差在统计学中用于表示从数据总体中随机选择的不同测试样本的平均误差(总体的泛化误差)。

下面给出了 R 中的示例代码。交叉验证测试的代码与使用测试集进行测
159 试的代码非常相似，只是将相同的步骤(选择数据、构建模型、使用模型、评估模型)重复了十次。但每次迭代都会通过不同的训练数据和测试数据计算分类性能指标及其平均值。为了防止代码过多重复，以下示例中没有展示关于交叉验证测试的代码。

```
library(naivebayes)


#用于计算平均值的标准误差的函数
sem<- function(x) sd(x)/sqrt(length(x))


#载入数据
data<- read.csv("BookReviews.csv", header = TRUE)


#将数据转换为矩阵
dtm<- as.matrix(data)


#用于计算平均值的标准误差的函数
rm(data)


#实例的数量
n<- dim(dtm)[1]
```

```
#属性的数量
m<-dim(dtm)[2]

#十折交叉验证
number_of_folds<-10

#通过 1，2，...，10 标记这 10 次验证中使用的样本
folds<-cut(1:n, breaks=number_of_folds, labels=FALSE)

#向量及准确率
accuracies<-rep(0, times=number_of_folds)

for (i in 1:number_of_folds){
    # 根据标记选择样本数据
    test_index<-which(folds==i, arr.ind=TRUE)

    # 选择训练数据
    train_data<-dtm[-test_index, 1:(m-1)]
    train_labels<-dtm[-test_index, m]

    #选择测试数据 160
    test_data<-dtm[test_index, 1:(m-1)]
    test_labels<-dtm[test_index, m]

    # 训练朴素贝叶斯模型
    nb_model<-naive_bayes(x=train_data, y=train_labels)

    # 对测试数据的类别进行预测
    predictions<-predict(nb_model, test_data, type="class")

    # 创建混淆矩阵
    cm <-table(test_labels, predictions)

    #每个类别中被正确分类的实例的数量
    correct<-diag(cm)

    # 每个类的预测数量
```

```
    class _ predictions<- apply(cm, 2, sum)

    # 准确率
    accuracy<- sum(correct)/sum(cm)

    # 精确率
    precision<- correct/class _ predictions

    #打印结果
    cat("Cross-validation fold：", i, "\n",
        " Accuracy：", accuracy, "\n",
        " Precision(positive)：", precision["1"], "\n",
        " Precision(negative)：", precision["0"], "\n",
        sep = "")

    #存储该次交叉验证的准确率
    accuracies[i]<- accuracy
}
# 打印交叉验证的汇总结果
cat("Average Accuracy：",
    round(sum(accuracies)/number _ of _ folds * 100, 1), "% \n",
    "SEM：", round(sem(accuracies) * 100, 2),
    sep = "")
```

161 成功运行后控制台的输出内容如下：

```
Cross-validation fold：1
 Accuracy：0.75
 Precision(positive)：0.6666667
 Precision(negative)：0.8478261
Cross-validation fold：2
 Accuracy：0.67
 Precision(positive)：0.6792453
 Precision(negative)：0.6595745
Cross-validation fold：3
 Accuracy：0.68
 Precision(positive)：0.6521739
```

```
 Precision(negative) : 0.7419355
Cross-validation fold : 4
 Accuracy : 0.75
 Precision(positive) : 0.6909091
 Precision(negative) : 0.8222222
Cross-validation fold : 5
 Accuracy : 0.67
 Precision(positive) : 0.6323529
 Precision(negative) : 0.75
Cross-validation fold : 6
 Accuracy : 0.67
 Precision(positive) : 0.6470588
 Precision(negative) : 0.71875
Cross-validation fold : 7
 Accuracy : 0.64
 Precision(positive) : 0.5409836
 Precision(negative) : 0.7948718
Cross-validation fold : 8
 Accuracy : 0.67
 Precision(positive) : 0.6515152
 Precision(negative) : 0.7058824
Cross-validation fold : 9
 Accuracy : 0.64
 Precision(positive) : 0.6229508
 Precision(negative) : 0.6666667
Cross-validation fold : 10
 Accuracy : 0.66
 Precision(positive) : 0.6716418
 Precision(negative) : 0.6363636
 Average Accuracy : 68 %
SEM : 1.24
```

162

测试结果可用于对模型进行解释和总结。在这个示例中使用由训练样本创建的特定朴素贝叶斯模型对十次中的每一次测试子集进行分类，获得的平均的标准误差(the standard error of the mean，SEM)，即所有个体随机选择的平均分类误差(每个选择具有不同的误差均值)仅为 1.24%。当 SEM 的值较小时，表明创建的模型足够稳定，对不同的数据样本不会过于依赖。

从单次交叉验证结果可以明显看出，模型对负面数据的分类错误率更低，甚至对测试集子集的分类结果也是如此。这个结论在本次文本挖掘中很有意义，后续研究者可以继续分析这种现象产生的原因等问题。

通过对这两类数据中的单词和短语进行更深入研究，我们可以发现样本数据中正面评论彼此之间差异性较大(读者喜欢的书籍具有多样性)，而负面评论在读者不喜欢的方面则更相似。因此训练使用的数据较难概括所有正面评论，这可能是导致上述问题的原因。在实验中，可以将“正面”评论可分成几个更同质的组。

另一方面，如果出现数据集不平均的现象，例如一本书的负面评价比正面评价多95%，则表明读者对这本书的接受程度及兴趣不高，该书的新版收益会很低，将会无法达到预期。

第 6 章

最近邻

6.1 简 介 163

与贝叶斯规则不同，k-NN(k Nearest Neighbors，k 邻近值)系列算法不使用概率论。它也是较为出现较早的算法之一，被成功应用于很多实际领域中，虽然有时结果差强人意。

k-NN 算法将相似的物品归属于同一类，这是基于相似度计算的。该算法训练过程快且简单，只需要收集并存储每个分类标记样本的数量就完成了训练阶段。这是 k-NN 的一大优势，也是 k-NN 被归入懒惰算法的原因之一。文献[76]中详细讨论了 k-NN。

在分类过程中，k-NN 在处理待分类的未标记样本时，找到与其最相似的 k($k \geqslant 1$)个标记样本，并依次给该样本分配合适的标签。与训练阶段不同的是，在分类阶段 k-NN 需要花费大量时间来确定每个存储样本与被分类样本的相似度，因此在计算上往往很复杂，且要求更高。训练样本越多意味着可以获得的分类信息越多，但也因此需要更多的计算，算法的计算复杂度随样本数量及维数的增多呈现非线性增长。

6.2 通过距离计算相似度 164

如果未标记样本 x_i 与某个确定标记的样本 s_j 最相似，那么 x_i 应该被标记为 s_j：$s_j \in C_l$，$x_i \sim s_j \rightarrow \in C_l$。换句话说，$C_l \subset C_l \cap x_i$，其中 C_l 是样本所属类别之一，元素 s_j 是 x_i 的最近邻居。

这个算法很简单，但问题是如何计算相似性。在 n 维空间中，可以采用几种计算两个点(n 维空间中的单个样本)间距离的方法来表示相似度。根据样本所属的空间性质，我们可以采用多种计算距离的方法。

欧几里得距离：这是众所周知并经常使用的一种距离计算方法，也叫欧氏距离。该方法以几何学的创始人欧几里得的名字命名。欧几里得距离是欧氏空间中两点之间的直线距离，欧氏空间是二维平面和三维空间，也是笛卡尔坐标系中的 n 维超平面。为了计算点 A(在 n 维坐标系上的坐标为 a_1，a_2,...，a_n)与点 B(坐标为 b_1，b_2,...，b_n)之间的欧氏距离 d_E，可以使用我们非常熟悉的公式：

$$d_E(A, B)=\sqrt{(a_1-b_1)^2+(a_2-b_2)^2+\cdots+(a_n-b_n)^2}$$
$$=\sqrt{\sum_{i=1}^{n}(a_i-b_i)^2} \qquad (6.1)$$

曼哈顿距离：两点之间的距离是两者笛卡尔坐标的绝对差之和，是欧氏距离的一种替代方案。在曼哈顿距离 d_M 计算中，两点只能以相互垂直的轴线进行连接，这与在纽约曼哈顿区的街道上行走时计算距离的方法相似，因此该距离计算方式以“曼哈顿”命名。

$$d_M(A, B)=|a_1-b_1|+|a_2-b_2|+\cdots+|a_n-b_n|=\sum_{i=1}^{n}|a_i-b_i| \qquad (6.2)$$

汉明距离：这是一种用于计算两个等长字符串(或向量)之间距离的简单方法，该方法计算两个字符串在对应位置上不同字符的个数，字符越不同，字符串就越不相似(或距离越远)。当文档中所有的词使用二值型表示，并使用相同的联合词汇表(保证所需的向量长度相同)时，该方法还可以用于确定这些二进制文档(使用符号 1 和 0 来表示的文档，当一个词在文档出现时，距离值为 1，未出现时距离值为 0)的相似性。汉明距离以数学家理查德·韦斯利·汉明的名字命名。

165 马哈拉诺比斯距离：该方法用协方差矩阵来测量点到分布均值的距离，以印度统计学家普拉萨塔·钱德拉·马哈拉诺比斯的名字命名。马哈拉诺比斯距离是统计学中常使用的距离计算方法在表示训练文档的点间相关性时非常有用。

余弦距离：在文本挖掘中，这种相似性计算方式经常用于比较字数差别很大的文档。例如，将文章摘要和文章本身相比较或将短评与表达相同观点的长评相比较。在这些情况下很难通过标量的频率表示法(点的坐标)来计算相似性，因此可以将每个文档当作一个非零向量，从坐标系原点指向其端点，两个向量的相似性通过向量对之间的夹角来衡量。如果两个向量间的夹角为零，则认为它们是相同的，因为 cos(0°)等于 1.0(或 100%相似)。如果 $\alpha=90°$，那么 cos(90°)等于 0.0(或完全不同)。如果 $0<\alpha<90°$，则其相似性介于两者之间。注意，任何距离或频率都不可能是负的，因此不使用负余弦值。

计算两个向量 x_j 和 x_k 的余弦相似度可以使用以下公式：

$$\cos(\alpha)=\frac{x_j \cdot x_k}{\| x_j \| \| x_k \|}=\frac{\sum_{i=1}^{n} x_j \cdot x_k}{\sqrt{\sum_{i=1}^{n} {x_{ji}}^2}\sqrt{\sum_{i=1}^{n} {x_{ki}}^2}} \tag{6.3}$$

图 6.1 演示了一个非常简单的例子。该例子中有三个文档 doc_1、doc_2 和 doc_3。为简单起见，限制词汇空间只有两个单词 w_i 和 w_j，它们在文档中的频率表示分别是 f_{w_i} 和 f_{w_j}。从图中可以看出，文档 doc_1 和 doc_2 中两个单词频率的绝对值不同，但 f_{w_i} 与 f_{w_j} 的比率几乎相同。如果使用欧几里得距离 166
计算文档间的相似性，可以看出这些文件距离较远，是不相同的。

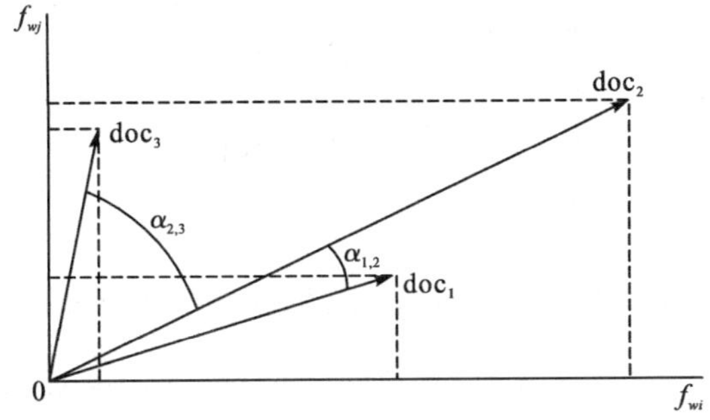

图 6.1　用向量表示的文档之间的余弦距离(相似度)示意图(该示例中将向量空间简化成二维；文档中只包括了单词 w_i 和单词 w_j)

相反，从余弦相似度的角度来看，它们非常接近，因为它们之间的夹角 $\alpha_{1,2}$ 相当小。文档 doc_3 只包含少量的单词 w_i，而且 doc_3 的词频率 $f_{w_i}:f_{w_j}$ 与 doc_1 和 doc_2 的词频率都不同，这也是 $\alpha_{2,3}$ 角度较大且与欧氏观点差异较大的原因。

感兴趣的读者可以阅读文献[156]和[212]，这些资料对各种距离及相似度计算做了更详细深入的描述。

6.3 *k*-NN 的说明示例

本节通过一个简单的数据集来说明 k-NN 算法在分类问题中的应用，该数据集包括七个与天气描述相关的文本文档(与 5.5 节示例相同)。在每个文档中，词汇表中七个单词的频率表示文档在七维抽象空间中的坐标(七个属性/变量分别对应 w_1=it，w_2=is，…，w_7=very)。七个训练文档各表示为该空间中的一个点，该点以其类名(pos 或 neg)标记。

已分类文档在空间中的位置是已知的，因此我们可以找到距离未分类文档最近的已分类文档，然后将该分类文档的类别分配给未分类文档。

添加序号后的训练数据集：

```
No. it, is, nice, weather, cold, not, very, class
 1. 1,  1,   1,      1,     0,   0,   0,   pos
 2. 1,  1,   0,      0,     1,   0,   0,   neg
 3. 1,  1,   0,      0,     1,   1,   1,   pos
 4. 0,  0,   1,      0,     0,   1,   0,   neg
 5. 0,  0,   0,      0,     1,   0,   1,   neg
 6. 0,  0,   0,      0,     1,   0,   0,   neg
 7. 0,  0,   1,      1,     0,   0,   1,   pos
```

需要被分类的文档如下(“?”表示该文档的类别是未知的)：

```
    1,  1,   1,      0,     1,   1,   0,   ?
```

167 如无特殊理由，我们可以在欧几里得空间中计算未分类样本与已分类样本间的距离，然后将距离最近样本的标签分配给未分类样本。由于训练数据集较为简单，这里的频率数值只有 0 或 1，但这并不影响结果。

第一个训练文档到未分类文档的欧氏距离 d_1 为：

$$\sqrt{(1-1)^2+(1-1)^2+(1-1)^2+(0-1)^2+(1-0)^2+(1-0)^2+(0-0)^2}$$
$$=\sqrt{3}\approx 1.73$$

我们可以使用同样方法计算剩余六个训练文档到未分类文档的欧氏距离，计算得出，从第二个训练文档到第七个训练文档依次为 $d_2=1.41$，$d_3=1.41$，$d_4=1.73$，$d_5=2.24$，$d_6=2.0$，$d_7=2.45$。

显然，距离未分类文档最近的训练样本是第二个文档和第三个文档，但这两个文档来自不同的类。

所以，使用 1 - NN 或者 2 - NN 所获得的结果并不理想，我们仍旧无法判断测试数据的分类。3 - NN 也是如此，使用 3 - NN 后发现第一个和第四个文档到未分类文档的距离相同，都为 1.73。因此可以考虑 5 - NN。在加上距离为 2.0、标签为负面的第六个文档后，现在有两个正面文档，三个负面文档，因此该文档被分类为负面文档。

由于数据中单词的频率只有 0 和 1，所以可以使用更简单的二进制表示和汉明距离计算方法。

显然，未标记文档与文档 1 到 7 之间的距离 d 分别为 3、2、2、3、5、4、6。与未标记文档最接近的样本是第二个样本($d=2$，neg)和第三个样本($d=2$，pos)，但他们的标签不同，仍无法判断结果。第一个样本文档(pos)和第四个样本文档(neg)的距离 d 均为 3，也无法判断。因此只能加入 $d=4$ 的第六个文档(neg)，此时类别比为 3 neg：2 pos，未标记文档的标签应是 neg，该文档被分类为页面文档。

这个示例也说明了使用 k-NN 时，研究者很难预先确定 k 的值。在实践中经常需要通过多次实验才能确定最近邻的正确数量。

一开始时研究者必须先计算未分类点和已分类点间的所有距离，再按大小进行排序，用于决策。

如果当最近邻 k 较小时结果不理想，就需要增大给未标记点选取标签的范围，即增加 k 的值。但如果增大后不同类的数量仅略微改变，则需谨慎一点。因为即使结果正确，像 50∶51($k=101$)这样的结果实际也是低于 2∶1 ($k=3$)或 3∶2、4∶1 ($k=5$)的。但这也取决于我们要解决的问题及选取的数据类型。我们在试验中也可以考虑使用其他算法。

对最近邻的选择可能会受到坐标轴刻度的影响。如果想要排除该因素的干扰，建议将轴上的刻度归一化，例如区间[0，1]： 168

$$_i=\frac{x_i-\min(x_i)}{\max(x_i)-\min(x_i)},$$

其中 $_i$ 是归一化处理后的 x_i，$\min(x_i)$为训练样本在给定轴上的最小值，$\max(x_i)$为最大值。图 6.2 显示对分类实例坐标轴进行归一化后的结果，图中通过“?”标记未分类样本。在归一化后，未分类样本的标签从 B 修正为 A。可以通过测试程序决定是否需要做归一化处理。

在使用像 k-NN 这类算法时需要考虑一些其他问题，比如高维空间对分类结果产生的影响，或者在高维空间中与分类相关的属性(词项)可能会被大量无关属性(词项)覆盖等，如文献[96]所述。

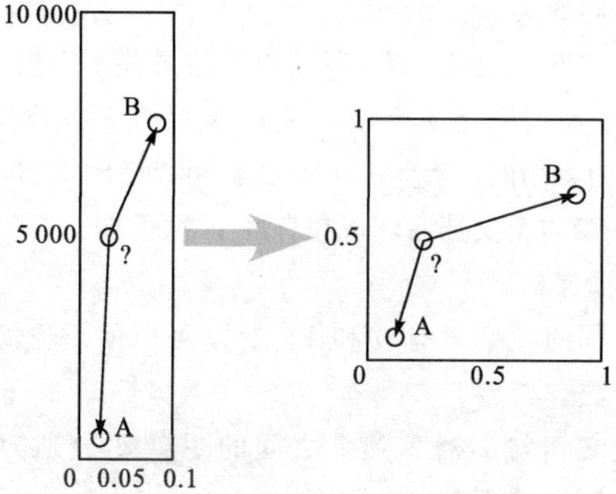

图 6.2 横纵坐标比例不同(左)可能会导致最近邻识别错误，归一化处理(右)可以解决该问题

6.4 R 中的 *k*-NN

下面的两个示例演示了如何在数据集 BookReviews.csv 上简单应用 *k*-NN 算法。R 中用于分类的库叫作 class，其中 *k* 的值默认是 1。但研究者也可以
169 尝试修改 *k* 的值来看是否会提高分类准确度，以产生更好的会分类结果。第一个示例从包含了 100 个样本的测试集中选取训练样本和测试样本：

```
library(class)

# 载入数据
data<- read.csv('BookReviews.csv', header = TRUE)

# 将数据转换为矩阵
dtm<- as.matrix(data)

# 删除对象数据(现在不需要了)
rm(data)

# 实例的数量
n<- dim(dtm)[1]

# 特征数量
m<- dim(dtm)[2]
```

```r
# 对 100 个测试样本进行编号
number_of_test_samples <- 100
test_index <- 1:number_of_test_samples

# 选择训练样本
train_data <- dtm[-test_index, 1:(m-1)]
train_labels <- dtm[-test_index, m]

# 选择测试样本
test_data <- dtm[test_index, 1:(m-1)]
test_labels <- dtm[test_index, m]

# 训练 k-NN 模型
knn_model <- knn(train_data, test_data, train_labels, k=1)

# 生成混淆矩阵
cm <- table(test_labels, knn_model)
print("Confusion matrix")
print(cm)

# 实例数量 170
n <- sum(cm)

# number of correctly classified instances for each class
correct <- diag(cm)

# 每个类别中实例的数量
instances_in_classes <- apply(cm, 1, sum)

# 每个类别预测的数量
class_predictions <- apply(cm, 2, sum)

# 准确率
accuracy <- sum(correct)/n

# 每个类别的精确率
```

```
precision<- correct/class _ predictions

#每个类别的召回率
recall<- correct/instances _ in _ classes

#每个类别的 F1 值
f1<- 2 * precision * recall / (precision + recall)

#打印所有类别的信息
df<- data.frame(precision, recall, f1)
print("Detailed classification metrics")
print(df)
print(paste("Accuracy : ", accuracy))

#宏平均
print("Macro-averaged metrics")
print(colMeans(df))

#微平均
print("Micro-averaged metrics")
print(apply(df, 2, function (x)
            weighted.mean(x, w = instances _ in _ classes)))
```

171 运行成功后控制台的输出如下：

```
[1] "Confusion matrix"
           knn _ model
test _ labels  0  1
           0 35 22
           1 15 28

[1] "Detailed classification metrics"
  precision    recall        f1
0      0.70 0.6140351 0.6542056
1      0.56 0.6511628 0.6021505
[1] "Accuracy : 0.63"
```

```
[1] "Macro-averaged metrics"
precision    recall        f1
0.6300000 0.6325989 0.6281781

[1] "Micro-averaged metrics"
precision    recall        f1
0.6398000 0.6300000 0.6318219
```

使用交叉验证测试的 k-NN 分类输出如下：

```
Cross-validation fold：1
 Accuracy：0.64
 Precision(positive)：0.5714286
 Precision(negative)：0.7058824
Cross-validation fold：2
 Accuracy：0.59
 Precision(positive)：0.6222222
 Precision(negative)：0.5636364
Cross-validation fold：3
 Accuracy：0.56
 Precision(positive)：0.5957447
 Precision(negative)：0.5283019
Cross-validation fold：4
 Accuracy：0.55
 Precision(positive)：0.5102041
 Precision(negative)：0.5882353
Cross-validation fold：5
 Accuracy：0.56
 Precision(positive)：0.5686275
 Precision(negative)：0.5510204
Cross-validation fold：6
 Accuracy：0.58
 Precision(positive)：0.5901639
 Precision(negative)：0.5641026
Cross-validation fold：7
 Accuracy：0.58
 Precision(positive)：0.4878049
```

172

```
 Precision(negative): 0.6440678
Cross-validation fold: 8
 Accuracy: 0.62
 Precision(positive): 0.6470588
 Precision(negative): 0.5918367
Cross-validation fold: 9
 Accuracy: 0.5
 Precision(positive): 0.5111111
 Precision(negative): 0.4909091
Cross-validation fold: 10
 Accuracy: 0.51
 Precision(positive): 0.6052632
 Precision(negative): 0.4516129
Average Accuracy: 56.9 %
SEM: 1.38
```

可以发现，这两种训练和测试方法最终会带来不同的测试结果。这也表明所选的分类器无法从所选数据中获得足够的知识。我们可以深入分析其中原因，比如在训练数据数量充足的前提下数据是否具有代表性、选中的分类算法是否适合该任务或者是否需要换一种算法。

第 7 章

决策树

7.1 简　介 173

决策树是一种树状的无环连通图，研究者可以在数学分支图理论（graph theory）中找到更详细的介绍（如文献[238，105]），此处不再赘述。树结构在计算机科学和信息学中有着广泛的应用，例如用树表示层次数据结构。

根有向树（rooted directed tree）是目前流行的传统机器学习工具之一，在根有向树中，树的边从根节点指向另一棵（子）树或叶子节点。

根节点到叶子节点的路径被称为树的分支，叶子节点是路径的终端节点。一般情况下一棵树可以由任意数量的子树组成，由此建立层次结构。

研究者可以利用根有向树创建分而治之（divide and rule）的模型，这是树在解决分类任务的机器学习算法中流行的原因之一。另外，如果不过度泛化，决策树能够以较容易被理解的方式表示知识：树的分支可以被视作规则，叶子通过组合属性值（词项）来提供答案组合（即每个节点都有为属性值和该节点的分支节点进行的特定测试）。每个分支不是去往另一个更低的节点（子树）就是去往被称为叶子节点的终端节点。如果使用树的方法进行分类，则每个叶子节点都包含一个类的标签，根据节点属性值的具体组合来描述分类项的类别。

一般来说，一个问题可能会产生多棵备选树，甚至所有树都可能提供相 174
同的结果。一般来说，若有多个不同的树，我们计算时通常会选择分类错误最小的树。如果有多棵树的分类错误相同（或没有错误），那么就选择结构最简单的树。这遵循实用的奥卡姆剃刀规则（Occam's razor rule）：越简单的解释越可能是正确的，避免不必要或不可能的假设。节点越少意味着该树越简单。

我们需要尽量选择错误较低（或没有错误）的树。如何去找到这样的树呢？

我们可以通过创建多个可能的树(从树根中不同的属性测试开始)来筛选出更好的，这是一项有趣的任务。

实际上，由于训练数据不足、类之间的非线性边界(树通过与属性轴平行的超平面将问题空间分割成子空间)等问题，我们并不是每次都能找到一个分类错误为零的树。

在这种情况下，我们需要接受这种不完美的分类器，或者寻找其他更合适的算法。另一方面，当利用决策树算法给出多个分类树后，根据奥卡姆剃刀规则，我们更倾向于选择其中比较简单的一个。这意味着需要寻找能够解决给定分类问题的最简单的树。在机器学习中可以找到一些解决方案，有关示例请参见文献[36]。本章主要讨论 *C5* 树(*C5 - tree*)算法，这是一种广泛使用的树生成方法，它采用了一个被称为熵最小化的概念来寻找最简单的树。

7.2 基于 *C5* 算法的熵最小化

简而言之，信息学中的熵(entropy)的概念总与混乱(chaos)概念一同出现，这意味着一个集合中可能包含了多个不同类别的词。我们的目标是将集合分割成子集，每个子集只包含一个类，使子集的熵为零，或者说没有混乱。在一个具有最大熵的集合中，不同类别的元素的出现次数相同。

7.2.1 生成树的原理

约翰·罗斯·昆兰(John Ross Quinlan)认为可以通过熵最小化来整理这些混乱的元素，并以此写了一本有趣的经典书籍[220]。昆兰也是第一个在学术上(以及商业上)成功实现分类算法的作者之一，该算法最初被命名为 ID3(用
175 于离散属性)，后来他对该算法进行了扩展并命名将其为 *C4.5*(书中有一半是 C 语言的代码)，包括了对离散和连续属性、缺失属性值的处理和修改，以及一些其他的改进。随着时间的推移，它被不断地改进并发展成为一种有效的软件工具 *C5*[224]。在 R(GNU 许可)中，*C5* 也可以作为单线程版本(不仅是单线程版本)使用，在下面的内容中将会演示它的用法。

熵由信息学之父的克劳德·埃尔伍德·香农引入，借助概率来定义，具体请参见文献[249]。香农认为，当存在两种概率 p 和 $1-p$ 时，熵 H 的定义如下：设 X 是一个离散随机变量，可以从集合$\{x_1, x_2, \cdots, x_n\}$中取值。$X$ 的熵为 $H(X)$，具有以下定义：

$$H(X) = -\sum_{i=1}^{n} p(x_i)\log_2 p(x_i) \tag{7.1}$$

因为信息是以字节为单位的，所以此处对概率做了对数替换。简单地说，存储在一个集合中的 m 个测试数据至少需要 m_b 字节来存储，$m=2^{m_b}$，因此 $m_b=\log_2(m)$。如果从集合中选择任意数据的概率 p 是均匀分布的，那么 $p=1/m$，因此 $m_b=\log_2(1/p)=-\log_2(p)$。此外，最终的取值必须是正数 $(0.0\leqslant H(X)\leqslant 1.0)$，因为数字型的负信息既没有定义，也无法在信息学中使用。

当一个集合只属于一个类别，则元素属于该类的概率是 1，属于其他类的概率是 0。因此，可以保证从该集合中随机选取的元素属于该类的概率 $p=1$，属于其他类的概率 $p=0$。因此，$p\cdot\log_2 p=1\cdot\log_2 1=0$ 时，熵最小；当集合中元素的比例为 50%∶50%(集合中只有两个类别)，即 $p=0.5$ 时，熵最大，因为 $0\cdot\log_2 0=1$(经洛必达法则处理)。换句话说，如果熵为 0，就没有必要研究集合的内容了，因为关于它的信息是最大的。

图 7.1 给出了等式 7.1 的熵曲线。对于横轴 X 来说，同类数据集中元素 x 的属于某类的概率 $p=0$，意味着该集合中只有一个类别，因此这个集合的熵是最小的，$H(X)=0$；同样的，在坐标轴的另一端，$p=1$，也就是说从该集合中选取的任何元素都属于该集合，该集合也是同类的，$H(X)=0$。如果集合中包含属于其他集合的元素，则是异构的；$p=0.5$ 是最混乱的一种情况，此时 $H(X)=1$，两个类别的比例是 50%∶50%，熵最大。

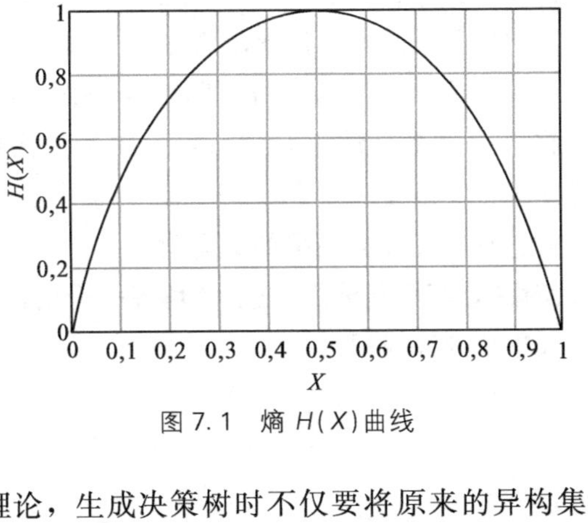

图 7.1　熵 $H(X)$曲线

根据昆兰的理论，生成决策树时不仅要将原来的异构集合划分为更同质的子集，而且要尽可能地减小其节点数。理论上，我们可以生成所有可能的
树，然后选择最优的树(误差和大小都最小)。然而，实际上这是不可能做到 176
的，因为树的数量可能太多，计算复杂性也太高。在人工智能(包括机器学习)中，这种情况下我们可以使用一些启发式方法，虽然这并不能保证获得最优的结果，但它可能是比较合适的。

这里需要注意的是，样本的属性应是相互独立的，如果假设没有实现（可能由于显著相关等问题），那么此时获得的结果可能不可靠。因此，在处理之前我们应该先去除依赖于其他属性的属性。在机器学习中这种假设经常存在。

C5 树生成器依次尝试一个又一个属性，以找到能最大程度减小熵的属性。如果属性 a_i 被选为一个节点，根据该节点的测试结果可以在树中创建一个新的低层次的树：子树。

对于给定的训练数据集 T，该树节点 a_i 将异构集划分为更同质的子集，使最终结果的子集能最大限度地降低父集的原始熵 $H(T)$。

因此，所选属性 a_i 提供的最高信息增益（最大熵差或熵减少量）information gain 为：$H(T, a_i)=H(T)-H(T \mid a_i)$。

根据以下公式，可通过后验概率及新形成的叶子节点的熵计算平均熵：

$$H_{\text{avg}}=\sum_{b}\frac{n_b}{n_t}\cdot(\text{分支 } b \text{ 的混乱})=\sum_{b}\frac{n_b}{n_t}\cdot\sum_{c}\left(-\frac{n_{b\cdot c}}{n_t}\log_2\frac{n_{b\cdot c}}{n_t}\right) \quad (7.2)$$

177 其中 n_b 为分支 b 的样本数，n_t 为从分裂点开始的所有分支的样本数，$n_{b\cdot c}$ 为指分支 b 中类别 c 的总样本数。

我们可以看到，公式 7.2 通过计算每个子集的熵（右起第二个求和）并根据所覆盖的相对样本数量（右起第一个求和）进行加权，来计算子树的平均熵（将异构集划分为更同质的子集的熵平均）。注意，这并不是平均熵实现的唯一公式，但其在实践中效果较好，所以比较常用。

如果不能进一步减小熵值，树的生成过程就会停止，树枝最终会变成叶子。如果相反，则整个过程将继续递归进行，一次又一次地测试所有属性。这样生成的树可能在理论上不是最优的，但实际上这种方法提供了非常好的输出，这也是为什么它在研究和应用中如此受欢迎。

我们可以再次使用“好坏天气分类”问题来解释一个属性对熵减少的贡献。该分类问题在 5.5 节中提到并演示过。

1. it is nice weather$\oplus$

2. it is cold$\ominus$

3. it is not very cold$\oplus$

4. not nice$\ominus$

5. very cold$\ominus$

6. cold$\ominus$

7. very nice weather$\oplus$

在原始的训练样本中，来自不同类别的数据（三个正面的$\oplus$和四个负面的

⊖)被混合在一起，因此产生了混乱。

通过等式 7.1 我们可以计算这个异质数据集的熵($0 \cdot \log_b 0=0$，$\log_b x=\log_{10} x/\log_{10} b$，故 $\log_2 x=\log_{10} x/\log_{10} 2$，也可以将 $\log_{10}$ 替换为 $\log_e$)：

$$H(X)=-\frac{3}{7} \cdot \log_2 \frac{3}{7}-\frac{4}{7} \cdot \log_2 \frac{4}{7} \approx 0.9853$$

可以看出，这个熵值非常高，接近 1.0，因为两个类的成员数之比是 3∶4。这里我们使用 weather 这一属性(在一个样本中该词的出现频率为 0 或 1)将原数据集分裂为两个以上的同质数据集，并使用等式 7.2 计算平均熵 Havg。计算完成后，通过 C5 可以生成一个非常简单的决策树，如图 7.2 所示。在分类过程中我们假设如果包含“weather”一词，则为正面，否则为负面。

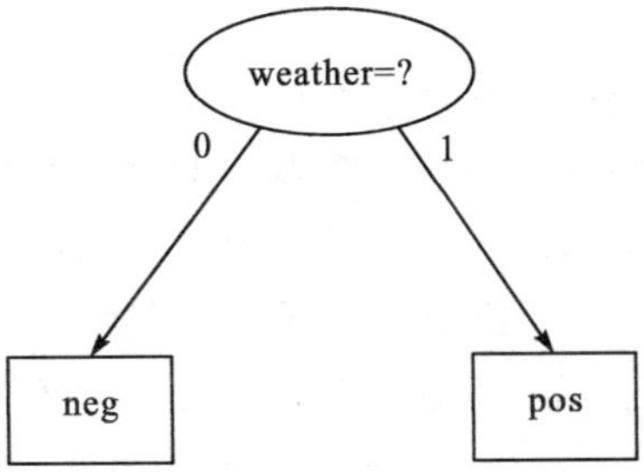

图 7.2　一个用于解决好/坏天气问题的决策树，仅左分支产生了一个错误($H>0$)：不包含单词 weather 的句子是负面信息(左分支)，否则是正面信息(右分支)

通过这个决策树我们可以得到样本数据的分类结果——其中两条正面数据分类正确(第 1 条和第 7 条)，一条正面数据分类错误(第 3 条)，所有负面数据都分类正确。

因此，可以使用下面的方法计算 weather 对熵减的贡献： 178

$$H_{avg}=\frac{5}{7} \cdot \left(-\frac{4}{5}\log_2 \frac{4}{5}-\frac{1}{5} \cdot \log_2 \frac{1}{5}\right)+\frac{2}{7} \cdot \left(-\frac{2}{2}\log_2 \frac{2}{2}-\frac{0}{2} \cdot \log_2 \frac{0}{2}\right) \approx 0.5157$$

该方法分别计算了每个分类左分支的熵($H>0$)和右分支的熵($H=0$)，并在表达式 $p \cdot \log_2 p$ 中使用各自的后验概率和权值(七条数据中属于左分支的有五个，属于右分支的有两个)。

初始的信息熵明显减小了，信息增益为 0.9853－0.5157＝0.4696。感兴趣的读者可以以类似的方式来计算其他属性单词对熵减的贡献，也可以添加一些额外的分支，进一步减少混乱。

7.2.2 修　剪

生成的树不用做进一步修改，可以被简单地作为特定数据的精确模型。但是，如果要将树用于预测分类，应该需要通过特定的训练数据集来找到普适性信息(模型泛化)。在这种情况下，我们可以通过修剪过程来改进得到的泛化模型。修剪是指用叶子来替换子树，将树简化。

从训练样本的角度来看，未修剪的树对训练数据可能是最优的，它可以将各数据进行正确分类，误差甚至为零。将其简化后，对训练样本的分类误差将会变大，也就是过拟合(over-fitted)。它只能正确地对训练样本进行分
179 类，而不能正确地处理其他样本。我们使用决策树是为了正确分类那些不包含在训练集中的数据。

实践表明，通过修剪的方式对树进行泛化可以提高(有时是显著的)对未来数据的分类准确率，但代价是对训练数据的分类准确率会略有降低。树的修剪速率可以通过一个参数来控制，该参数表示树的最大允许缩减量。通常情况下，它被限制在 25%，但有时通过实验我们可以找到一个最优值。

剪枝过程如图 7.3 所示。左侧的树能正确分类所有数据(白点和黑点)。节点 x_j 有一个指向叶子的左分支，覆盖了五个白点，而指向叶子的右分支只覆盖一个黑点，这两个分类间的差距较大，因此这里的分类过于具体。

我们可以将整个子树 x_j(由节点 x_j 及其两个叶子组成)替换为 x_i 的左侧叶子(如右侧图)，叶子中包含五个正确的白点和一个错误的黑点，这会略微增加训练样本的分类误差。但可以降低过拟合，从而减小测试样本的误差，提高模型通用性。

举个例子，关于天气问题有两种可能的解决方案：图 7.2 和图 7.4。图 7.2 中的树表明，如果单词 weather 出现在一个样本句子中，该句的意思就是正面的(好天气)，否则就是负面的(坏天气)。根据生成的树可以看出，这个决策过程不需要其他词：no good、bad、nice、cold 等。这是一个正确的决策树吗？应该如此吗？还有更好、更精确的树吗？从分类准确率角度看，图 7.2 中所示的决策树出现了一个分类错误：在样本 3 是正面的，但其中没有包括单词 weather，因此决策树错误地将其分类为负面的，而其余六个样本则分类正确，分类准确率约为 85.7%。

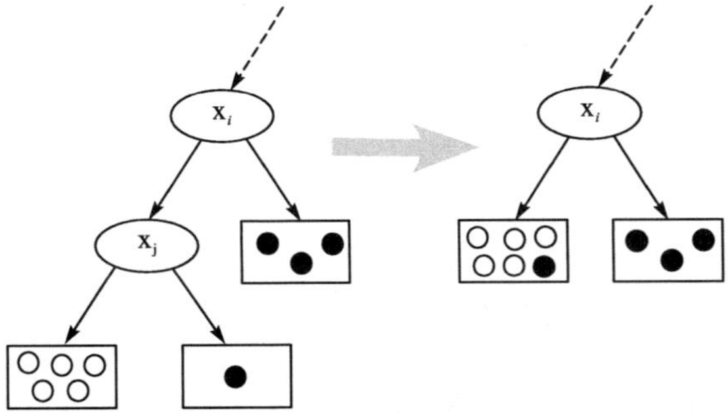

图 7.3　通过修剪将(左边的)子树替换为(右边的)叶子

显然，这个模型并不十分完美，但从一般性的角度来看，我们只能从测试的角度去评估这个错误是否可以被忽略。在本章汇总中我们没有进行评估，因为人工演示任务是非常琐碎的一件事，并且我们也缺少训练样本。 180

图 7.4 显示了由相同训练数据生成的一个可选树。这棵可选树考虑了所有属性，它完美地分类了训练数据，没有出现图 7.2 中的错误。图 7.2 中的树可以代表图 7.4 中所示树的修剪树，它将两个测试节点和三个叶子替换为一个叶子，并因此造成了一个分类错误。同样的，只有通过测试才能评估这两种树的普适性。但很明显，图 7.4 中的树更复杂，它考虑了三个属性值(weather，is，not)，而不仅仅是一个属性值(weather)。

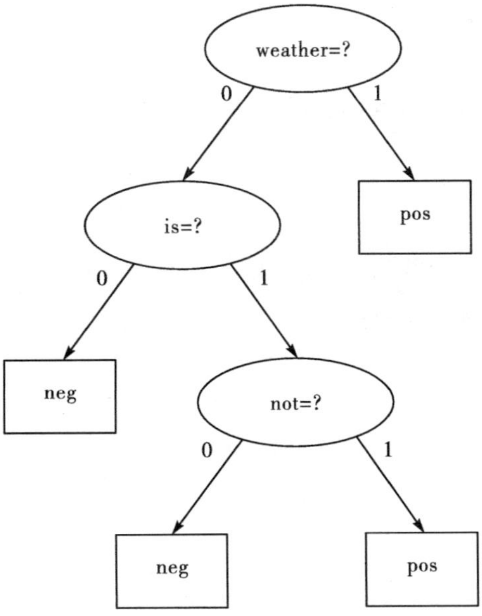

图 7.4　完整大小、未修剪的决策树变体，其完美地处理了“好/坏天气”的分类问题

从应用的角度来看，我们要考虑的问题是我们是否有需要使用更复杂的模型，或者仅仅使用一个简单的就足够？我们必须根据现实应用需求(包括时间和内存需求)自行寻找答案。现实世界中的模型通常更泛化、更复杂。因此，在进行实际使用之前，我们必须尽可能仔细地测试它们。

181 7.3 R中的*C5*树生成器

本节使用相同的数据集 BookReviews1000.csv 中的评论样本展示 *C5* 树分类器在文本挖掘中的应用过程。

我们使用 R 来创建决策树，简要讨论树的性质，并分析从中所获得的有用信息；之后，我们再阐述如何评估树分类的准确性，以便将其应用于未来的数据；最后，我们将展示树如何以一定规则提供可理解知识。

7.3.1 生成树

在第一个示例中，前 100 个样本用作测试样本，而其余 900 个用于训练样本。R 代码中使用 C50 包生成包含了测试规则的 *C5* 树，它使用了两种样本，其代码如下所示：

```
library(C50)

# 导入数据
data<-read.csv("BookReviews.csv", header = TRUE)

# 将数据转换为矩阵
dtm<-as.matrix(data)

# 删除对象数据(现在不需要了)
rm(data)

# 实例的数量
n<-dim(dtm)[1]

# 属性的数量
m<-dim(dtm)[2]
```

```
# 对 100 个测试数据建立索引
number_of_test_samples <- 100
test_index <- 1:number_of_test_samples

# 选择训练样本
train_data <- dtm[-test_index, 1:(m-1)]
train_labels <- dtm[-test_index, m]

# 选择测试样本 182
test_data <- dtm[test_index, 1:(m-1)]
test_labels <- dtm[test_index, m]

# 训练 C5 模型(树及规则)
c5_tree <- C5.0(train_data, as.factor(train_labels))
c5_rules <- C5.0(train_data, as.factor(train_labels),
                 rules = TRUE)

# 对生成的决策树进行可视化
plot(c5_tree)

# 打印生成的决策树和规则的详细摘要
print(summary(c5_tree))
print(summary(c5_rules))

# 计算树的类预测
predictions <- predict(c5_tree, test_data, type = "class")

# 生成混淆矩阵
cm <- table(test_labels, predictions)
print("Confusion matrix")
print(cm)

# 实例的数量
n <- sum(cm)

# 每个类中正确分类的实例数
correct <- diag(cm)
```

```
# 每个类中的实例数
instances_in_classes<-apply(cm, 1, sum)

# 每个类预测的数量
class_predictions<-apply(cm, 2, sum)

# 准确率
accuracy<-sum(correct)/n

# 每个类的精确率
precision<-correct/class_predictions

183 # 每个类的召回率
recall<-correct/instances_in_classes

# 每个类的 F1 值
f1<-2 * precision * recall / (precision + recall)

# 打印所有类的摘要信息
df<- data.frame(precision, recall, f1)
print("Detailed classification metrics")
print(df)
print(paste("Accuracy: ", accuracy))

# 宏平均
print("Macro-averaged metrics")
print(colMeans(df))

# 微平均
print("Micro-averaged metrics")
print(apply(df, 2, function (x)
                    weighted.mean(x, w = instances_in_classes)))
```

C5 根据训练样本生成树模型，然后将树与其对训练样本的分类结果一起显示出来。控制台输出一个文本形式的结果，其中正面标记为 1，负面标记为 0。生成的树并不零碎，它由几个部分组成(子树)。考虑到树的大小，这里并没有将其全部复制，只是显示了根和它下面的几个层次：

```
Call:
C5.0.default(x = train_data, y = as.factor(train_labels))

C5.0 [Release 2.07 GPL Edition]        Tue Feb 19 09:03:50 2019
-------------------------------

Class specified by attribute 'outcome'

Read 900 cases (2218 attributes) from undefined.data

Decision tree:

waste>0:

:...more<=1: 0 (40)                                          184
:   more>1: 1 (3/1)
waste<=0:
:...boring>0:
    :...day<=0: 0 (49/1)
    :   day>0: 1 (4/1)
    boring<=0:
    :...tale>0:
        :...apparently<=0: 1 (25/1)
        :   apparently>0: 0 (3/1)
        tale<=0:
```

这棵树的其余部分(分支 tale≤0 后)被省略了。树的可视化形式如图 7.5 所示，这里同样只展示了树的顶部。

7.3.2　从 *C5* 树获得的信息

单词 waste 出现在词根中，从熵最小化的角度来看以这个属性为根是最好的。计算时的每次分类都会首先检查这个词对应的值是大于 0 还是小于等于 0(本例中该值的含义是这个词在文档中的频率，但频率不能小于 0)。

在将文档(原始数据集)划分为有 waste 和没有 waste 的两个类别(子集)之后，熵可以进一步减小，因为在下一层，单词 more 再次将文档(无 waste)划分为两个类别。其后这个分支就结束了，因为熵无法进一步降低。 185

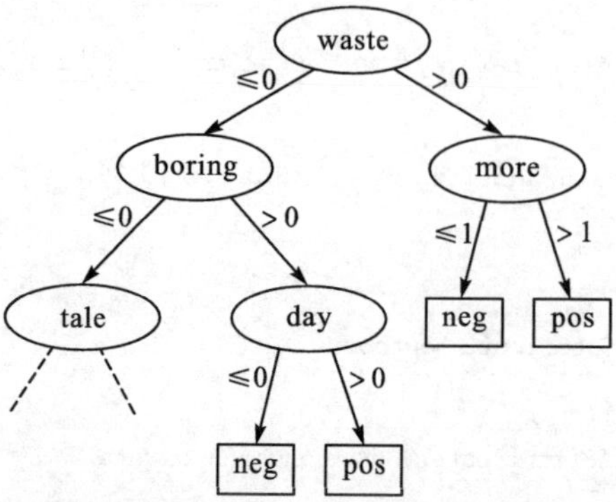

图 7.5　通过计算生成的 *C5* 树(这里只显示了树的顶部及根属性 waste)

类 0 所在的分支覆盖了 40 个 more 出现频率小于等于 1 的文档，而另一个分支覆盖了 4 个 more 出现频率大于 1 的文档，但其中一个分类错误(在 *C5* 输出中被表示为 3/1，或 3 个分类正确、1 个分类错误)。

不包含单词 waste 的文档可以进一步被划分为有 boring 的和没有 boring 的两种类别，然后用 tale 和 day 再进行划分。没有 boring 但有 tale 属性的文档可以进行进一步划分以减少熵，这里并没有展示这一点(但可以从完整的计算输出中看到)，而单词 day 结束了这个分支：如果没有 day，分类是 0(负面)，最终分类结果为 49/1；否则分类是 1(正面)，分类结果是 4/1。各个分支共同制定规则，例如，如果一个句子的 waste=0∧boring>0∧day>0，这个句子将被分类为正面。

在下面这个文本形式的树中，从返回的摘要信息我们可以看到树有 108 个节点。从分类的角度来看，训练数据测量的准确率误差为 4.9%，即 900 个样本中有 44 个被分类错误。此外，附加的混淆矩阵显示了有多少负面样本(标记为 0)分别被正确(425 个)和错误(18 个)分类。正面样本也类似：431 个分类正确，26 个分类错误。总共有 44 个(18+26)被错误分类。最理想的情况是，混淆矩阵的主对角线上应该只包含非零的数字(所有都被分类正确)，而副对角线上应该只包含零(对于任何数量的类)。

```
Evaluation on training data (900 cases):

            Decision Tree
        ------------
        Size        Errors
```

```
108          44( 4.9 % )      <<

 (a)          (b)            <-classified as
----        ----
 425          18             (a) : class 0
  26         431             (b) : class 1
```

从文本挖掘的角度来看，生成的树还指明了哪些单词(即上文中提到的属性)是与类相关的。这里的相关是通过单词对熵减少的贡献大小来度量的，也就是指明每个类一般包含了哪些单词或短语。一个相关的单词能够有效地将 186
属于不同类别的示例数据分开。树生成器会输出一个相关单词列表(在 Attribute usage 标题下)，单词根据它们在分类中被使用的次数(以百分比表示)进行排序。每次都会测试树根中的一个单词(100%)，单词的级别越低，使用次数越少。许多单词(绝大部分)从未被使用过，因此从分类的角度来看它们是无关紧要的。在这里，2218 个单词中只有 96 个被使用过，占总数的 4.33%。从实验中我们可以看到树给出的相关单词列表(图 7.6)。

从完整的计算输出中，我们可以研究相关单词在不同树层上的活动，例如，哪些值出现在分支中，或者它们有多重要。

100.00%	waste	13.67%	been	5.44%	out	2.89%	own
95.22%	boring	13.44%	her	5.33%	job	2.78%	control
89.33%	tale	12.89%	when	5.22%	title	2.78%	ridiculous
86.22%	finish	12.67%	believe	4.78%	each	2.67%	loved
82.33%	poor	12.56%	about	4.78%	more	2.67%	things
79.22%	dont	12.33%	for.	4.33%	best	2.56%	the
68.78%	wonderful	12.00%	without	4.11%	attention	2.44%	looking
65.33%	authors	10.67%	personal	3.89%	feel	1.67%	that
61.67%	pages	10.44%	theme	3.78%	everything	1.56%	can
56.89%	young	9.67%	while	3.67%	giving	1.56%	much
54.00%	off	9.44%	one	3.67%	questions	1.44%	has
50.56%	life	9.22%	before	3.56%	book	1.33%	and
47.89%	not	9.00%	true	3.44%	buy	1.33%	books
44.22%	over	8.22%	classic	3.44%	hoping	1.33%	enough
31.67%	put	8.11%	two	3.33%	along	1.33%	gives
27.67%	only	7.78%	took	3.22%	couple	1.22%	like
27.56%	great	7.33%	using	3.11%	apparently	1.11%	could
26.11%	see	7.22%	possible	3.11%	beginning	1.11%	nothing
24.67%	after	7.00%	think	3.11%	brings	1.00%	half
23.00%	enjoyed	6.56%	will	3.11%	came	0.89%	action
20.56%	into	6.33%	library	3.00%	favorite	0.78%	author
15.22%	also	6.00%	piece	3.00%	less	0.67%	trilogy
14.44%	anyone	5.89%	day	3.00%	love	0.56%	its
14.00%	excellent	5.67%	someone	2.89%	hollywood	0.44%	because

图 7.6　由 C5 决策树生成的 96 个相关单词的列表，单词根据它们的使用频率排序。在根中使用频率为 100%的单词(waste)通常是测试的输入单词

187 7.3.3 使用测试样本评估树的分类准确率

分类误差为4.9%，说明树模型本身很好，准确率高达95.1%。如果我们的目标是仅基于现有数据创建模型，不打算将其用于新数据的分类预测中，那么这个数据/文本挖掘器是完全满足要求的。但这样的模型只能够分类过去的数据，并且非常依赖过度训练的训练数据集，模型只有进行足够的泛化，才可以应用到过去或是未来的不可见的数据中。

这就是在评估模型对未见数据的分类准确率时必须使用一个分离样本集中的测试数据进行评估的原因。在上面的R代码中，我们使用最开始的100个样本做测试，这些样本是没有用于训练的。用这些测试样本对900个训练数据创建的模型做测试，RStudio控制台上输出的结果如下：

```
[1] "Confusion matrix"
            predictions
test_labels  0  1
            0 36 21
            1 14 29

[1]  "Detailed classification metrics"
   precision    recall          f1
0       0.72 0.6315789 0.6728972
1       0.58 0.6744186 0.6236559
[1]  "Accuracy: 0.65"

[1]  "Macro-averaged  metrics"
precision     recall          f1
0.6500000 0.6529988  0.6482766

[1]  "Micro-averaged metrics"
precision     recall          f1
0.6598000 0.6500000  0.6517234
```

这种情况下的准确率要低得多，只有65%。对正面和负面评论样本分类的准确率非常相似，分别为65%和72%。总体误差为35%，相对较高，说明该模型对未见数据的分类效果不是很好。

一种可能的解释是，训练样本不能充分代表所有书籍评论，只使用900

条与各种书籍主题相关的评论来训练模型是不够的。这可能是主要原因，因为会有成千上万的话题和数百万的读者评论。

我们可以收集更大的训练数据子集来补救，这些数据将涵盖更多更具体 188
的主题。再为每个这样的子集生成一个模型，除了生成一个通用分类器外，还需要生成一组针对单个主题的分类器，但无论如何都需要仔细分析。另一种方法是尝试几种不同的分类算法，从中找到最适合该问题的分类算法。

7.3.4 使用交叉验证评估树的准确率

接下来，我们可以采用十折交叉验证方法来做测试。除了创建并使用决策树模型(而不是概率模型)的两行代码不同外，其余交叉验证代码与第 5 章中是完全相同的，因此这里不做展示。在控制台中我们可以获得 10 次计算的结果及总体准确率的计算步骤：

```
Cross-validation fold : 1
 Accuracy : 0.65
 Precision(positive) : 0.58
 Precision(negative) : 0.72
Cross-validation fold : 2
 Accuracy : 0.74
 Precision(positive) : 0.76
 Precision(negative) : 0.72
Cross-validation fold : 3
 Accuracy : 0.62
 Precision(positive) : 0.6530612
 Precision(negative) : 0.5882353
Cross-validation fold : 4
 Accuracy : 0.63
 Precision(positive) : 0.5849057
 Precision(negative) : 0.6808511
Cross-validation fold : 5
 Accuracy : 0.63
 Precision(positive) : 0.6346154
 Precision(negative) : 0.625
Cross-validation fold : 6
 Accuracy : 0.64
 Precision(positive) : 0.6808511
```

```
   Precision(negative)：0.6037736
189 Cross-validation fold：7
   Accuracy：0.58
   Precision(positive)：0.4901961
   Precision(negative)：0.6734694
 Cross-validation fold：8
   Accuracy：0.59
   Precision(positive)：0.62
   Precision(negative)：0.56
 Cross-validation fold：9
   Accuracy：0.53
   Precision(positive)：0.537037
   Precision(negative)：0.5217391
 Cross-validation fold：10
   Accuracy：0.74
   Precision(positive)：0.7818182
   Precision(negative)：0.6888889
 Average Accuracy：63.5 %
 SEM：2.07
```

显然，最终的结果与 100 个外部样本的测试结果非常相似。从中我们看出平均误差值为 63.5%，平均标准误差 SEM＝2.07，说明这 10 次结果的离散度较小，模型是稳定的，但它的分类准确率不高。

这次测试的结论与前面使用 100 个测试样本进行测试的结论相同。

7.3.5 生成决策规则

通常，具有 IF-THEN 格式的决策规则比较容易理解，因此非常受欢迎。如果一组数量合理的规则(例如 10 个)在给定的应用领域中工作得很好且具有较高的准确率，则首选它们。这些规则还可以用于其他地方，例如填充知识库。

生成规则时需要从根节点到叶节点建立单个分支，每个分支可以代表一个规则。这个过程还涉及某些优化，如删除冗余规则。例如，两条规则 IF x_1 THEN y 和 IF $x_1 \wedge x_2$ THEN y 中，只有第一个规则就足够了。

使用 *C5* 树生成器对样例数据创建一组适当的规则后，总共会生成 20 条规则，我们可以输出显示所有规则。为了进行说明，这里只显示了前两个规
190 则(从输出中复制的)。每个规则代表一个标准的节点连接，这与在树节点中

测试单词的出现频率一样。一个叶子位于规则的右侧。我们可以将第一个规则转录成更紧凑的形式(dont 代表 don’t，class 0 代表负面的)：

$IF\ before \leqslant 0 \wedge classic \leqslant 0 \wedge dont > 0 \wedge finish \leqslant 0 \wedge not > 0 \wedge possible \leqslant 0 \wedge put \leqslant 0 \wedge theme \leqslant 0 \wedge took \leqslant 0\ THEN\ class = 0$

下面是 C5 的部分输出结果：

```
Rules：

Rule 1：(44，lift 2.0)
        before <= 0
        classic <= 0
        dont > 0
        finish <= 0
        not > 0
        possible <= 0
        put <= 0
        theme <= 0
        took <= 0
        -> class 0 [0.978]

Rule 2：(26，lift 2.0)
        along <= 0
        authors > 0
        best <= 0
        brings <= 0
        dont <= 0
        giving <= 0
        own <= 0
        wonderful <= 0
        -> class 0 [0.964]
```

在第一个规则中，(44，lift 2.0)表示覆盖的 44 个样本没有错误(否则将与树中显示的相同，即 N/M，其中 N 为被正确分类的训练样本数，M 为被错误分类的训练样本数)。lift 2.0 是规则的估算准确率除以训练集中预测类的相对频率后得到的结果。

分类 class 0 [0.978]包含一个介于 0 到 1 之间的值，该值指示预测的置信度。如果一个示例没有被任何规则覆盖，那么它将被用作一个默认类，在本例中是 Default class：1，1 表示正面，在输出中可以找到。

191 在生成规则列表后，R 还会输出对规则集合的评估结果及相关单词列表。这与生成树时相同，例如：

```
Evaluation on training data (900 cases):

            Rules
     ------------
       No          Errors
       20      121(13.4%)      <<

       (a)     (b)      <-classified as
     ----  ----
       358      85      (a): class 0
        36     421      (b): class 1

  Attribute usage:

  100.00% waste
   84.00% life
   30.67% tale
   25.89% pages
   24.78% not
   22.56% dont
   21.44% wonderful
           ...
```

为了获取 100 个分离样本的规则测试结果，我们需要对树进行相同的分类计算过程。首先需要使用创建的模型和测试数据获取类标签：

```
predictions<- predict(c5_rules, test_data, type="class")
```

其余的计算与使用决策树时相同。测试结果如下：

```
[1] "Confusion matrix"
>print(cm)
```
192
```
           predictions
```

```
test_labels  0  1
           0 32 25
           1 11 32

[1] "Detailed classification metrics"
   precision    recall     f1
0  0.7441860 0.5614035  0.64
1  0.5614035 0.7441860  0.64
[1] "Accuracy: 0.64"
[1] "Macro-averaged metrics"
 precision    recall         f1
0.6527948 0.6527948 0.6400000

[1] "Micro-averaged metrics"
precision        recall          f1
0.6655896    0.6400000 0.6400000
```

同样，我们能很明显地发现测试样本的准确率误差更高，是36%，而训练样本则比较好，只有13.4%。之前关于树的讨论也适用于规则，树和规则只是表示从数据中获得的信息的两种不同形式。

虽然上面示例的分类结果不令人满意，但这并不意味着决策树或规则算法较差。很多领域的应用都是基于树和规则的，包括文本挖掘领域。实践表明，不同的数据可能需要不同的算法，没有一种算法是通用的[282]。对某些数据集有效的算法，不一定对其他数据集有效，反之亦然。有时候，用户不得不选择一个不太完美但计算复杂度低且可以实时使用的算法。因此，机器学习往往需要进行多次试验。

第 8 章

随机森林

193 ## 8.1 简　介

随机森林(random forest)是一种利用多棵决策树对样本进行训练并预测的分类算法。它使用多个训练好的专家算法对其结果进行投票，选出投票最多(在回归任务中采用求平均值的方式)的作为最终结果。

随机森林通过使用装袋法(bagging，是自助汇聚法 bootstrap aggregation 的简称)在每个节点上随机抽取子树的属性及训练样本子集来避免单棵树带来的过拟合问题，详见文献[32，72]所述。

8.1.1 自助法

自助法(bootstrap)是一种有放回的随机抽样方法，通过这种方法抽取的“集合”可能会包含重复样本，因此严格地说这种抽取的结果不能称为集合。

在做有放回的随机抽取时，有些样本会多次出现，而有些样本一次也没有被选中过。这里将从未被选择的样本用作测试。

自助法的抽取步骤如下。首先对包含了 n 个样本的数据进行 n 次选择并放回。在 n 次抽取中，每个样本被选中的概率是 $1/n$，未被选中的概率是 $1-1/n$。

194 如果抽取样本的过程重复 n 次，那么通过概率相乘就可以估算出某样本 n 次都没有被选中的概率：

$$(1-1/n)^n = e^{-1} \approx 0.3678794412\cdots(\mathrm{n}\to\infty) \tag{8.1}$$

例如，在 1000 次有放回抽样中，某样本没有被选中的概率是 $(1-1/1000)^{1000}=0.3676954248\cdots\approx 36.77\%$。

据此，我们可以将样本分成两组：63.23%的样本用于训练，36.77%的样本用于测试，即大约 2/3 样本用于训练，1/3 样本用于测试。这种方法有时被称为“0.632 自助法”。需要注意的是，在这种情况下训练集与测试集中没有重复样本。

图 8.1 展示了如何使用由单独训练的决策树组成森林来进行分类。定义森林中树的数量为 n，使用自助法对原始数据集 D 进行抽取，生成一个测试子集 d_0 和 n 组训练子集 d_i，$1\leqslant i\leqslant n$，其中 $d_i \subset D$，$D=\bigcup_{i=0}^{n} d_i$。

n 棵树分别使用不同的 d_i 进行训练，并用作分类器。由于训练集的不同，树之间存在差异，分类结果也很可能不同。因此对于每棵树来说，相同 195
单词的相关性可能非常不同，系统最终会选择票数最高的类标签作为未分类样本的标签。

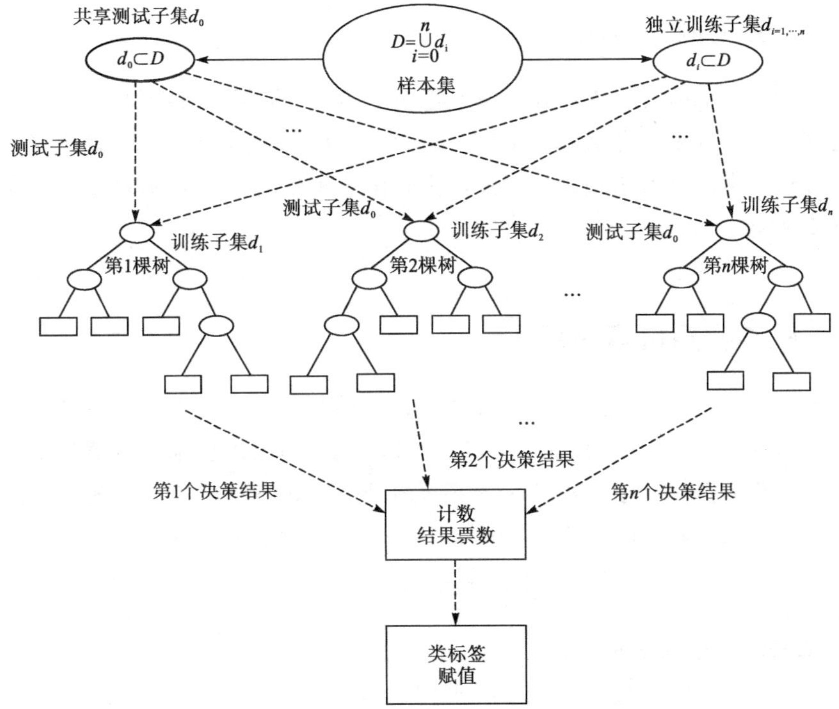

图 8.1　随机森林是由 n 棵决策树组成的分类器组，这些决策树由随机选择的训练样本子集训练得出

最后，我们还需确定 n 的最佳值是多少。当在森林中添加新的树而分类效果不再变化时，此时的 n 就是最佳的。这个值很难通过直接测定得出，在实际应用时我们可以通过多次实验找到该值，找到的 n 值需要使得分类误差最小且树的数量最少。

8.1.2 稳定性和鲁棒性

为了避免出现选择的样本“太好”或者“太坏”的情况，建议在抽取样本时重复实验，每次都使用不同种子的(伪)随机数生成器(当然更好的方式是使用一个真正的随机数，但这不一定可行)。

一般来说每次测试都会产生不同程度分类预测误差，因此可以计算并使用分类预测误差的平均值。这在交叉验证中也同样适用。平均分类预测误差值的方差可以说明算法的稳定性，理论上，方差越小，稳定性(算法的鲁棒性)越好。

这主要会影响数据本身，但从同一角度来看，尽管平均误差几乎相同，不同的算法也可能会给出不同的结果。因此，测试结果也反映出决策树无法避免的一个问题：即使训练样本间的变化很小，最终计算出的结果也很可能不同。

8.1.3 决策树算法的选择

原则上选取哪种决策树算法并不是一定的。一般研究者会使用CART(分类与回归树，详细信息请参见文献[36])软件包来实现，但也可以使用 *C5* 或其他算法。考虑到实用性和简单性，我们在下面使用了在 R 中较容易实现的 CART 来做演示。

8.2 R中的随机森林算法

本小节简要演示如何在 R 中使用随机森林算法。这里仍然使用书籍评论
196 数据作为数据样本，使用目前较为流行的 randomForest 包来实现随机森林算法。该包最初由统计学家里奥·布莱曼在 Fortran 编程语言中实现。详情请参见文献[33，34，35]。关于 randomForest 包的参数的详细描述请查阅文献[171]。

```
library(randomForest)

#加载数据
data<-read.csv("BookReviews.csv", header = TRUE)

#将数据转换为矩阵
dtm<-as.matrix(data)

#删除不需要的数据对象
```

```
rm(data)

# 实例的数量
n<- dim(dtm)[1]

#单词数量
m<- dim(dtm)[2]

# 为 100 个测试样本编制序号
number_of_test_samples<- 100
test_index<- 1:number_of_test_samples

#选择训练样本
train_data<- dtm[-test_index, 1:(m-1)]
train_labels<- dtm[-test_index, m]

#选择测试样本
test_data<- dtm[test_index, 1:(m-1)]
test_labels<- dtm[test_index, m]

#训练随机森林模型
rf_model<- randomForest(train_data, as.factor(train_labels))
predictions<- predict(rf_model, test_data, type="response")

#创建混淆矩阵
cm<- table(test_labels, predictions)
print("Confusion matrix")
print(cm)

#实例数量
n<- sum(cm)

#每个类中被正确分类实例的数量
correct<- diag(cm)

#每个类中的实例数量
instances_in_classes<- apply(cm, 1, sum)
```

```
#每个类预测的数量
class _ predictions<- apply(cm, 2, sum)

#准确率
accuracy<- sum(correct)/n

#每个类的精确率
precision<- correct/class _ predictions

#每个类的召回率
recall<- correct/instances _ in _ classes

#每个类的 F1 测量值
f1<- 2 * precision * recall / (precision + recall)

#打印所有类的摘要信息
df<- data.frame(precision, recall, f1)
print("Detailed classification metrics")
print(df)
print(paste("Accuracy: ", accuracy))

#宏观平均
print("Macro - averaged metrics")
print(colMeans(df))

#微观平均
print("Micro - averaged metrics")
print(apply(df, 2, function (x)
                weighted.mean(x, w = instances _ in _ classes)))

#绘制随机森林对象的错误率或 MSE
plot(rf _ model, col = c(1, 2, 4), lwd = 1.5, lty = 1)
rf _ legend<- if (is.null(rf _ model $ test $ err.rate)) {
                 colnames(rf _ model $ err.rate)
               } else {
                 colnames(rf _ model $ test $ err.rate)
```

```
        }
legend("topright", cex = 1, legend = rf_legend, lty = 1,
       col = c(1, 2, 4), horiz = TRUE)
```

脚本的输出结果如下：

```
[1] "Confusion matrix"
           predictions
test_labels  0  1
          0 38 10
          1  9 43

[1] "Detailed classification metrics"
  precision     recall        f1
0 0.8085106  0.7916667 0.8000000
1 0.8113208  0.8269231 0.8190476
[1] "Accuracy: 0.81"

[1] "Macro-averaged metrics"
precision      recall       f1
0.8099157    0.8092949 0.8095238

[1] "Micro-averaged metrics"
precision      recall       f1
0.8099719    0.8100000 0.8099048
```

图 8.2 中的图表显示了当随机森林中的树的数量变化时分类准确率误差的变化情况。图中包含正面类(标记为 1)、负面类(标记为 0)和 OOB(Out-Of-Bag，使用测试样本测量的两个类的标准平均误差)曲线。

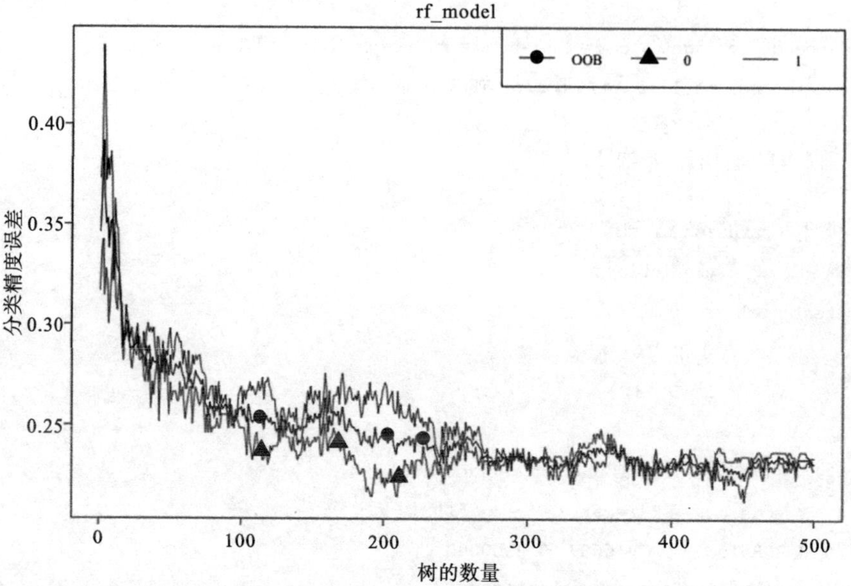

图 8.2　分类精度依赖于树的数量(当森林中的树的数量为 200 时，OOB 线在中间，0 线在底部，1 线在顶部)

我们可以看到，该算法的分类准确率高于 80%。当树的数量较少时，分类误差比较高。特别是在一开始时，森林中仅有一棵树，此时分类误差接近 50%。因为这时该分类器是随机猜测分类结果的。随着树数量的增加，误差开始时下降，最开始时下降得非常快，但当达到一定数量(大约 300 棵)时，误差变化趋于平缓。因此，$n=300$ 可能是最优解。

尽管看起来最终得到的树的数量非常多，但每棵树都是由有限数量的属性(单词)生成的，只使用了所有训练样本中一个相对较小的子集，包含的词汇量有限。以此生成的每棵树相对较小，在整个分类问题中这些树的分类结果或许不尽如人意，但在特定领域中会表现得非常好。

199 通过聚集有限的树(树的分类领域在某种程度上相互重叠)可以获得非常好的结果，这就是随机森林的优势。近年来，随机森林应用到了越来越多的实际领域。

第 9 章

自适应提升算法

9.1 简 介 201

自适应提升算法(Adaboost，Adaptive Boosting)[94,95,112]将一组方法或元算法结合在一起提供出色的结果，而不专注于优化某一特定算法。Adaboost的思想与上面提到的随机森林算法类似，通过多个简单且略高于平均水平的分类器投票来提供更加准确的分类结果，该方法通过如下所述方式对训练样本加权。

9.2 提升原理

自适应提升算法通常使用同一类型的弱学习器(算法)作为提升元算法，这些弱学习器的分类误差最大不能超过50%。

为了提高算法的分类结果，我们需要逐步增加具有相同属性的分类器。每个分类器只使用随机选取的部分训练样本，并将剩余样本留给其他分类器，从而增强集成系统的分类能力。

使用该算法时需要给每个学习器分配一个训练子集，因此首先我们需要
确定弱学习器的数量 n_{wl}，再根据该数量通过装袋法等方法将训练集随机划分 202
成训练子集。

目前没有算法能预先确定 n_{wl} 的值。每个学习器在最终投票中的权重都是相等的，因此训练集 D 中的每个样本都需要参与到训练过程中，并且每个学习器使用的训练样本的数量应该大致相同。完成训练后，算法中的每个学习器会对未标记样本进行分类，并将分类结果中最多的一个作为最终输出结果。

自适应提升算法的原理十分简单，但在实践却有一定困难。在一些简单的分类任务中，训练出的第一个分类器可以正确分类绝大多数样本 m_1，其中 $m_1 \gg m_i$，i=2…，n_{wl}。剩下的少量样本需要由另一个分类器来完成分类，这会导致该分类器由于缺少训练样本而训练程度不足。因此，并不是训练集 D 中所有训练样本都被使用了，并且在给定的情况下获得的结果也不是最优的。

为了解决该问题，我们可以多次重复提升过程来获得 m_1 的最佳值，使不同的训练子集中的样本数量近似相等，并在可能的情况下利用所有训练样本。为了做到这一点，我们需要使用各种启发式方法。

9.3 自适应提升原理

自适应提升算法可能是目前应用最广泛的提升方法，专注于解决复杂的样本分类问题。该算法允许逐步添加弱学习器，直到分类误差能达到我们的期望值。训练过程中每个训练样本都会被赋予一个权重，该权重是样本从训练集 D 中被选择成为每个分类器训练子集的概率。被弱学习器正确分类的训练样本的权重会减小，被错误分类的样本的权重将会增大。

最初，样本具有相同的权重。在 k 次（$1 \leqslant k \leqslant k_{max}$）迭代中，通过选择加权可以生成一个新的训练集，分类器 C_k 使用第 k 次生成的新样本集进行训练。

接下来，根据训练后 C_k 的分类结果，可以增加被错误分类的样本的权重，减少被正确分类的样本的权重。

最后，基于新的选择概率分布和样本的权重可重新构建新的训练样本集，并使用新训练集创建新分类器 C_{k+1}。算法将该过程不断迭代，直到达到集合的最低期望分类误差、预设的最大弱学习器数量 k_{max} 或没有剩余训练样本为止。

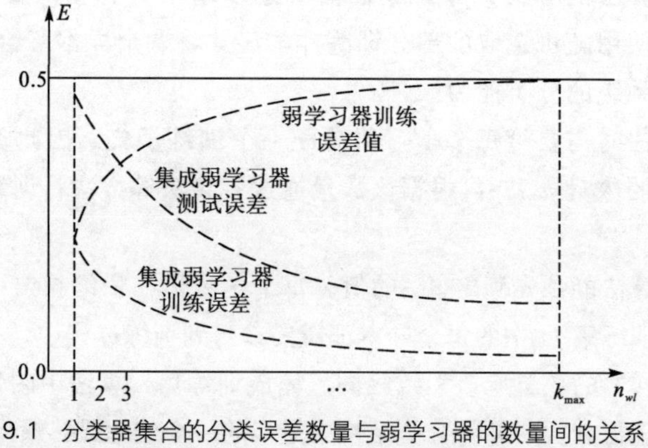

图 9.1 分类器集合的分类误差数量与弱学习器的数量间的关系

图 9.1 展示了逐步增加弱学习器数量(轴 n_{wl})时训练过程的变化。如前所 203
述，在训练和测试数据时，第一个弱学习器的分类误差 E 最高，当有两个分类时弱学习器的分类误差必须始终小于 50%。新添加的弱学习器用于处理分类错误样本及其他没有处理的样本，由于处理的样本越来越难，新弱学习器的错误率可能会逐步增加，但学习器在训练和测试数据上的整体分类误差会逐渐下降。只要每个弱学习器的分类误差值小于 50%，就能够保证由所有弱学习器加权输出的训练数据最终分类结果的误差下降，测试数据也是如此。

理论上，图中曲线表示误差值是呈现指数减少和增加的。

增加分类器数量可能会导致过度训练的问题，分类器对数据的过度学习会使得分类器只能识别特定的训练数据，丧失了泛化能力。因此在增加 k_{max} 数量时必须非常谨慎。但许多模拟实验表明，即使 k_{max} 值非常高，过度学习的情况也很少发生。

读者可在文献[76]中找到自适应提升算法中相关问题的简要解释。通过上述表述及前期经验可知自适应提升算法的实际应用遵循以下基本规律：只有当集合中的单个分类器提供的结果比随机结果更好时，提升方法才能改进分类准确率，但这不能预先保证。

尽管缺乏先验保障，自适应提升算法在解决许多现实问题时都能获得很 204
好的结果，这也是该算法如今非常流行的原因。研究者可以使用包括 R 在内的很多方式实现自适应提升算法。

9.4 弱学习器

那么应该使用哪种分类算法作为弱学习器？我们对弱学习器的要求仅是获得比完全随机分类更好的结果，因此对算法的选择不是特别重要。在大多数情况下，弱学习器使用决策树作为分类算法，特别是它们最简单的变体——单层树。本书在使用 R 来实现自适应提升算法时也是如此。

顾名思义，单层树算法是一棵仅包括了根节点的树，分支从根节点直接通向叶节点。根节点是训练数据中的某个单词，该单词需要尽可能减少混合样本集中不同类的样本的异质性。单层树会将集合分成更同质的子集，因此分类结果比随机分类结果更好。

但单层树间可能会共享某些单词，此时可根据具体情况使用相同或完全不同的值测试共享单词。这需要根据具体情况来看。

图 9.2 展示了一个单层树示例，在给定的任务中选择单词 x_i 作为根节点，根据 x_i 的值决定输出哪个标签。

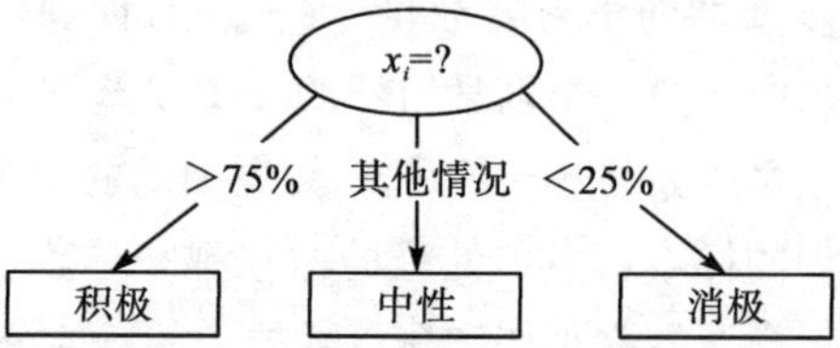

图 9.2　这是一个单层树示例。在分类过程中，根节点测试单词 x_i，并根据 x_i 的值输出三个分类标签中的一个

在逐渐添加弱学习器及从原始训练集中删除样本的过程中，词与分类间的相关性可能会发生变化，根上的待测单词会产生不同的单层树。这类单词列表是分类的次要结果(也可能是主要结果)，有助于我们从数据中提取知识。这可能是使用单层数的优势之一。

单层树非常简单，不需要花费很长时间训练。考虑到自适应提升算法的原理，我们只需使用足够数量的单层树就可以得到想要的结果，不过这也依赖于训练样本集的数量及质量。

图 9.3 给出了自适应提升算法的分类过程。该过程使用原始训练样本集中 $k_{\max}$ 个互不相交的子集训练 $k_{\max}$ 个单层树。

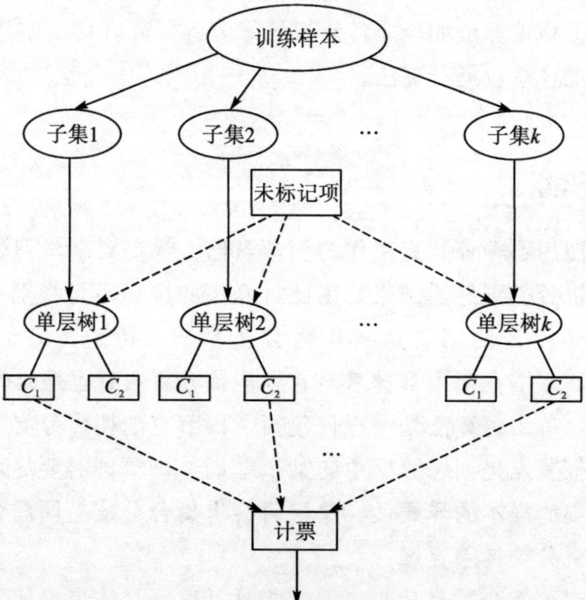

图 9.3　自适应提升算法训练和分类过程图解

对于二分类问题，每个单层树使用其中一个单词判断未标记样本属于类

别 C_1 还是 C_2，取投票最多的类作为最终结果输出。

9.5 在 R 中实现自适应提升算法 205

下面使用 ada 库实现自适应提升算法，在使用前必须先安装该库。为了便于说明，本文分别使用决策树(通过 rpart 库实现递归划分和回归树)和单
层树(下面的 R 代码展示了单层树的实现方法，即 maxdepth=1)作为弱学习 206
器算法并展示分类结果：

实现 Adaboost 元算法的 R 代码如下：

```
library(ada)
library(rpart)

#加载数据
data<-read.csv('BookReviews.csv', header = TRUE)

#将数据转化为矩阵
dtm<-as.matrix(data)

#删除不需要的对象数据
rm(data)

#实例的数量
n<-dim(dtm)[1]

#单词的数量
m<-dim(dtm)[2]

#为 100 个测试样本编制序号
number_of_test_samples<-100
test_index<-sample(n, number_of_test_samples)

#选择训练样本
train_data<-dtm[-test_index, 1:(m-1)]
train_labels<-dtm[-test_index, m]
```

```
#选择测试样本
test_data<-dtm[test_index, 1:(m-1)]
test_labels<-dtm[test_index, m]

result<-NULL

for (it in c(1, 5, seq(10, 100, 10))) {
    # 使用决策树
    ada_model<-ada(as.data.frame(train_data),
                        train_labels,
                        type="real",
                        iter=it,
                        nu=0.05,
                        bag.frac=1)
predictions_ada<-predict(ada_model,
                            as.data.frame(test_data),
                            type="vector")
# 使用单层树
ada_model_st<-ada(as.data.frame(train_data),
                        train_labels,
                        type="real",
                        iter=it,
                        nu=0.05,
                        bag.frac=1,
                        # 使用 rpart.control 函数设置树的深度为 1
                        control=rpart.control(maxdepth=1,
                                    cp=-1, minsplit=0, xval=0))
predictions_ada_st<-predict(ada_model_st,
                                as.data.frame(test_data),
                                type="vector")

# 创建混淆矩阵
cm_ada<-table(test_labels, predictions_ada)
cm_ada_st<-table(test_labels, predictions_ada_st)

# 实例的数量
n<-sum(cm_ada)
```

```
#每个类中被正确分类的实例数量
correct_ada<-diag(cm_ada)
correct_ada_st<-diag(cm_ada_st)

# 每个类预测的数量
class_predictions_ada<-apply(cm_ada, 2, sum)
class_predictions_ada_st<-apply(cm_ada_st, 2, sum)

#准确率
accuracy_ada<-sum(correct_ada)/n
accuracy_ada_st<-sum(correct_ada_st)/n

# 每个类的精确率
precision_ada<-correct_ada/class_predictions_ada
precision_ada<-round(precision_ada, 4)

precision_ada_st<-correct_ada_st/class_predictions_ada_st
precision_ada_st<-round(precision_ada_st, 4)    208

#存储当前迭代的结果
result<-rbind(result,
            data.frame(it, accuracy_ada, accuracy_ada_st,
                       precision_ada["1"],
                       precision_ada["0"],
                       precision_ada_st["1"],
                       precision_ada_st["0"]))
}
# 打印每次迭代过程中的分类性能指标
rownames(result)<-NULL
colnames(result)<-c("It.",
                    "Acc1", "Acc2",
                    "Prec1(pos)", "Prec1(neg)",
                    "Prec2(pos)", "Prec2(neg)")
print(result)

#绘制分类误差曲线
```

```
plot(ada _ model)
plot(ada _ model _ st)

#打印模型信息和训练数据的最终混淆矩阵
print("Adaboost with trees ")
print(ada _ model)
print('Adaboost with stumps')
print(ada _ model _ st)
```

运行以上代码会输出基于决策树和单层树的自适应提升算法的分类性能指标值，其中 Acc1、Prec1 等是基于决策树算法的相关值，以 2 结尾的名称是基于单层树算法的相关值)：

		It.	Acc1	Acc2	Prec1(pos)	Prec1(neg)	Prec2(pos)	Prec2(neg)
	1	1	0.63	0.49	0.6731	0.5833	0.5370	0.4348
	2	5	0.63	0.52	0.6667	0.5870	0.5686	0.4694
	3	10	0.68	0.58	0.7170	0.6383	0.6512	0.5263
	4	20	0.67	0.61	0.7115	0.6250	0.6600	0.5600
	5	30	0.68	0.63	0.7347	0.6275	0.6731	0.5833
	6	40	0.72	0.66	0.7755	0.6667	0.6909	0.6222
209	7	50	0.70	0.69	0.7551	0.6471	0.7069	0.6667
	8	60	0.76	0.69	0.7925	0.7234	0.7000	0.6750
	9	70	0.74	0.67	0.7843	0.6939	0.6833	0.6500
	10	80	0.73	0.68	0.7800	0.6800	0.6885	0.6667
	11	90	0.74	0.70	0.7843	0.6939	0.6984	0.7027
	12	100	0.75	0.69	0.7885	0.7083	0.6935	0.6842

这里并未显示所有信息，感兴趣的读者还可在计算结束后通过 RStudio 控制台查看额外的输出信息。另外还可以使用 plot(ada _ model)命令和 plot(ada _ model _ st)命令为树创建两个可视化图(需要点击 RStudio 控制台右下方的 plot 按键)。图 9.4 和图 9.5 展示了训练样本在迭代过程中的分类误差变化。

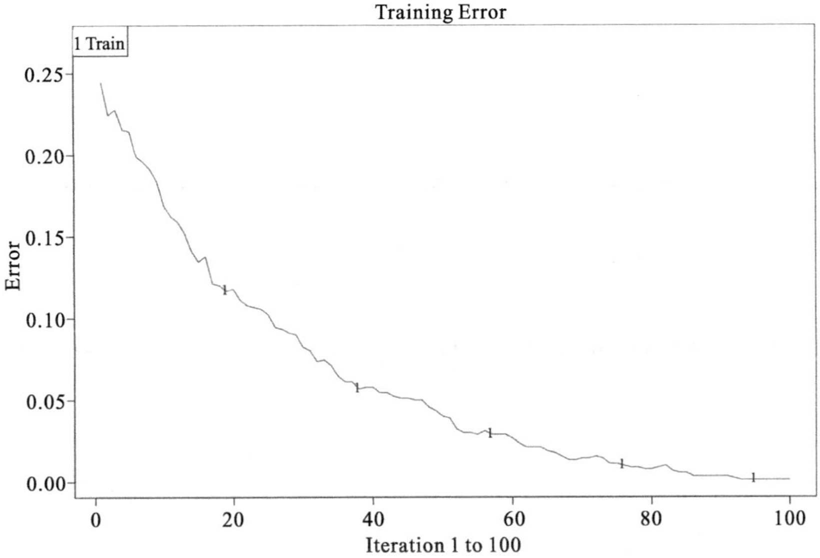

图 9.4　Adaboost 迭代准确率误差降低曲线(基于决策树算法)

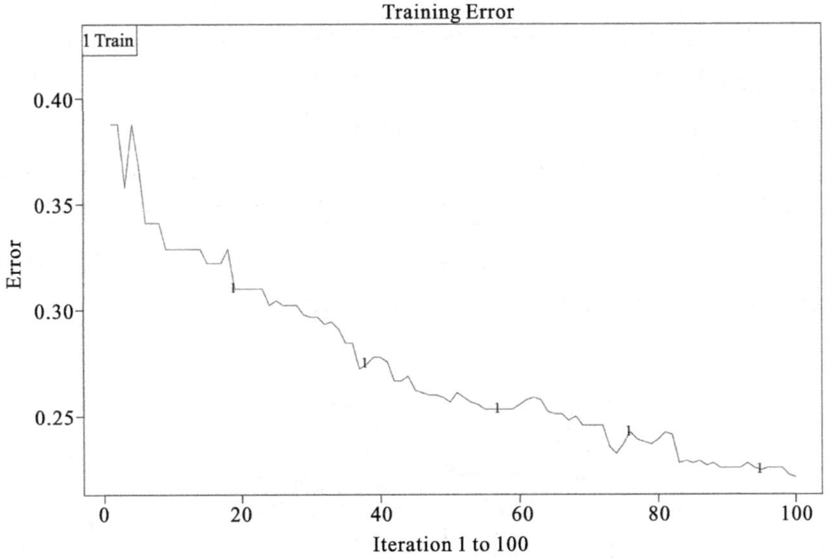

图 9.4　Adaboost 迭代准确率误差降低曲线(基于单层决策树算法)

很明显，完整树比单层树分类效果更好，但其分类准确率(75%)仅比单 210
层树(69%)高 6%。从图中也可以看出单层树对负样本的分类效果较差，我们可以从信息的角度对负样本进行细化，以便与正样本相匹配。

第 10 章

支持向量机

211 ## 10.1 简　介

支持向量机(Support Vector Machines，SVM)也是目前应用较广且分类效果较好的分类算法之一。支持向量机的出现最早可以追溯到苏联数学家阿列克谢·切尔沃嫩基斯、亚历山大·勒纳和弗拉基米尔·万普尼克等人在1963年一起发表的关于统计学习和模式识别的著作中。

在这些著作不断发表的过程中，逐渐产生了目前较为成功的基于线性代数理论的算法[31]。支持向量机旨在使用一种叫作超平面的线性分类器来分离两个不同类，目前有多种实现该目的的方法。按照这个原则，我们通常可以为给定的训练样本创建无限个这样的边界，如图 10.1。

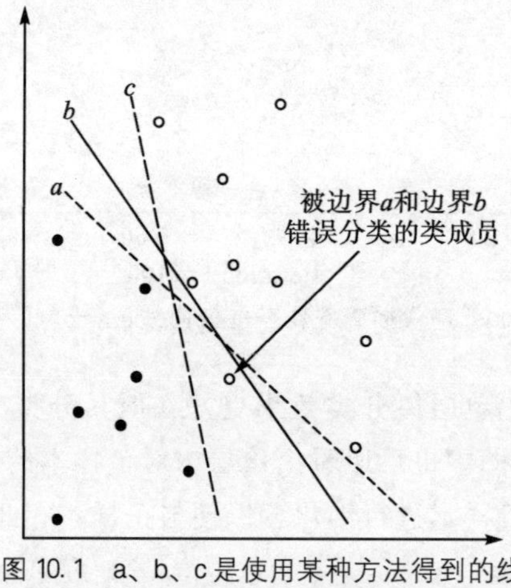

图 10.1　a、b、c 是使用某种方法得到的线性边界，这些边界可能会将元素分类错误

该图中只显示了使用某种方法找到的无限多个分离线性边界中的 a、b 和 c 三个边界。如果三个边界可以将训练数据全部分类正确，那么这三个边界都是合适的，可以选择其中任何一个。但如果最初设置的两个边界 a 和 b 将白色元素错误分类为黑色，那我们可以认为这三个边界中 c 是最优的吗？对于这个问题我们需要根据训练样本找到一个最优解，保证从点到该平面的距离的最小值尽可能大，以此减少这种潜在的错误分类，这个最优解被称为最优超平面(optimum hyperplane)。

通过支持向量机算法我们可以得到最优的边界，如图 10.2 所示。该图使 212
用的黑白样本与图 10.1 相同。

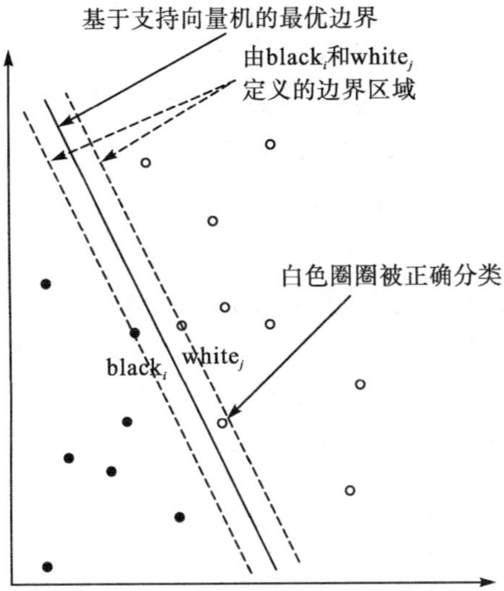

图 10.2　使用支持向量机找到的最优边界，这里通过 $black_i$ 和 $white_j$ 两个支持向量定义边界区域的中心

首先，根据支持向量机的理论我们必须找到分离两个类的最宽区域(带)。 213
在这个过程中选择的样本被称为支持向量(support vectors)，这些支持向量决定了这个区域的边缘。

而最优边界(超)平面位于区域的中心。当然，理论上需要分类的样本有无限多个，我们不能保证训练后的算法能够正确分类未来所涉及的所有样本，但我们可以提升那些最接近边界的样本被正确分类的概率。

10.2　支持向量机原理

使用线性函数可以简化线性分离任务。与非线性函数不同，线性函数具有确定的形状，而非线性模式具有较大的任意性，对正确边界的选择也较为模糊。因此，使用线性函数更好，这也符合奥卡姆剃刀定律。

支持向量机算法底层由非常强大的数学计算模型支撑，结合了一系列的数学运算，包括线性代数、核函数、非线性优化。由于篇幅限制，本书无法展示这些计算细节，大家可以通过下面的示例来实现支持向量机算法，并用样例数据对该算法进行训练，体验支持向量机中的参数设置，例如将核函数类型设置为线性、多项式或径向。如果大家对支持向量机的基础知识非常有兴趣，可以查看参考文献中的一些优秀资源。

10.2.1 找到最优分类超平面

如图 10.1 和图 10.2 所示，我们首先需要找到分离超平面的最优边界区域，也就是从所有样本中找到能创建最宽区域的样本组合，尽可能最好地定位分离超平面。但从计算角度讲通过上述方式找到分离超平面是非常困难的，某些分类问题的计算复杂度特别高，包含数百万甚至更多的训练样本，在实践中无法将所有可能的组合尝试一遍。

因此必须使用某些简化技术和启发式方法避免这种极复杂的计算。在支持向量机中使用二次规划(quadratic programming)方法对该步骤进行优化，该方法通过线性约束来优化二次函数中的变量。文献[24]给出了二次规划的一个示例，这是非线性规划的一种特殊情况。

214 10.2.2 非线性分类和核函数

第二个需要解决的问题是线性边界不足。解决任务需要使用非线性边界，但由于某些替代算法(例如具有非线性传递函数神经元的人工神经网络)可能会导致我们陷入局部极端，因此确定非线性边界形状非常困难。但如果在给定空间中曲线不能被拉直来做线性分离，我们可以以某种方式调整、弯曲任务空间来使用超平面。

可以通过基于核函数的核变换来解决这种非线性分类问题[30,243]，支持向量机可以将数据属性的原始空间变为转换后的更高维度的属性空间，来适应任务空间特性。核变换将初始线性不可分的任务转化为线性可分的任务，使得我们能够利用优化算法求解分离超平面。

从一维空间到二维空间的转换过程如图 10.3 所示，从二维空间到三维空间的转换如图 10.4 所示。

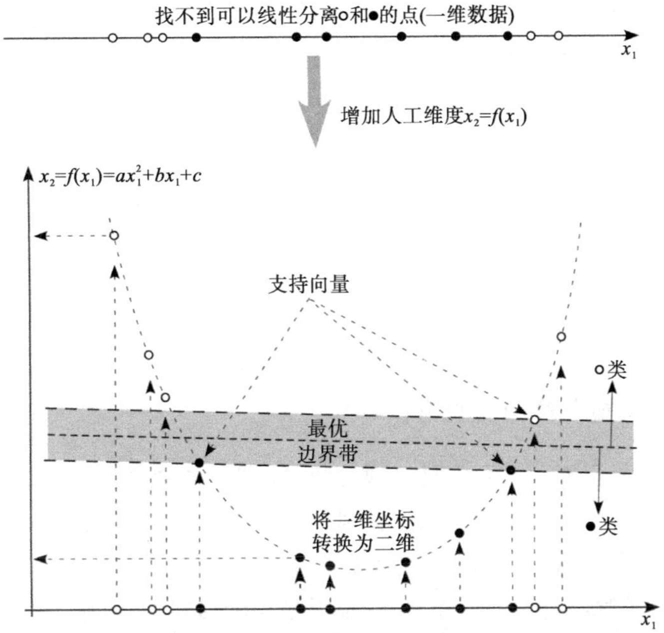

图 10.3　使用特定的支持向量机算法将空间变换为具有更大维度的空间，创建类之间的线性边界(图中的例子展示了从一维空间到二维空间的变换)

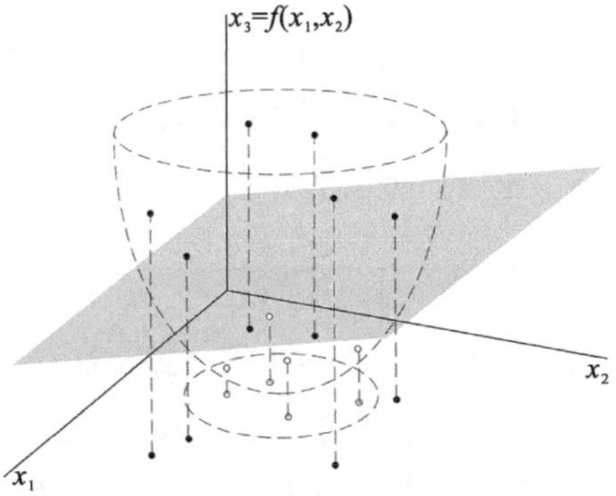

图 10.4　创建一个超平面(图中的灰色部分)，将原始 2D 空间转换为人工 3D 空间来分离两个类

在一维空间中，无法使用 x_1 轴上的一个点作为超平面将黑白点彼此分离。只有将其转换为二维空间，创建人工坐标轴 x_2 并形成方程 x_1，$x_2=f(x_1)$，通过由数据点组成的抛物线(核函数)找到边界区域，区域中间便是两个类的分离边界(图中的灰色带)。

同样的，我们可以再将二维空间(以椭圆为边界的类)转换到三维空间，添加新的人工坐标轴 $x_3=f(x_1, x_2)$，将白色点和黑色点放置在抛物面(核函数)上。

核函数将训练样本向量从欧几里得空间转换到另一个欧几里得空间，在这个空间里，这两类向量不能被线性分离。我们不需要知道 Φ 变换函数的具体公式，只需利用核函数 K 计算 Φ 函数作用于变换向量的标量积就足够了：

$$K(\vec{x}_i,\ \vec{x}_j)=\Phi(\vec{x}_i)\cdot\Phi(\vec{x}_j)$$

例如，线性变换 $K(\vec{x}_i,\ \vec{x}_j)=\vec{x}_i\cdot\vec{x}_j$ 的 d 次多项式为 $\mathrm{K}(\vec{x}_i,\ \vec{x}_j)=(\vec{x}_i,\ \vec{x}_j+1)^d$。

215 使用标量积可以极大简化和加速计算过程，文献[59，111]描述了更加详细的过程。

10.2.3 多类别支持向量机分类

支持向量机只能分离两个类，即在超平面之上的类和在超平面之下的类，但在现实中可能需要区分两个以上类别，这是我们需要考虑的第三个问题。

当遇到这个问题时，我们首先会想到两种基于二类转换的解决方法：一对一(所有个体对彼此进行训练)和一对所有(由特定类对其他类进行训练)。

前一个方法可能存在计算复杂度高、置信值在二分类器间存在差异(尺度变异性)等问题，后一个方法中常出现训练样本数量不平衡的问题，即使个体训练集达到平衡。

216 除上述两种方法外，还有一些处理多类别分类案例的扩展方法。这些扩展方法通过将额外的参数和约束添加到优化问题中来处理不同类的分离问题。本书的参考文献部分有关于这些方法的详细描述，例如文献[274]。

10.2.4 支持向量机总结

基于支持向量机的分类系统可以解决上述提到的所有问题。即使支持向量机需要复杂的计算，它给出的结果仍非常优秀。

支持向量机与 k-NN 算法不同，它最大的一个优点是在训练之后只需要存储找到的支持向量以备将来分类，一般只占到大多数应用中所有训练样本的一小部分。支持向量机的实时分类进行得非常快。

由于采用线性方法，训练总是能找到具有可重复结果的全局(最优)解，而不依赖于起始点的选择，这与人工神经网络不同。

另一方面，该算法也存在一些问题和局限性。支持向量机的最优超平面函数很大程度上取决于核函数，而核函数并不总是容易找到的。当支持向量
217 非常多时，其存储速度和内存需求也是一个需要解决的问题。针对这些问题的解决方案往往需要使用大数据相关算法，目前仍在研究阶段。

10.3 使用 R 实现支持向量机

使用相同的训练样本集，在 R 中我们可以实现支持向量机算法来对之前提到的训练样本集进行分类。在 R 中有多个可以实现支持向量机的包/库，本章我们选择了 e1071 包中的实现方法来演示支持向量机，该包中的实现方式对样本数据的分类结果非常好。应用代码如下所示。在准备好训练和测试数据后，使用 svm_model()函数建立基于训练样本的模型。这里我们选择线性核函数，有兴趣的读者也可以尝试其他的核函数，如径向基函数(radial basis function，RBF)、s 形函数(sigmoidal)、多项式(polynomial)。type = "C-classification"参数用于二类分类，这在下文也做了展示。关于 e1071 包的完整参数说明请参见文献[193]。

支持向量机的高级实现方法中包含了非常丰富的功能，我们需要花一些时间来研究和测试不同参数的组合，这取决于正在分析的数据。由于篇幅所限，此处无法提供详细的说明，如有需要，大家可以在互联网上找到必要的信息。

```
library(e1071)

#加载数据
data<-read.csv("BookReviews.csv", header = TRUE)

#将数据转换为矩阵
dtm<-as.matrix(data)

#删除不需要的对象数据
rm(data)

#实例的数量
n<-dim(dtm)[1]

#特征的数量
m<-dim(dtm)[2]

#100 个测试样本的索引 218
number_of_test_samples<-100
test_index<-1:number_of_test_samples
```

```
#选择训练样本
train_data<-dtm[-test_index, 1:(m-1)]
train_labels<-dtm[-test_index, m]

# 选择测试样本
test_data<-dtm[test_index, 1:(m-1)]
test_labels<-dtm[test_index, m]

#训练 SVM 分类模型
svm_model<-svm(train_data,
               train_labels,
               type="C-classification",
               kernel="linear")

#预测分类
predictions<-predict(svm_model, test_data, type="class")

#创建混淆矩阵
cm<-table(test_labels, predictions)
print("Confusion matrix")
print(cm)

# 实例数量
n<-sum(cm)

#每个类中被正确分类的实例的数量
correct<-diag(cm)

#每个类中实例的数量
instances_in_classes<-apply(cm, 1, sum)

#每个类预测的数量
class_predictions<-apply(cm, 2, sum)

# 准确率
accuracy<-sum(correct)/n
```

```
#每个类的精确率
precision<-correct/class_predictions

#每个类的召回率
recall<-correct/instances_in_classes

#每个类的 F1 测量值
f1<-2 * precision * recall / (precision + recall)

#打印所有类别的摘要信息
df<-data.frame(precision, recall, f1)
print("Detailed classification metrics")
print(df)
print(paste("Accuracy: ", accuracy))

#宏平均
print("Macro-averaged metrics")
print(colMeans(df))

#微平均
print("Micro-averaged metrics")
print(apply(df, 2, function (x)
                weighted.mean(x, w = instances_in_classes)))
```

输出如下：

```
[1]  "Confusion matrix"
            predictions
test_labels  0  1
           0 40 17
           1 12 31

[1] "Detailed classification metrics"
   precision    recall        f1
0  0.7692308 0.7017544 0.7339450
1  0.6458333 0.7209302 0.6813187
[1] "Accuracy: 0.71"
```

```
[1] "Macro-averaged metrics"
precision    recall        f1
0.7075321 0.7113423 0.7076318

[1] "Micro-averaged metrics"
precision    recall        f1
0.7161699 0.7100000 0.7113157
```

220 下面演示的支持向量机算法使用了交叉验证进行测试。每个步骤的结果都非常相似，均值的标准误差为 1.49，这说明支持向量机在分类给定的数据时比较稳健。

```
Cross-validation fold：1
 Accuracy：0.71
 Precision(positive)：0.6458333
 Precision(negative)：0.7692308
Cross-validation fold：2
 Accuracy：0.75
 Precision(positive)：0.8
 Precision(negative)：0.7090909
Cross-validation fold：3
 Accuracy：0.73
 Precision(positive)：0.76
 Precision(negative)：0.7
Cross-validation fold：4
 Accuracy：0.78
 Precision(positive)：0.74
 Precision(negative)：0.82
Cross-validation fold：5
 Accuracy：0.65
 Precision(positive)：0.6666667
 Precision(negative)：0.6346154
Cross-validation fold：6
 Accuracy：0.78
 Precision(positive)：0.7924528
 Precision(negative)：0.7659574
Cross-validation fold：7
```

Accuracy：0.69
Precision(positive)：0.6136364
Precision(negative)：0.75
Cross-validation fold：8
Accuracy：0.66
Precision(positive)：0.6792453
Precision(negative)：0.6382979
Cross-validation fold：9
Accuracy：0.73
Precision(positive)：0.7608696
Precision(negative)：0.7037037
Cross-validation fold：10 221
Accuracy：0.77
Precision(positive)：0.7931034
Precision(negative)：0.7380952
Average Accuracy：72.5 %
SEM：1.49

第 11 章

深度学习

223 11.1 简 介

深度学习来源于古老且传统的人工神经网络算法思想，是目前文本挖掘领域分类问题的最新研究方向之一。本章将简要介绍该方法，如果想了解更加详细的内容，请查看文献[103]中的例子。

随着计算机计算速度、内存等性能的快速发展，神经网络计算的硬件需求正在逐渐被满足，这使得神经网络在很多高难度任务中得到广泛的应用。

那么哪些任务与深度学习直接相关呢？当需要学习高维属性或做属性转换时，特别是当无法手动提取或定义属性、数据维数非常高、经典学习算法工作得不够好或根本不起作用时，可以使用深度学习。这些任务在文本挖掘中经常出现，特别是高维数据，就像前几章提到的那样。

深度学习可能会学习或产生对解决问题帮助不太明显的属性。图 11.1 简单说明了传统机器学习算法和深度学习在原理上的区别。

目前，深度学习主要包括多层前馈网络、深度卷积神经网络、深度置信网络和用于从序列数据中学习的递归神经网络。

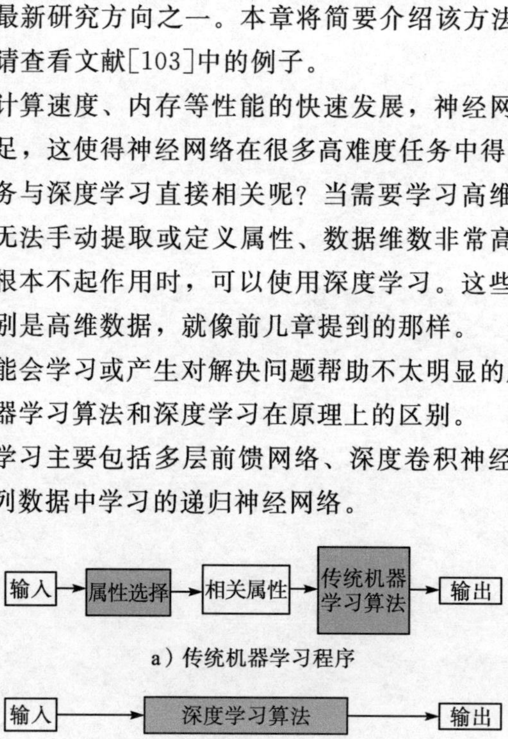

a）传统机器学习程序

b）深度学习程序

图 11.1　与传统的机器学习方法不同，深度学习自动从数据中学习相关属性及可能组合

由于篇幅的限制，这里我们无法详细描述所有网络的类型和原理，只能 224
利用参考书中的材料对其中某些进行介绍。如果读者想要更深入地理解这些算法，可以查阅参考书目。本书将简单演示人工神经网络中最著名也是最基本的前馈网络。读者可以在文献[113]中找到对各种类型人工神经网络及其原理的详细介绍。

从理论上讲，人工多层神经网络是一种分层学习工具，可以根据用户定义的层次数量、组成层次的神经元的数量和类型以及从较低层次到较高层次的连接类型(完全型或可以减少属性的稀疏型)来从底层属性中逐步学习更高层属性，比如从字符到音节、单词、短语、句子、段落、章节，等等。

深度学习在包括文本挖掘在内的许多不同的应用上都有其独特优势。但需要注意的是，人工神经网络算法是一种黑盒算法，产生的分类及回归结果很难甚至无法解释。我们既无法也解释这是什么，也无法解释为什么这么做。

在训练过程中，神经网络形成了非常抽象的空间，其中包含了任意数量的人工维度，这些维度可能与原始输入维度存在本质上的差异。如果只需分析目前的分类结果并只在分类结果基础上进行进一步的研究和合成，就不会出现问题。但如果需要对神经网络给出的结果分别进行论证，那么单纯给出正确的分类结果是无法完全满足要求的。

例如在医学上，仅仅诊断是不够的，医生必须证明进一步治疗是合理的。 225
这同样也适用于文本挖掘：哪些单词和短语与特定类别相关？为什么相同的单词或短语会出现在不同的类别中？为什么有些词在某处表达了反讽，而在别处即使我们看出是讽刺的意思但计算机却认为并非如此？对于黑盒算法，研究如何证明结果是准确的仍然是一个值得探索的领域。

11.2　人工神经网络

人工神经元可以被看作是一个传递函数 $\phi(.)$，它有 $n+1$ 个输入 x_i，每个输入 x_i 的权重为 w_i，其中 $w_i \in R$，$-\infty < w_i < +\infty$：

$$\hat{y} = \phi(w \cdot x) = \phi\left(\sum_{i=0}^{n} w_i x_i\right) = \phi\left(\theta + \sum_{i=1}^{n} w_i x_i\right) \tag{11.1}$$

其中，向量 $w \cdot x$ 与常量 $x_0 = 1.0$ 点积的偏差(阈值)$\theta = w_0 x_0 = w_0 \cdot 1.0$，该值决定了激活神经元的传递函数 $\phi(.)$，并使得输出值不等于 0.0。因此，神经元通常会进行从 R^n 到 R 的变换。

ϕ 函数的确定取决于任务的类型和近似未知函数 $\hat{y} = \hat{f}(x)$ 的已知或预期性质。常用的非线性传递函数 ϕ 是 sigmoid(也称为 logistic)，即 $S(x)$，其中

$$S(x)=(1+e^{-1}),\quad \lim_{x\to-\infty}S(x)=0,\quad \lim_{x\to+\infty}S(x)=1$$

在分类任务中，当神经元返回 1 时，一般设置阈值 $S(x)\geqslant 0.5$，否则设置阈值为 0。但在某些特定任务中也会使用到一些替代方案，感兴趣的读者可查看相关文献。

多个神经元可以分层组合成网络来估算未知且复杂的非线性函数，也包括不连续或不可微函数)，这在分类或回归任务汇总也适用。近似(或分类)误差函数 E 通常定义如下：

$$E=\frac{1}{2}(y-\hat{y})^2 \tag{11.2}$$

其中，y 是已知的，$\hat{y}$ 是训练网络对给定的训练数据样本的估算值。对 y $-\hat{y}$ 的差值进行平方运算可以消除负误差值并突显出一些较大的错误，这些
226 错误需要优先删除。公式 11.2 中给结果乘$\frac{1}{2}$是为了规范化，这样在寻找误差的最陡下降并求导数时，指数中的数字 2 不会被考虑到)。

对于输入样本 x，在修正 $\phi(w\cdot x)$的输出时，由于 x 的值是给定的，因此只能修改权值向量 w。这个修改会影响输入向量 $x=(x_1, x_2, \cdots, x_n)$的 n 个加权独立分量(属性 x_i)的显著性，分量组合决定了近似函数 $\hat{f}(x)$所需的输出值。

这些权值表明了某个迭代过程的解在 n 维空间中的瞬时位置。但在开始训练之前我们是不知道权值的。

在本书示例中，我们的目标是获得最优的解决方案，使得分类准确率最大(或者分类误差最小)，也就是函数取得全局最大值 $\hat{f}(x)\approx f(x)$。

初始的 w_i 值定义了起始点，由于不知道从何处开始，这些坐标值是随机生成的。当拥有了初始信息后，我们就有可能更精确地确定起始点或起始子空间。

训练后的网络在输出时仍会出现误差，因此我们需要适当调整属性的权重。在每个迭代步骤中，我们一般从输出层到输入层逐步调整权重，这被称为“反向误差传播”。文献[113]等有更详细的描述。

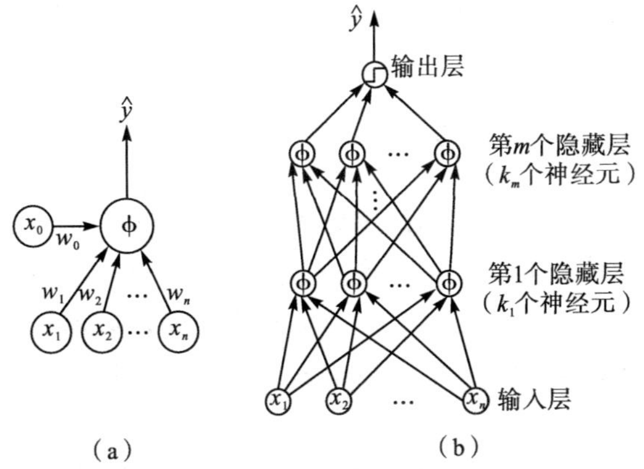

图 11.2　(a)人工神经元
(b)由神经元组成的多层前馈分类神经网络(忽略了阈值)

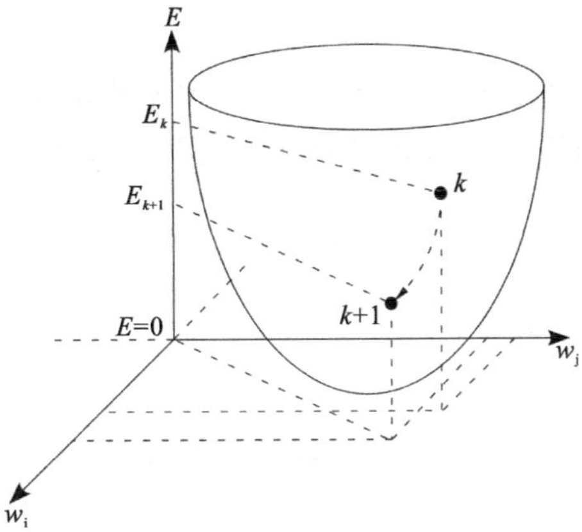

图 11.3　在第 k 个迭代步骤中，从误差函数 E 的表面找到最陡的下降点，并修正该点的坐标(权值)，使其在 $k+1$ 处向较低的误差值移动

实际上，这是从由向量 x 描述的原始空间转换为由向量 w 描述的高度不同的抽象空间，新的抽象空间一般会包含更多人为引入的维度(转换属性)。神经网络更容易在新的空间中找到期望的近似解。 227

但一般情况下，非线性函数可能会受到许多局部极端值的影响，这会使我们在寻找全局极端值时陷入困境。如果我们要在有迷雾且多山的地形中寻找最高的山峰，那么能否成功主要取决于搜寻的起始位置，即从远离还是接近最高山峰的山脚开始寻找。

因此，建议读者通过使用多个随机生成器种子来生成不同的新坐标，从不同的起点重复搜索并比较输出结果。

如果这些结果相同或非常相似，那就很可能找到了最佳解决方案。

11.3 在R中实现深度学习

到目前为止，我们可以使用许多免费的软件工具实现各类人工神经网络。从数学角度和算法实现角度来看，这些工具一般会包括许多有用的加速和优
228 化增强功能。此外也会包含一些未发布的新强化功能和新神经网络模型，因此我们的选择是比较多的。我们可以根据正在解决的任务类型来选择合适的工具。

我们可以在R的扩展包中找到各种实现方法和算法，有的算法较为通用，有的则用于特定的任务。本章仅演示了单个人工神经网络系统SNNS的使用方法，该方法的安装和使用方式较为简单。SNNS的全称为斯图加特神经网络模拟器(Stuttgart Neural Network Simulator)，这是目前较为成功的仿真系统之一[287]。

可以通过mlp()函数调用SNNS，其中主要参数size = c(1000，500，200，80，20)定义了从网络输入到输出的各个层的大小，maxit = 50定义了迭代次数。

```
library(Rcpp)
library(RSNNS)

#加载数据
data<-read.csv("BookReviews.csv", header = TRUE)

#将数据转换为矩阵
dtm<-as.matrix(data)

#删除不需要的对象数据
rm(data)

#实例的数量
n<-dim(dtm)[1]

#单词的数量
m<-dim(dtm)[2]
```

```
# 100个测试样本的序号
number_of_test_samples<-100
test_index<-1:number_of_test_samples

#选择训练样本
train_data<-dtm[-test_index, 1:(m-1)]
train_labels<-dtm[-test_index, m]

#选择测试样本
test_data<-dtm[test_index, 1:(m-1)]
test_labels<-dtm[test_index, m]

#训练神经网络模型
rsnns_model<-mlp(train_data, train_labels,   229
                  size=c(1000, 500, 200, 80, 20),
                  learnFuncParams=c(0.1),
                  maxit=50)

#绘制rsnns_model对象的迭代错误图
plotIterativeError(rsnns_model, main="Iterative error")

#绘制训练数据的ROC曲线
plotROC(fitted.values(rsnns_model),
        train_labels,
        main="ROC curve - training data",
        xlab="1 - specificity",
        ylab="sensitivity")

#对测试数据进行预测
predictions<-predict(rsnns_model, test_data)

#绘制测试数据的ROC曲线
plotROC(predictions,
        test_labels,
        main="ROC curve - test data",
        xlab="1 - specificity",
        ylab="sensitivity")
```

```
# 为训练数据创建混淆矩阵(当输出值大于 0.6，其余输出小于 0.4 时，赋值为 1)
print(confusionMatrix(
        train_labels,
        encodeClassLabels(fitted.values(rsnns_model),
                          method = "402040",
                          l = 0.4, h = 0.6)))

# 将实数转换为 0 或 1
predictions <- round(predictions)

# 生成混淆矩阵
cm <- table(test_labels, predictions)
print("Confusion matrix")
print(cm)
```

230

```
# 实例的数量
n <- sum(cm)

# 每个类中被正确分类的实例的数量
correct <- diag(cm)

# 每个类中实例的数量
instances_in_classes <- apply(cm, 1, sum)

# 每个类预测的数量
class_predictions <- apply(cm, 2, sum)

# 准确率
accuracy <- sum(correct)/n

# 每个类的精确率
precision <- correct/class_predictions

# 每个类的召回率
recall <- correct/instances_in_classes
```

```
#每个类的 F1 测量值
f1<-2 * precision * recall / (precision + recall)

#为所有类打印摘要信息
df<-data.frame(precision, recall, f1)


print("Detailed classification metrics")
print(df)
print(paste("Accuracy: ", accuracy))

#宏观平均
print("Macro-averaged metrics")
print(colMeans(df))

#微观平均
print("Micro-averaged metrics")
print(apply(df, 2, function (x)
                    weighted.mean(x, w = instances_in_classes)))
```

本分类示例的控制台文本输出如下所示，其中包含了训练样本的混淆矩阵、测试样本的混淆矩阵，以及所有训练样本的正、负分类性能指标： 231

```
        predictions
targets   0   1
      0 434   9
      1   2 455

[1]  "Confusion matrix"
             predictions
test_labels  0  1
           0 40 17
           1  4 39

[1]  "Detailed  classification  metrics"
  precision      recall          f1
0  0.9090909  0.7017544  0.7920792
1  0.6964286  0.9069767  0.7878788
```

```
[1] "Accuracy: 0.79"

[1] "Macro-averaged  metrics "
precision     recall          f1
0.8027597 0.8043656  0.7899790

[1] "Micro-averaged  metrics "
precision     recall          f1
0.8176461 0.7900000  0.7902730
```

此外，还可以生成三个图表来帮助我们理解结果。图 11.4 展示了迭代中的误差平方和 SSE 的减少过程，这清楚地说明了网络是如何进行学习的。

图 11.5 展示了训练数据中敏感度对特异度的依赖关系，图 11.6 展示了测试数据中两者的关系。敏感度(召回率)又称真阳性率，即 $TP/(TP+FN)$，特异度又称真阴性率，即 $TN/(FP+TN)$。

反之，也可以用这种依赖关系表示被误分类为负面的正面样本和被误分为负面的正面样本间的相对关系。这种依赖函数可用于从视觉上对比分类器对测试样本和训练样本的分类效果。我们使用的神经网络算法在分类训练样本时近乎完美，但分类测试样本时错误较多，这是我们早就预测到的。

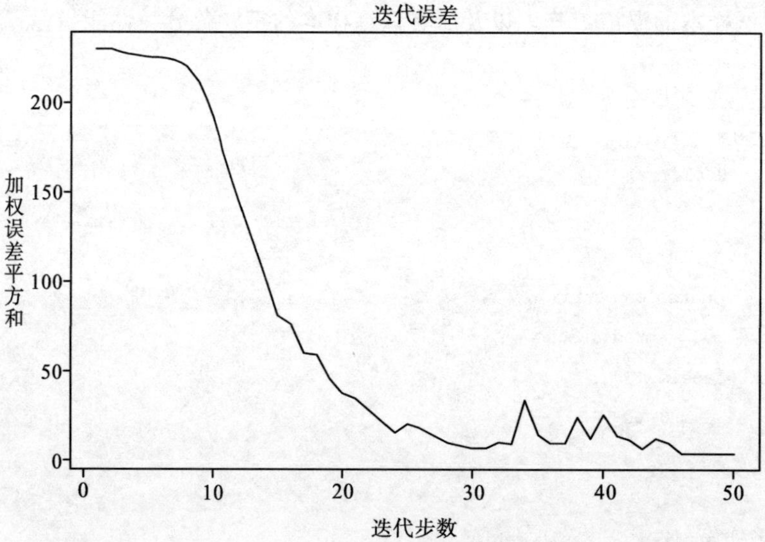

图 11.4　在学习过程中，误差平方和的减少取决于迭代步数

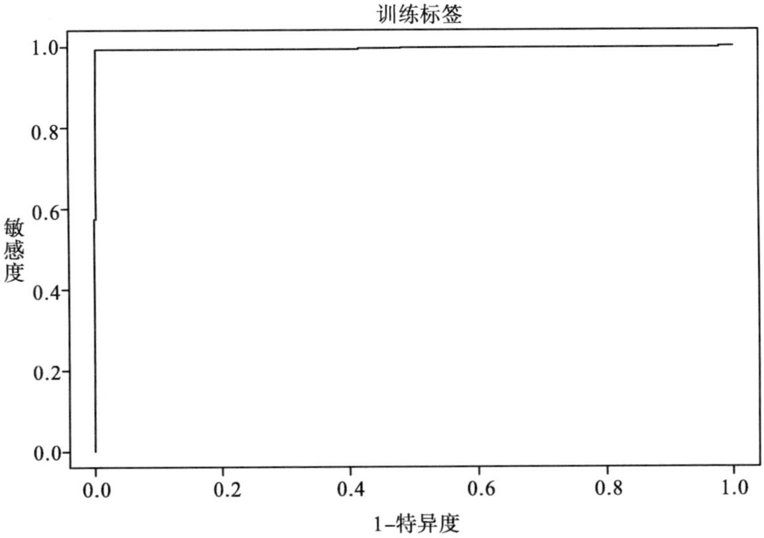

图 11.5　被误分类为负面的正面样本和被误分为负面的正面样本间的相对关系（训练样本）

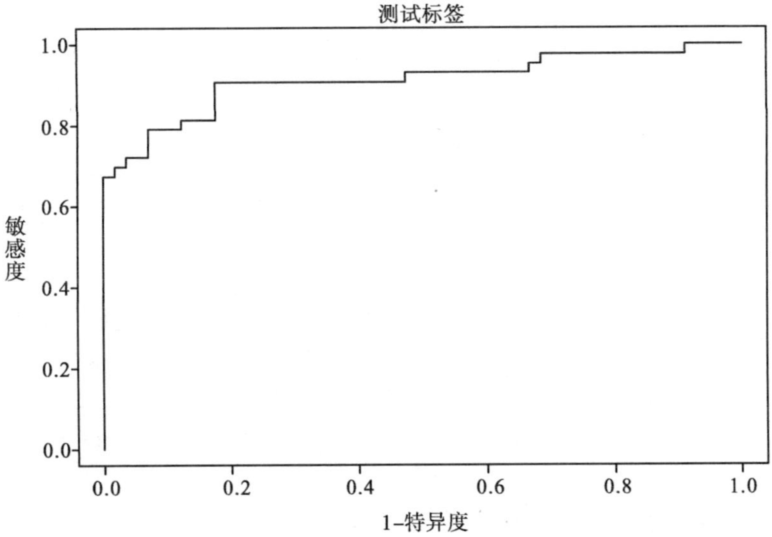

图 11.6　被误分类为负面的正面样本和被误分为负面的正面样本间的相对关系（测试样本）

RSNNS 包只是实现深度学习的方法之一，我们还可以学习和使用其他包，例如目前很流行的替代包 keras。keras 最初是由 Python 开发的，但机器学习社区也提供了在 R 中使用 keras 的方式，我们可以在 R 中通过调用接口免费使用。 233

keras 系统包含了非常丰富的参数和特性，建议大家在使用前适当阅读文档以便了解这些参数和特性。由于篇幅限制，本书不再对 keras 做详细介绍，感兴趣的读者可以通过互联网找到不同形式的相关资料，也可以从文献[50，10，83]及其他参考文献中了解和使用该系统。

第 12 章

聚　类

12.1　关于聚类的介绍 235

监督学习是最常见的一种机器学习方法[71]，在文本挖掘中也非常流行[245]。为了成功地解决监督学习中的问题，我们需要在处理文本时给数据中分配能描述其类别的标签。有监督的学习算法可以使用文档属性和标签来概括该类别中的文档是什么样子，它们的典型特征是什么，以及如何正确地将未标记的样本分配给一个或多个现有的类别。

但如何获取标签数据也是文本挖掘中的主要问题[228]。标注过程本身的要求是非常苛刻的，阅读数十个或数百个文档并正确地给它们分配标签需要花费极大的人工精力。即使标注者是给定领域的专家，标注的质量也不一定总是符合我们的要求，标注者之间的标注标准不一致的情况也不少见[239]。此外，新数据仍不断出现，在合理的时间内完成期望数量的标注几乎是不可能的。

聚类是无监督学习最常见的形式，支持将未标记的文档自动分组到集合的子集中。这些集合内部的对象是同质的，可以与其他集合中的对象明显区分开来。这使得集合中包含的文档与该集合中的其余文档更相似，具有相同的主题，与其他集合中的文档差异较大。文档特征和相似度在聚类过程中起着至关重要的作用。

随着数据量的增加，聚类变得越来越重要，其涵盖了统计、计算机科学、 236
计算智能和机器学习领域的各种算法，并应用于各类学科中[285]。

聚类常被用于组织和检索大型文本集合中，并能取得较好的效果，例如自动创建本体、摘要，消除歧义，导引搜索引擎检索的结果，分析专利，检测犯罪模式等[61,70,262,108,40]。如果聚类对于在给定任务中的结果较好，则可将其成功用作类标签或用于改进分类[84,158]。

12.2 聚类的困难

在监督学习任务中需要对任务对象进行定义和描述。例如，在垃圾邮件过滤问题中，我们希望将垃圾邮件从相关邮件中分离出来。垃圾邮件可以从垃圾邮件样例中得到。选取的机器学习算法会学习垃圾邮件的特征，并将其与其他电子邮件的特征进行比较，再将用于区分垃圾邮件和其他邮件的相关属性特征以某种方法结合到模型中，例如决策树的节点测试方法，或采取一些措施量化它们的关系来确定类别，例如朴素的概率贝叶斯分类器。模型泛化是否成功可以通过分类准确率等明确的指标来衡量，但还不存在能够明确、无争议地评估无监督学习任务结果的方法。

以服装行业为例，假设我们有顾客身体特征的信息，想确定衣服制作的合适尺寸。由于不知道要制作的衣服尺码，我们需要找到具有相似身体特征的群体，并为每个群体提供尺码。每个群体内部应该是相似的，群体的体型能代表该组所有人。但第一个问题是如何确定群体的数量，如果定义的组过多，客户可选择尺寸会变得非常多，这会使业务难度变大，我们需要设计、制造更多尺寸的衣服，甚至维持每种尺寸衣服的库存；如果定义的组过少，则会使得款式数量少，让销售变得容易，但部分客户将无法找到适合的尺寸。在这种情境下，极端的方法是我们只制作均码衣服，或者为每个客户量身定做。从某些角度来看，两种选项都是可以的，但都不容易实现。因此，我们可以很明显地发现，这不存在唯一的正确答案，解决方案主要取决于要解决的核心问题是什么，以及我们怎么评估问题：当客户服务比较重要时，我们应该提供更多
237 的尺寸；当简化销售过程比较重要时，我们应首先减少衣服的尺寸数量。

我们可以将这个问题与文本文档联系起来。聚类可以被用来查找共享一个共同主题的一组类似文章。当需要返回与用户查询内容相匹配的文档时，聚类在信息检索任务中就可能很有用。在检索之前，我们可以对文档进行聚类，从而找到一组相似的文档。这些组由它们的质心表示，每个搜索请求首先与质心进行比较。随后，只在选定的高度相关的组中对文档进行查询匹配[234]。但这同样会出现与衣服尺码类似的问题：应该创建多少组文档？

组越多意味着类越具体。例如，我们可以将关于足球、冰球、田径、冬奥会、国家冰球联盟的文档放至不同的组中，而不是全部放至运动类文档的单个组中。组越多检索文档越有效率，因为与查询相比，检索时需要比较的文档数量更少。由于组中包含了类似的文档，这些文档共享一个主题，因此

我们获得的精确度可能会更高。另一方面，由于其他组也可能包含相关文档，但不属于该主题，因此检索到的部分相关文档的召回率可能较低。

当我们将创建的组用于分类时，将体育文件与其他类别(例如经济、政治或自然)区分开比较容易，但将网球、羽毛球和乒乓球的文档区分开就比较复杂，它们都属于体育类别，主题非常相似。

有时，包含组间关系的信息也很重要，例如，属于田径和足球的文档也属于另一组关于体育的文档。在这种情况下我们可以使用相关的组技术构建组间的层次结构。

基于目标和评估视角的不同，我们可以在文档集合中发掘非常多非常有趣的结构[247]。评估通常由专家人工进行。在评估过程中，我们可以考虑许多度量方法，以某种方式量化所创建组的性能和质量。

12.3　相似性度量 238

文档相似度是聚类过程中唯一可用的内生信息。我们可以在单个文档间、文档组间或文档与文档组之间度量相似度。因此，有必要定义如何表示一组文档。一种方法是使用中心，即平均文档来表示一组文档：

$$Centroid_C=\frac{\sum\limits_{x\in C}x}{|C|} \tag{12.1}$$

其中 $|C|$ 是组 C 中文档的数量。组也可以用其中包含的一个文档来表示，例如用中心点(medoid，最接近中心的文档)来表示。这取决于应用的聚类算法。例如单链接聚类法等算法根据最相似的对象的相似性来衡量两个组之间的相似度；完全链接聚类法则根据两个最不相似的对象间的相似性来衡量两个组之间的相似度；在 k-Means 算法中，目标会移动到最邻近的聚类，这是根据与聚类质心的接近程度确定的；在凝聚质心法中，每个聚类用一个质心来表示，并计算这些质心之间的相似性[230,128]。

假设测量值 $d(x_1, x_2)$ 表示对象 x_1 和 x_2 之间的距离，必须满足以下标准[242,283,250]：

- $d(x_1, x_2)\geqslant 0$，即距离总是非负的；
- $d(x_1, x_2)=0$，如果 x_1 和 x_2 是相同的，其被称为自邻近；
- $d(x_1, x_2)=d(x_2, x_1)$，两者距离是对称的；
- $d(x_1, x_2)\leqslant d(x_1, x_3)+d(x_3, x_2)$，即三角不等式。

如果我们根据余弦相似度度量，就会发现其违背了上述条件。因此，有时需要使用单调函数将相似性转换成距离，如线性变换或反变换[130]：

$$Sim_{\text{linear}}(x_1, x_2)=C-Dist(x_1, x_2) \tag{12.2}$$

$$Sim_{\text{inverse}}(x_1, x_2)=\frac{1}{Dist(x_1, x_2)+C'} \tag{12.3}$$

其中，C 是一个常数，可以将相似度值拟合到期望的区间。

239 虽然相似和距离这两个术语有时可以互换使用，但它们之间是有区别的。例如，如果空间中的两点彼此很近，它们的距离很小，但其相似性的值很大；如果两个点是相同的，它们的距离是最小的，为 0，其相似性的值是最大的，通常是 1。因此，用欧式距离度量相似度或用余弦相似度度量两个向量之间的距离是不完全正确的。

许多度量文档之间的相似度的方法需要比较文档的特征值，将比较结果合并为单个值，这个值反映了文档在多维空间中的位置。该位置可以被理解为单个点，或者是一个以空间原点 (0，0，0，…，0)为起点并以该点为终点的向量。一般来说，点或向量出现得越近，文档就越相似。从给定了哪些相似、哪些不相似的例子中也有可能学习到考虑这些需求的新的距离度量[283]。

12.3.1 余弦相似度

在文本挖掘任务中，我们常会计算基于向量对夹角 θ 的余弦相似度[138]。该值是两个向量 x_1 和 x_2 之间夹角 θ 的余弦值：

$$d_{\text{cosine}}(x_1, x_2)=\cos(\theta)=\frac{x_1 \cdot x_2}{\|x_1\|\|x_2\|} = \frac{\sum_{i=1}^{m} x_1^i \cdot x_2^i}{\sqrt{\sum_{i=1}^{m}(x_1^i)^2} \cdot \sqrt{\sum_{i=1}^{m}(x_2^i)^2}} \tag{12.4}$$

其中 $x_1 \cdot x_2$ 是向量 x_1 和 x_2 的点积(线性，标量)，$\|x_i\|$ 是向量 x_i 的长度。如果 x_1 和 x_2 的第 i 个属性的值不为零(即文档共享相同的特征，例如单词)，那么点积的值就会更大。如果一个文档具有特定的属性($x_1^i>0$)而另一个文档没有($x_2^i=0$)，那么点积的值将不会增加，因为 $x_1^i \cdot x_2^i=0$。这个特点使得点积常用于计算相似度。

但当向量包含更多值时，向量过长会导致点积过高。当向量归一化为长度为 1 的单位向量时，点积就等于它们之间夹角的余弦值。通过将向量除以向量的长度实现向量归一化后，余弦相似度可以简单地计算为

$$d_{\text{cosine}}(x_1, x_2)=x_1 \cdot x_2 \tag{12.5}$$

余弦相似度的值的范围在 0 到 1 之间，因此向量的夹角可以在 0 到 90 度 240
之间。我们认为只有这部分向量空间的属性值是有意义的，因为文档向量的权重总是正的。文档不能包含一个出现次数为负的特定单词。文档越相似，它们的向量之间的角度就越小，所以这个度量值就越高。

余弦相似度不满足作为度量的条件，但通过计算两个向量的夹角可以解决该问题[242]：

$$d_{\text{cosine}}(x_1, x_2)=\arccos\frac{\sum_{i=1}^{m} x_1^i \cdot x_2^i}{\sqrt{\sum_{i=1}^{m}(x_1^i)^2}\cdot\sqrt{\sum_{i=1}^{m}(x_2^i)^2}} \tag{12.6}$$

arccos 函数是 cos 的逆函数，我们能够利用余弦值获得夹角度数，这个度数在 0 和 $\pi/2$ 之间。所以，如果我们想将距离计算的值标准化，使其保持在 0 和 1 之间，可以将其除以 $\pi/2$。为了简化 arccos 函数的计算过程，我们可以将余弦距离计算为 $1-similarity$[91]。

12.3.2　欧氏距离

欧氏距离(Euclidean distance)是在 n 维空间中测量的两点间的标准几何距离，在二维或三维空间中可以用尺子测量。这也是 k-means 算法的隐式距离的计算方法[120]：

$$d_{\text{Euclidean}}(x_1, x_2)=\sqrt{\sum_{i=1}^{m}(x_1^i - x_2^i)^2} \tag{12.7}$$

12.3.3　曼哈顿距离

曼哈顿距离(Manhattan distance)又被称为城市街区距离，这个距离测算了某人从某地行走到目的地所需的正交街道距离，其名字来自曼哈顿岛，岛上大多数街道是矩形网格形式的。我们可以简单地通过计算所有维度的差异之和来得到该距离[97]：

$$d_{\text{Manhattan}}(x_1, x_2)=\sum_{i=1}^{m}|x_1^i - x_2^i| \tag{12.8}$$

12.3.4　切比雪夫距离 241

切比雪夫距离(Chebyshev distance)也被称为最大距离或棋盘距离，是根据国际象棋中国王棋子从一个地方移动到另一个地方时必须移动的最短步数来得到的，它计算了所有维度差异的最大值[284]：

$$d_{\text{Chebyshev}}(x_1, x_2) = \max_{i=1}^{m} |x_1^i - x_2^i| \tag{12.9}$$

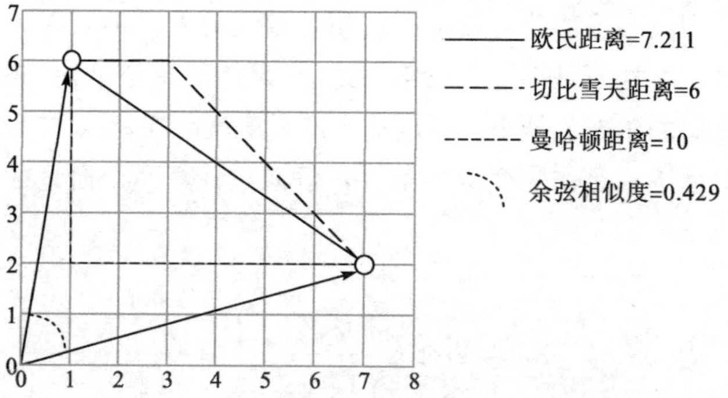

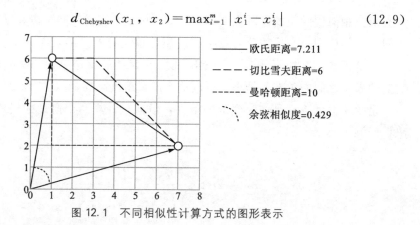

图 12.1 不同相似性计算方式的图形表示

12.3.5 闵可夫斯基距离

闵可夫斯基距离(Minkovvski distance)是欧氏距离、曼哈顿距离和切比雪夫距离的泛化。p 的值决定了计算距离的方法：

$$d_{\text{Minkowski}}(x_1, x_2) = \sqrt[p]{\sum_{i=1}^{m}(x_1^i - x_2^i)^p}, \ p \geqslant 1 \tag{12.10}$$

如果 $p=1$，使用曼哈顿距离；$p=2$，使用欧氏距离；$p=\infty$，使用切比雪夫距离[16]。

12.3.6 Jaccard 系数

Jaccard 系数(Jaccard coefficient)用两个集合的交集除以它们的并集来衡
242 量相似性。对于文本文档，Jaccard 将共享单词的权重之和与两个文档中存在但不共享的单词的权重之和进行比较[120]：

$$\begin{aligned} d_{\text{Jaccard}}(d_1, d_2) &= \frac{d_1 \cdot d_2}{\|d_1\| + \|d_2\| - d_1 \cdot d_2} \\ &= \frac{\sum_{i=1}^{m} d_1^i \cdot d_2^i}{\sqrt{\sum_{i=1}^{m}(d_1^i)^2} + \sqrt{\sum_{i=1}^{m}(d_2^i)^2} - \sum_{i=1}^{m} d_1^i \cdot d_2^i} \end{aligned} \tag{12.11}$$

12.4 聚类算法的类型

有许多算法可以将待聚类的文档 $X=\{x_1, x_2, \cdots, x_n\}$ 聚集成适当的组。这些方法在表示文档间相似度和查找组的方式上有所不同。算法可能基于距离、概率、密度和其他度量。最早的文献聚类方法，如 k-means 算法和聚合方法，都是基于距离计算的[5]。

硬聚类(hard clustering)是指算法可以将每个对象精确地分配到一个聚类，而软聚类(soft clustering)或模糊聚类(fuzzy clustering)是指算法可以让每个对象与每个集群关联，并计算其在区间[0，1]取值的隶属度[87]。非穷举聚类(non-exhaustive clustering)无须将文档分配给集群[277]。

聚类算法的对象有两种结构类型。第一种类型将待聚类的对象表示为对象属性(变量、特征)序列，其形式为向量 $x_i=(x_i^1, x_i^2, \cdots, x_i^m)$，再将所有对象转换成一个“对象－变量”矩阵，例如“术语－文档”矩阵。第二种结类型是所有对象的近似值集合，其中近似值表示为一个包含对象相似度或差异性的正方形“对象－对象”矩阵[142]。

12.4.1　分区聚类

分区聚类(partitional clustering)又名平面聚类，其目标是找到分区 $C=\{C_1, C_2, \cdots, C_k\}$，$k \leqslant n\ (X)$，使得每个文档都属于且仅属于一个 C 中组的集合。这意味着组与组间不重叠，组的并集是集合 X。分区聚类的正式描述如下[285]：

$$C_i \neq \emptyset,\ i=1, 2, \cdots, k$$ 243

$$\bigcup_{i=1}^{k} C_i = X$$

$$C_i \cap C_j = \emptyset,\ i, j=1, 2, \cdots, k \text{ 且 } i \neq j \tag{12.12}$$

在平面聚类过程中，我们需要对量化聚类解决方案质量的目标函数值进行优化。目标函数解释了文档和聚类中心的相似程度以及中心间的相异程度等，如下文所示。

使用人工方式从所有可能的聚类解决方案中找到最佳的解决方案在计算上是不可行的。因此，平面聚类通常从一个基于随机元素(种子)的初始解开始，并在几次迭代中进一步改进这个解。当初始解选择得不好时，最终划分结果不一定是最优的，搜索过程不会达到全局最优。因此我们可以预先计算种子增加达到全局最优的机会。

12.4.2　层次聚类

层次聚类(hierarchical clustering)构建了一个树状结构(层次)$H=\{H_1, H_2, \cdots, H_h\}$，使得任意两个集合 H_i 和 H_j 要么不相交，要么相互包含。这个层次结构底部的集群只包含来自 X 的单个对象，即单例组。其中一个子集(层次结构的根)包含所有组对象。数学上的层次聚类被描述为[197]：

$$H_i \subset H_j，H_j \subset H_i \text{ 或 } H_i \cap H_j = \emptyset \text{ 对任何 } i，j=1，2，\cdots，h，\text{且 } j \neq i$$

$$\{x\} \in H，\text{其中 } x \in X$$

$$X \in H \tag{12.13}$$

构建聚类层次时可采用自顶向下的分裂(divisive)层次要求和自底向上的聚合(agglomerative)层次聚类两种方法。凝聚算法是严格的局部算法，只考虑组的最近邻，而分裂算法则更全局，在将聚类划分为子集时使用了所有数据的上下文[3]。

我们可以将层次聚类的结果可视化为系统树图(dendrogram)。在系统树
244 图中，对象和组间的接近程度都是可见的。集合 X 上的系统树图是一棵二叉根树，其中叶子对应 X 中的元素。使用层级函数为每个节点分配一个层级，叶子被放置在层级 0，父节点的层级比子节点高，没有空层级。树中包含的任何组中的对象都是子树的叶子，从表示组的节点开始。层级函数给叶子赋值为 0，为父节点赋较高值，如图 12.2[3]。

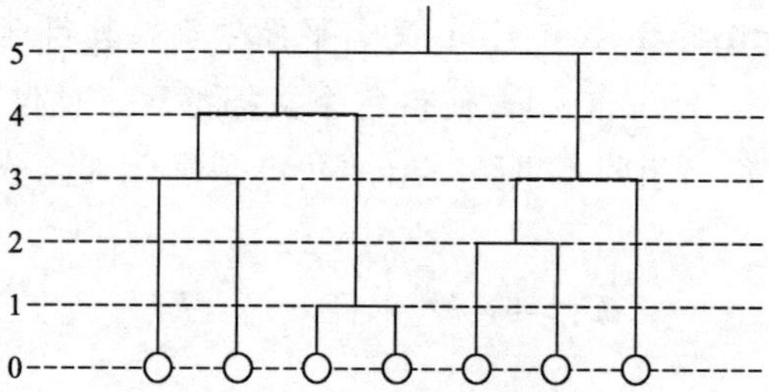

图 12.2　层级系统树图[3]

组的层级也可以用两个集群之间的相似度计算方法来表示。这种相似度被称为组合相似度(combination similarity)。在使用余弦相似度的情况下，系统树图中叶子的相似度是 1 表示文档是相同的且与自身最相似，并向根方向递减，参见图 12.3。在聚合方法中，连续合并的组合相似性通常是单调的，即 $s_1 \leqslant s_2 \leqslant \cdots \leqslant s_N$。在使用中心聚类时可能会违反这一条件，这被称为倒置，此时至少存在一个 $s_i \geqslant s_{i+1}$[185]。

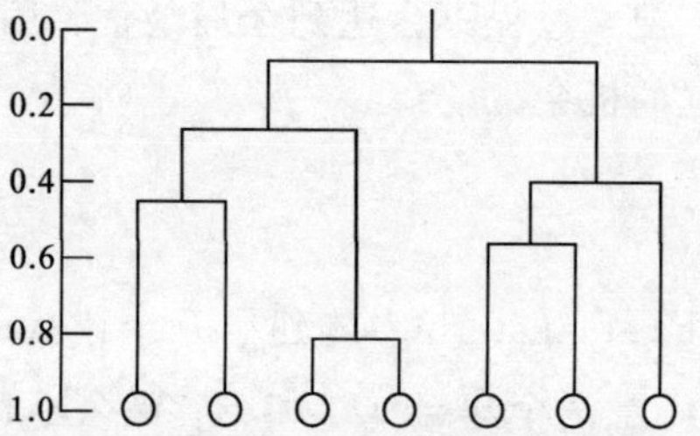

图 12.3　具有组合相似性的系统树图[185]

层次聚类方法在聚类时生成文档的完整排列，包括聚类之间的分层关系。有时，在平面集群中可能需要特定数量的组。因此，我们需要修剪系统树图 245 来确定组。这个过程中有以下几个可以使用的准则[185,292]：

- 由于系统树图被切割，使其结果能达到我们预先给出的期望组数 k。这与平面聚类非常相似，其中 k 也需要提前设置。
- 考虑聚类的相似度来并在期望的层级上切割系统树图时，组内部需要的相似度越高，创建的组就越多。
- 可以在组合相似性或聚类标准函数的两个连续水平之间的差异最大时切割系统树图。此时，再添加额外的组将显著降低组的质量，因此可以在这里停止聚类。这种方法与下面提到的肘部法则类似。

层次聚类只在构建系统树图时间接地使用文档特征，该方法更适合做描述，而不是做预测。系统树图描述如何将现有文档分配给组，但不指定组的任何边界。使用 k-means 算法我们可以很容易地找到分离特征空间的泰森多边形边界，并用于预测未知对象的类别，如图 12.4 所示[89]。

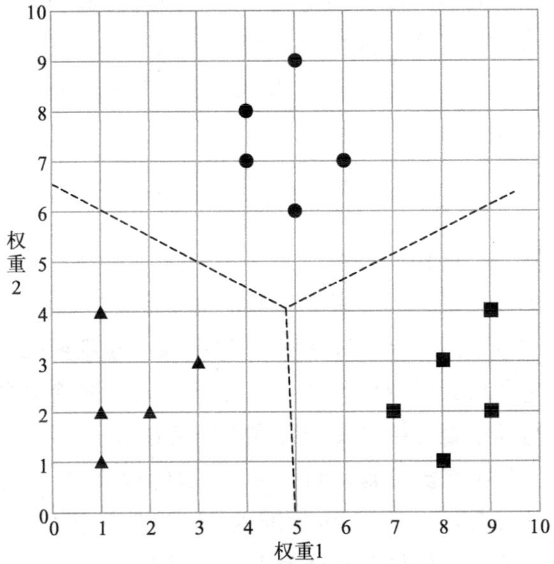

图 12.4 k-means 算法解决方案中将对象划分为三个组的聚类泰森多边形边界

即使没有有效的解决方案，分层聚类也总能找到一个聚类结果，如文献[89]第 256 页给出的示例。

由于文档通常共享很大一部分单词，聚类的质量往往较差，不同主题文档也更是如此，两个最邻近文档会被放置在同一个集群中，即便不应该如此分类。文献[256]给出了不同文档数据集中相邻文档来自不同类的百分比，该百分比约为 20%。这种错误分配常发生在聚类早期阶段，且后期无法修复。

12.4.3 基于图的聚类

在前面提到的算法中聚类的文档用向量表示，向量相似度是聚类的基础。但文档之间的关系还可以使用另一种表示方法。我们可以计算所有文档之间
246 的相似值，并将它们表示为一个图。顶点用于表示文档，每对顶点之间的边的权重等于对应文档的相似度[46]。我们还可以使用二分图表示文档集，其中顶点集由组文档集合和一组单词集合组成。当文档 d_i 包含单词 t_j 时，这两个顶点之间存在一条边，其权重由文档 d_i 中单词 t_j 的 tf-idf 值给出[291]。

这种文档聚类任务采用的思想与其他方法相同。图被分割成多个子图，使得组内链路的权值较高，而组间链路的权值较低。

12.5 聚类准则函数

在聚类过程中，我们应该找到将文档划分到组的最佳方法。聚类质量可以用准则函数[292,9]或聚类质量函数[87]来衡量。聚类试图找到一个使准则函数
247 值最大化或最小化的解，这可以被视为一个优化问题。例如，k-means 算法要优化(最小化)的函数为：

$$CF_{k\text{-means}}=\sum_{i=1}^{k}\sum_{d\in C_i} similarity(d, c_i) \tag{12.14}$$

其中 k 为组数，c_i 为组 C_i 的中心。

某些情况无法评估所有聚类解决方案，例如将 n 个对象划分为 k 个聚类，则有 $k^n/n!$ 个解决方案需要研究，因此不需要聚类准则函数。算法在本质上往往是贪心的，它会认为仅使用一个相似度计算方法来确定文档与聚类中的对象有多相似、与其他聚类中的文档有多不同就足够了[87]。

我们可以找到各种聚类准则函数[291]。下面的章节中将提到文献[291]中的部分函数，文献[9]提供了另一组标准函数。这些函数最初用于划分算法，但也可以用于分层聚类。例如在聚合聚类过程中不使用的典型的合并标准(见下文)，而是合并两个聚类以使准则函数的值达到最优。因此，准则函数仅在算法的给定阶段进行局部优化[292]。

12.5.1 内部准则函数

内部准则函数试图最大化单个组中的文档的相似性，而不考虑不同组中的文档。I_1 将分配给每个聚类的文档之间的平均相似度之和最大化，并根据

每个组的大小进行加权。当使用余弦相似度计算时，I_1 函数的定义如下：

$$I_1=\sum_{c=1}^{k}n_c\left(\frac{1}{n_c^2}\sum_{x_i,\ x_j\in C_c}d_{\text{cosine}}(x_i,\ x_j)\right) \tag{12.15}$$

其中 k 是组的数量，n_c 是组 C_c 中的文档数量。

内部准则函数 I_2 最大限度地提高单个文档与分配文档的组中心之间的相似度。通过以下公式计算余弦相似度 I_2 的值：

$$I_2=\sum_{c=1}^{k}\sum_{x_i\in C_c}d_{\text{cosine}}(x_i,\ c_c) \tag{12.16}$$

其中 k 为组数，c_c 为组 C_c 的中心。

12.5.2 外部准则函数 248

外部准则函数 E_1 主要研究单个组的异同度优化。因此使用这个函数时需要将每个组的文档都从整个集合中分离出来：

$$E_1=\sum_{c=1}^{k}n_c\cos\left(c_c,\ c_{all}\right) \tag{12.17}$$

其中 k 是集群的数量，是集群的中心，也是整个文档集合的中心。E_1 的值最小意味着向量 c_c 和 c_{all} 间角度最大。

12.5.3 混合准则函数

混合准则函数优化了多个准则，它结合了内部和外部准则，而不是只关注聚类解决方案的组内相似度却不考虑不同组组内的文档，或者只关注组间相似度而不考虑组内相似度。两个混合准则函数分别将外部函数 E_1 与 I_1 或 I_2 结合：

$$H_1=\frac{I_1}{E_1} \tag{12.18}$$

$$H_2=\frac{I_2}{E_2} \tag{12.19}$$

使用余弦相似度作为相似度计算方法时，内部函数 I_1 和 I_2 通常取最大值。虽然 E_1 通常取最小值，但它们的值与 E_1 成反比，以此得到的混合函数值 H_1 和 H_2 是最大的。

12.5.4 基于图的准则函数

基于图聚类的方法需要找到相似图 S 的边的最小割数，相似图顶点为文档的图，每对顶点之间都有边，边的权值表示文档的相似度。

割边(edge-cut)是连接集群中代表文档的顶点到其他集群中代表文档的顶点的边的和：

$$\sum_{c=1}^{k} cut(S_c, S-S_c) \tag{12.20}$$

249 其中，S 为表示文档集合的相似图，表示聚类 c 的子图，k 为聚类数。而准则函数 G_1 也考虑了内部边缘的和，在聚类上不仅仅考虑外部视角[73]：

$$\sum_{c=1}^{k} \frac{cut(S_c, S-S_c)}{\sum_{x_i, x_j \in S_c} similarity(x_i, x_j)} \tag{12.21}$$

采用余弦相似度测度时，定义 G_1 准则函数为：

$$G_1 = \sum_{c=1}^{k} \frac{\sum_{x_i \in S_c, x_j \in S-S_c} \cos(x_i, x_j)}{\sum_{x_i, x_j \in S_c} \cos(x_i, x_j)} \tag{12.22}$$

在这个过程中考虑了内部和外部的相似性，因此准则函数 G_1 也可以被看作是一个混合函数。

归一化割准则函数在二分图上寻找最佳割边，二分图顶点表示文档和单词，边对应文档中存在的单词。归一化割[289]准则函数的定义为：

$$G_2 = \sum_{c=1}^{k} \frac{cut(V_c, V-V_c)}{W(V_c)} \tag{12.23}$$

其中 V_c 是分配给第 c_{th} 个聚类的顶点集合，$W(V_c)$是分配给第 c^{th} 个聚类的顶点邻接表的权值之和，该聚类既包含文档也包含单词。

12.6 组数的确定

组数的期望值是一个重要参数，对于平面聚类算法尤其如此。由于不清楚真正的集群结构，所以该数字很难提前知道。在理想情况下，只有专家才能判断集群解决方案是否适合特定的任务。有时，集群的数量可能受到技术限制，例如在 Scatter-Gather 算法中，最初电脑屏幕只能容纳不超过 10 个集群[185]。

图 12.5 中展示了聚集明显的集群。以欧氏距离为相似性计算方法，利用 k-means 方法将目标聚为 1 至 10 个聚类，并计算每个解在聚类过程中最小的
250 聚类误差平方和。在图 12.5 的底部可以看到这个度量值如何根据集群的数量而变化。当每个对象在单独的组中时，误差之和为零，即全局最小值，但这并没有什么用处。

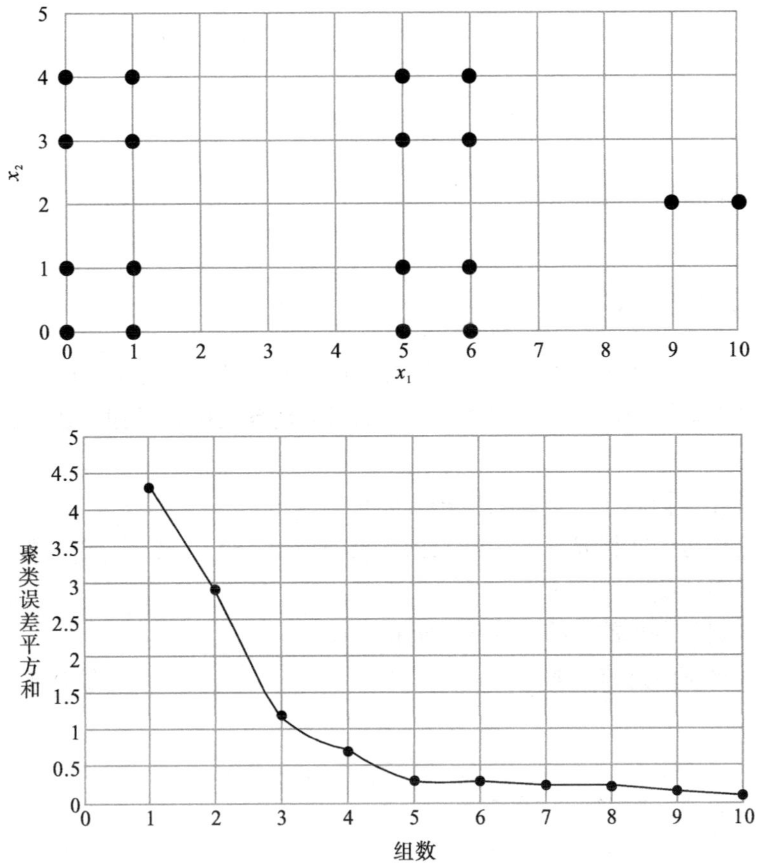

图 12.5　展示使用肘部法则确定集群的数量

(上图是要集群的对象。下图是集群质量对于集群数量的依赖；当组数为 5 时可以看到清晰的转折，从该点之后，聚类质量没有显著提高)

我们可以看到，虽然误差函数的值显著下降，但这种急剧下降在组数为 5 时停止。从这点往后，误差下降非常慢。在逼近误差值曲线上我们可以看到一个“肘部”或“膝盖”状的图形。聚类数为 5 是聚类质量和泛化性间一个比较好的折中选择。增加更多的集群不会显著改善解决方案，同时，聚类数量 251
越少，误差就会越多[229]。类似于组误差平方和，我们可以使用任何其他函数来度量聚类质量。

由于聚类的目标是将数据自然划分，我们期望对象位于聚类内部并与其他聚类分离。不同的聚类解决方案包含了对不同对象组的同质和分离。能够量化这两个方面的度量方法也可以作为选择正确数量集群的基础。轮廓法(silhouette method)就是其中之一，它计算了不同聚类解的平均轮廓，并从中选出最优解。

对于不同的具体任务，还有很多可借鉴的步骤。例如，在信息检索中，卡恩和厄兹卡拉汉提出了一个确定正确组数的公式[42]：

$$k=\frac{m \cdot n}{t} \tag{12.24}$$

其中，n 是单词的数量，m 是文档的数量，t 是单词任务的总数。

12.7 k-Means

k-means 是最著名的平面聚类算法，它通过迭代改进初始聚类解决方案，并通过更改聚类分配来最小化文档与文档所属的聚类中心(均值)之间的距离。其步骤如下：

①首先选择 k 个文档(种子)作为聚类中心 c_1，c_2，…，c_k。

②对于每个文档 $d_i \in D$，找到其最近的中心 c_j，并将该文档分配给相应的组 C_j($C_j \leftarrow C_j + \{d_i\}$)。

③根据组中当前文档的分配，重新计算组中心。

④如果不满足停止条件，则重新执行步骤 2；若满足，则输出聚类解决方案。

常用的停止迭代方法如下[185]：

■ 当文档的分类(例如中心的位置)在迭代中不再改变，就意味着已经找到了全局或局部最优。

252 ■ 当准则函数的值达到一定的阈值时，聚类解决方案的质量就达到了要求。

■ 当准则函数值不断改进直到低于某一阈值时，代表聚类解决方案已经几乎收敛到最优解决方案，也可能是局部最优的。

■ 当已经进行了一定数量的迭代时也可以停止迭代。但这种方法不能确保迭代的数量足以获得符合要求的集群解决方案。

如果选择一个异常值作为种子，那么这个文档很可能会单独留在一个集群中。我们可以通过删除异常值来预防这个问题。

选择合适的种子是平面聚类方法成功的关键，不同的种子会导致不同的分区。因此，算法可以用不同的种子进行多次运算，并从中选择出最优解。或者利用层次聚类方法根据外部获取的知识来选择种子，如文献[257]。

k-means 会产生凸(球面)组，而无法找到其他形状的组。这可能是个问题，当组彼此靠近的时候尤其会产生该问题。产生的组的球形形状会导致组中心向异常值偏移，特别是那些离得很远的组[8]。为了克服对异常值的敏感性，可以使用 k-medians[5]方法，该方法以中位数作为聚类代表。

12.8　k-Medoids

k-medoids 算法[7]的工作方式与 k-means 算法类似。中心点(medoids)是最接近中心的文档，使用中心点能够降低计算复杂度。为了计算两个文档之间的距离，我们通常在计算中会使用到文档向量的所有非零元素。与由非常稀疏的向量表示的单个文档相比，由于该算法对所代表的聚类中所有文档元素的权重做了平均，因此聚类的中心包含更少的非零元素。在计算距离时，使用中心点代替质心可以减少计算次数。

12.9　准则函数优化 253

赵和卡雷佩斯[294]提出了一种可以成功聚类大型文档数据集的方法。该方法包含一个初始聚类和几个聚类细化迭代过程。细化阶段的目标是改进给定标准函数的值，该算法可以直接用于函数 $I1$、$I2$、$E1$、$H1$、$H2$ 和 $G1$。它修改了函数 $G2$ 的算法，使其不仅可以处理表示文档的顶点，还可以处理表示单词的顶点)。该过程包含步骤如下：

①开始时选择 k 个文档作为种子。

②根据种子中的相似程度将每个文档分配到一个集群中。

③对每个文档(随机顺序)执行以下步骤：

a. 计算待优化的准则函数的取值；

b. 将文档分配给所有其他组，并计算每次分配的标准函数的值；

c. 将文档移到最能提高标准函数值的组中。当无法实现任何改进时，文档所在的组不会发生改变。

④如果有文档被移动，则重复步骤 3，否则结束。

与 k-means 方法相比，这种方法在明显提高准则函数值后立即移动对象，这被称为增量算法[294]。

与 k-means 算法的情况一样，这种贪心算法可能无法获得最优解，而是找到准则函数的局部最优解。为了防止这种情况发生，我们可以将这个过程重复几次，并选择最佳的解决方案。

12.10 聚合式层次聚类

在聚合式层次聚类中，单个文档被反复合并，形成越来越大的聚类。这个计算过程的一般步骤如下：

①所有要聚类的 n 个文档被放在单独的组中，因此有 n 个组 C_1，C_2，…，C_n；

254 ②计算每个聚类与其余聚类的相似度，相似点可以包含在相似矩阵中；

③找出相似度最大值，从而识别出两个最相似的聚类 C_i 和 C_j；

④合并集群 C_i 和 C_j 使之形成一个新的组；

⑤重复步骤 2、3 和 4，直到只剩下一个组。

在该过程中，计算集群之间的相似度的方法会影响创建的集群的性质，这个过程是对集群之间的相似度的度量。相似度可以基于比较每个聚类的一个文档、聚类中心或每个聚类的所有可能的文档对。所有的计算方法都使用某个函数 d(例如余弦相似度)来计算随后要合并的两个聚类的特定相似度值。用于合并集群的方法如下[5,185,230,128,45,81]：

■ 单链接聚类(Single Linkage Clustering，SLINK)：根据集群中最相似的对象的相似性来合并组。该方法关注组间相邻的区域，忽略了原组和新创建组的整体形状。这种方法也容易受到异常值的影响。

$$d_{\mathrm{SLINK}}(H_i, H_j)=\min_{x_i \in H_i, x_j \in H_j} d(x_i, x_j) \tag{12.25}$$

当新创建的聚类与第三个聚类合并时，相似度计算如下：

$$d_{\mathrm{SLINK}}[H_k, (H_i, H_j)]=\min[d(H_k, H_i), d(H_k, H_j)] \tag{12.26}$$

■ 完全链接聚类(Complete Linkage Clustering，CLINK)：根据两个最不相似对象的相似度来合并组。换句话说，两个组的并集直径最小，组趋于更紧密，此时离群值会使得最终的组非常大。

$$d_{\mathrm{CLINK}}(H_i, H_j)=\max_{x_i \in H_i, x_j \in H_j} d(x_i, x_j) \tag{12.27}$$

当合并新的组时，距离计算为：

$$d_{\mathrm{CLINK}}(H_k, (H_i, H_j))=\max[\mathrm{d}(H_k, H_i), \mathrm{d}(H_k, H_j)] \tag{12.28}$$

255 ■ 算术平均方法(arithmetic average methods)：该方法计算要合并的两个集群之间的距离作为所有集群成员之间的平均距离。使用算术平均的非加权算术平均聚类或非加权对组方法(Unweighted Pair-Group Method using Arithmetic averages，UPGMA)在计算中给予所有对象相同的权重。

$$d_{\mathrm{UPGMA}}(H_i, H_j)=\frac{1}{N_i \cdot N_j}\sum_{x_i \in H_i}\sum_{x_j \in H_j} d(x_i, x_j) \tag{12.29}$$

当 H_i 和 H_j 合并时，到第三个组 H_l 的距离可计算为

$$d_{\mathrm{UPGMA}}[H_k, (H_i, H_j)]=\frac{1}{2}[d(H_k, H_i)+d(H_k, H_j)] \tag{12.30}$$

因此，关于合并组大小的信息将丢失。在使用算术平均的加权对组方法(Weighted Pair-Group Method using Arithmefic averages，WPGMA)时，距离是根据每个组中的对象数量加权的(较大的组向下加权)。

$$d_{\mathrm{WPGMA}}[H_k, (H_i, H_j)]=\frac{N_i}{N_i+N_k}d(H_k, H_i)+\frac{N_i}{N_i+N_k}d(H_k, H_j) \tag{12.31}$$

■ 质心聚合聚类(centroid agglomerative clustering)：该方法消除了群平均聚合聚类方法的计算复杂性，因为该方法中每个聚类都是用其平均值而不是用所有对象表示的。当我们将所有对象替换为它们的均值(质心)时，组合函数的单调性被违反导致生成的树状图不够直观(合并后的组的相似度高于之前合并的一些组的相似度)。这种方法不一定适用于所有数据集，但它在文档组中非常好用。

第一种方法被称为质心非加权对组法(Unweighted Pair Group Method using Centroids，UPGMC)，该方法不考虑组的大小，将所有的组视为同等重要：

$$d_{\mathrm{UPGMC}}(H_i, H_j)=d(c_i, c_j) \tag{12.32}$$

这里 c_i 和 c_j 是组 H_i 和 H_j 的质心。

当测量与第三个聚类的相似度时，执行以下计算： 256

$$\begin{aligned} d_{\mathrm{UPGMC}}&[H_k(H_i, H_j)] \\ &=\frac{N_i}{N_i+N_j}d(H_k, H_i)+\frac{N_i}{N_i+N_j}d(H_k, H_j) \\ &\quad-\frac{N_iN_j}{(N_i+N_j)^2}d(H_i, H_j) \end{aligned} \tag{12.33}$$

相比之下，质心加权对组法(Weighted Pair Group Method with Centroids，WPGMC)，也称为中值聚类法，可以对较大的聚类进行降权，再根据聚类中的对象数量独立计算相似度：

$$d_{\mathrm{WPGMC}}[H_k(H_i, H_j)]=\frac{d(H_k, H_i)+d(H_k, H_j)}{2}-\frac{d(H_i, H_j)}{4} \tag{12.34}$$

■ 沃德距离：沃德距离被定义为当两个集群合并时一个聚类方案的误差

平方和的变化。误差是元素与其相应质心之间的平方距离。实际上，这个度量值就是 k-means 算法的最小化值。

$$d_{\mathrm{Ward}}(H_1, H_2) = \sum_{x \in H_1 \cup H_2} \|x - c\|^2 - \sum_{x \in H_1} \|x - c_1\|^2 - \sum_{x \in H_2} \|x - c_2\|^2 = \frac{N_1 \cdot N_2}{N_1 + N_2} \cdot \|c_1 - c_2\|^2 \qquad (12.35)$$

其中，N_i 为聚类 i 中的文档数，c_i 为聚类 i 的质心，c 为聚类的质心即合并后聚类的并集[198]。

兰思和威廉姆斯递推公式[81]可以用于计算组 k 和由组 i 和组 j 合并生成的组之间的距离：

$$d_{k(ij)} = \alpha_i d_{ki} + \alpha_j d_{kj} + \beta d_{ij} + \gamma |d_{ki} - d_{kj}| \qquad (12.36)$$

上述方法的参数值见表 12.1。

表 12.1 兰思和威廉姆斯递推公式的参数[81,246]

方法	α_i	β	γ
单链接聚类	$\frac{1}{2}$	0	$-\frac{1}{2}$
完全链接聚类	$\frac{1}{2}$	0	$\frac{1}{2}$
使用算术平均的非加权对组方法	$\frac{N}{N_i+N_j}$	0	0
使用算术平均的加权对组方法	$\frac{1}{2}$	0	0
质心非加权对组法	$\frac{N_i}{N_i+N_j}$	$-\frac{N_iN_j}{(N_i+N_j)^2}$	0
质心加权对组法	$\frac{1}{2}$	$-\frac{1}{4}$	0
沃德距离	$\frac{N_k+N_j}{N_k+N_i+N_j}$	$-\frac{N_k}{N_k+N_i+N_j}$	0
灵活方案[1]	$\frac{1}{2}(1-\beta)$	$\beta<1$	0

[1] $\alpha_1+\alpha_2+\beta=1$

257 ## 12.11 Scater-Gather 算法

平面方法比层次方法更有效，但它们依赖于初始种子(例如 k-means 方法中的初始聚类中心)，因此不如对所有文档进行比较的层次算法那么稳定。

一种解决方案是将两种方法结合到一种混合方法中，Scater-Gather 算法就是如此。该算法最初是一种文档浏览方法，它将文档集合划分为少量的组，并给用户提供简短的摘要。用户收集一个或多个组，并使用相同的方法进一步分析这些组（即聚类、汇总和组选择）。通过重复使用 Scater 和 Gather 步骤，聚类变得越来越详细，也越来越接近用户的信息需求[61]。

这种方法需要进行快速的聚类，因此文献[61]中提出了一种混合方法：使用分层方法来选择 k 个种子用于平面算法。该方法可以使用两种方式选择初始种子：

- 铅弹法（Buckshot）：将 n 个文档聚为 k 个组，随机抽取 $\sqrt{k \cdot n}$ 个文档，采用聚合法进行聚类，形成 k 个组。然后这 k 个组成为应用于整个数据集平面算法的种子。由于分层方法的复杂度为 $O(n^2)$，但本方法仅计算文档的平方根，因此复杂度为 $O(k \cdot n)$。
- 分馏法（Fractionation）：将文档分成 n/m 个存储空间，其中 m 是每个存储空间的大小，其值大于 k。在每个存储空间中，使用一种聚类分层方法对文档进行聚类，直到一个存储空间中的聚类数量减少（最初，聚类数量等于存储空间中的文档数量）。随后，将对象（文档或文档集群）重新排列成存储空 259
间并对其进行聚合，直到找到 k 个种子（通过聚合过程得到的树形图的根）。

为了进一步提高种子的选择结果，文档并不能完全随机分配给桶。首先根据每个文档中第 i 个出现频率最高的单词的索引值给它们进行排序，这里的 i 通常是一个很小的数字，例如 3，所以中频词是最受欢迎的。这个过程可以确保在此排序中相邻的文档至少共享一个单词。

为了提高使用铅弹法时的计算速度，刘璐莹等[180]的算法在第一阶段构建了能够预先计算的分层聚类结构，以在该阶段找到的 k 个质心为初始质心。

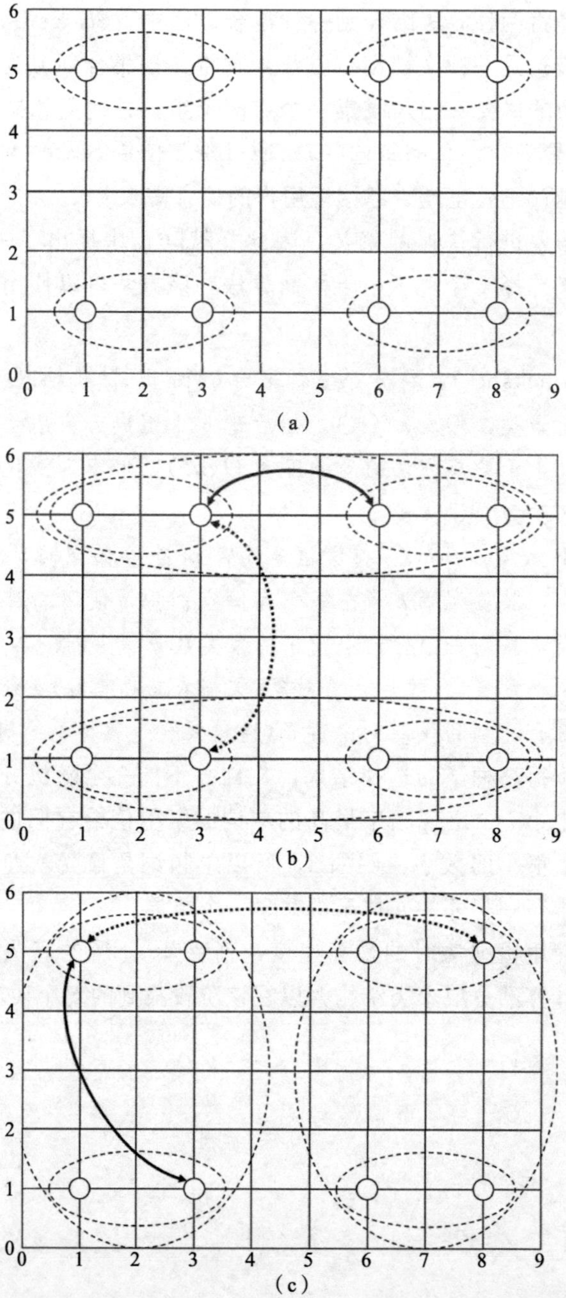

图 12.6　单链接聚类和完全链接聚类方法之间的区别展示(a)初始聚类结果(b)使用单链接聚类方法获得的聚类结果，其中实线所代表的最相似物体之间的距离小于虚线所代表的距离(c)使用完全链接聚类方法获得的聚类结果，其中实线所代表的最不相似物体之间的距离小于虚线所代表的距离

12.12 分裂式层次聚类

分裂式层次聚类以自顶向下的方式构建层次结构。所有文档最初都在一个组中，通过递归将这个组进行划分，直到剩下一个单例组。为了获得与聚合聚类相同类型的层次结构，我们通常将聚类分为两组。

分裂聚类的一般步骤如下：

①将所有 n 个文档放在一个组中。

②组被划分为 m 个类，通常使用平面方法。

③第 2 步递归地应用于新创建的组，直到每个文档都在单独的组中。

分裂式聚类的问题是当有 n 个文档时会被分成 $2n-1$ 个非空组。即使 n 的值很低，也有很多可能性，因此在计算上无法选择最佳分隔方法[285]。

分裂组没有构建一个完整的树状图。有时我们可以设置一些终止条件来分割聚类以获得有意义的结果，因为聚类数据可能包含噪声。当不需要创建完整的层次结构时，分裂式聚类比聚合方法的效率更高[222]。分裂式聚类的停止条件包括[53]：

- 发现了 K 个组；
- 达到最大层次深度；
- 组中文档的最小数量不变； 260
- 在一个组中实现了期望的最小同质性(相异)。

为了获得具有层次结构的组，我们可以将平面方法递归应用于正在创建的组。该方法能够将一个组分割为更多组，它需要大量组作为输入，因此，将组分成两个(双分区)的方法很常见。通过这种方式，创建的层次结构与在聚合过程中合并两个集群[53]时创建的层次结构相同。如果要获得与聚合方法相同类型的树状图，则需要将数据进行数 $n-1$(n 为文档数)等分，将一个集合分成两个子集[293]。

我们也可以通过尝试所有可能的分隔方案来创建层次结构的组，并使用与聚合方法相同的指标来评估[232,55]。但由于再开始时可以获得所有对象的完整信息，因此这种分裂聚类被认为是一种全局方法[222]，而不是聚合聚类方法。

在分裂的方法中，我们需要考虑将哪个组进行分裂。下面给出了几种组的选取方法[294,240]：

一种比较简单的方法是对较大的集群进行划分。在许多情况下，这种方法能够带来相当好的且平衡的聚类解决方案。但当数据中存在大型组时，这种方法并不适合，因为这些大型组将首先被划分。

我们可以选择当前组中的一个进行分割，以使所选标准函数的值达到最优。在这种方法中通常选择方差(即到聚类质心的平均平方距离)最大的组，这个过程实际上是对内部准则函数的优化。

分裂式聚类方法的一个例子是平分 k-means 算法。利用基本 k-means 算法我们可以将一个聚类的文档组分成两个组。然后，选择对象数量较多或方差最大的组再次进行分割。我们可以重复进行选择和拆分直到达到所需的组数量或者创建好完整的层次结构[256]。在文本挖掘领域中，我们发现在聚类数较高时使用平分 k-means 通常比直接使用 k-means 方法效果更好[141,294]。

12.13 约束聚类

聚合式层次聚类是严格的局部聚类，不考虑整个数据集的性质。在某些情
261 况下这可能是一个缺点，特别是当聚类的文档共享很大一部分词汇表时。为了防止这样的问题，我们可以使用平面组约束的聚合聚类过程。在这个过程中，一开始整个集合被划分为 k 个约束组，然后只在这些组中进行聚类。因此该过程中不可能合并来自不同约束组的文档或组。该方法结合了平面方法的全局视角和聚合方法的局部视角，使得聚合算法的时间复杂度也降低了[294]。

在无监督的聚类过程中可以引入一些外部知识，引入的形式包括两种：必须链接(必须聚类到同一组中的对象信息)和不能链接(不能聚类到同一组中的对象信息)[18]。文献[272]提出的 COP-k-means 算法简单地修改了传统 k-means 算法的步骤：

①首先选取 K 个文档(一个种子)作为聚类中心 c_1，c_2，…，c_k。

②对于每个文档 $d_i \in D$，找到其不违反任何约束的最近中心 c_j。随后将文档分配给相应的组 C_j($C_j \leftarrow C_j + \{d_i\}$)。如果没有找到满足约束条件的组，则该过程失败。

③根据当前文档在组中的分配情况，重新计算聚类中心。

④如果不满足停止条件，则转到步骤 2；反之，则输出聚类解。

12.14 评估聚类结果

聚类的目标是在数据中找到一些有趣的结构。但一般情况下我们没有关于预期结果的先验知识，并且会生成多个备选结果，因此评估聚类不是一项容易的任务。聚类也不应该被视为一个孤立的数学问题，而应该在给定任务的背景下进行[268,115]。除了使用本章中描述的一些数学计算方法外，我们还

可以评估聚类对特定应用程序的适用性及有用性。例如，在信息检索任务中，文献[185]计算了在聚类返回搜索结果时查找答案所需的时间。

聚类评估的目的是比较不同的聚类实验和其结果。因此，我们希望使用一种简单的数值进行度量，不依赖组的特定数量和大小以及相似性计算方法，且易于解释，既可以用于单个组，也可以用于所有组解决方案[244]。

内部(internal)计算方法仅通过数据中包含的信息来评估聚类。它们通常 262
依赖于数据表示，即特征选择，不能对不同表示的数据进行比较。而外部(external)评估法使用某种外部知识，例如已知的真实标注类别或专家人工进行的相关判断[68,127]。

内部计算可以为我们提供生成组的内部相似程度(内聚)、与其他组的不同程度(分离)或两者共有的信息。显然，只有单例组会导致组内完全同质的情况。只有一个组意味着与其他组的相异度为零。因此，从某个角度来看这两种情况都是最佳的。但由于这两种可能性不符合现实情况，它们都不可取[244]。当组的数量很少时[115]，我们需要找到一些折中方案。上述聚类准则函数可以作为聚类质量的内部计算方式，同时，我们也可以使用著名的轮廓法。

外部聚类评估需要人为判断。但人为判断是非常主观的，每个人对话题都有不同的看法，因此产生的聚类问题的正确答案通常也是不可用的。专家通常会创建算法生成组的比较组，而外部评估关注这些组与人工创建的组的接近程度。典型的计算度量包括纯度、熵、标准化互信息或 F 测量。

计算出的聚类 U 和实际(或预期)聚类 V 中对象分配的组间关系通常可以用列联表的形式表示，参见图 12.7。在解决方案 U 中存在 R 个组，在实际聚类 V 中存在 S 个组。第 i 行第 j 列的值表示集群 U_i 和 V_j 的对象个数[267]。对于这些对象，实际分配和计算出的对象分配给组的数量应该是一致的。根据列联表中的数字，我们可以计算出一些展示外部聚类有效性的度量值。

	V_1	V_2	$\cdots$	V_S
U_1	n_{11}	n_{12}	$\cdots$	n_{1S}
U_2	n_{21}	n_{22}	$\cdots$	n_{2S}
$\vdots$	$\vdots$	$\vdots$	$\ddots$	$\vdots$
U_R	n_{R1}	n_{R2}	$\cdots$	n_{RS}

图 12.7　列联表，描述了两个集群解决方案 U 和 V 之间的关系

在评价聚类时，我们通常会考虑组内部的紧凑性和组的分离性。其他因素 263
如数据的几何或统计属性、数据对象的数量以及不同或相似的度量值也可以被考虑在内[45]。除满足同质性和分离标准外，组还应是完整的。一个类中的对象

应该放在一个组中。聚类的另一个理想情境是将组中不属于包含的类别的项分配给单独的组，该组包含其他或杂项元素，不会导致现有组的无序[13]。

12.14.1 基于计数对的度量

常用的评估聚类的方法是通过查看聚类解决方案和预定义分区[13]中如何将对象对放置到组中来计算统计信息。设有 n 个对象 x_1，…，x_n，它们被聚集到组 C_1，…，C_k。此外有一个已定义的分区(真实边界) P_1，…，P_l。当查看数据集中的每一对(x_i，x_j)时可能会出现以下情况：

- SS：对象属于 C 的同一组，也属于 P 的同一组。
- SD：对象属于 C 的同一组，属于 P 的不同组。
- DS：对象属于 C 的不同组，属于 P 的同一组。
- DD：对象属于 C 的不同组，也属于 P 的不同组。

$SS+SD+DS+DD$ 是数据对的个数，其值等于 $n(n-1)/2$。SS 和 DD 的分配结果较好，而 SD 和 DS 的分配结果较差。

生成的聚类结果与真实边界之间的相似度可以用以下指标来表示：

$$\text{Rand 统计量(Rand Statistic，简称 RS)}=\frac{SS+DD}{SS+SD+DS+DD} \tag{12.37}$$

$$\text{Jaccard 系数(Jaccard Coefficient，简称 JC)}=\frac{SS}{SS+SD+DS} \tag{12.38}$$

$$\text{FM 指数(Folkes and Mallows Index，FMI)}=\sqrt{\frac{SS}{SS+SD}\cdot\frac{SS}{SS+DS}} \tag{12.39}$$

这些指标的值较高时表明 C 和 P 匹配得较好[110]。

264
12.14.2 纯度

纯度(purity)指标计算组 C_i 中多数类所占的比例：

$$Purity(C_i)=\max_{j\in L}\frac{l_{ij}}{|C_i|} \tag{12.40}$$

其中 L 是类集合，l_{ij} 是组 C_i 中来自类别 j 的文档数，$|C_i|$ 是组 C_i 中的文档数。当一个组只包含来自一个类别的实例时，它是完全纯净的，纯度等于1。整个聚类解决方案的纯度可以计算为所有聚类纯度的加权平均值：

$$Purity=\sum_{i=1}^{k}\frac{|C_i|}{n}Purity(C_i) \tag{12.41}$$

其中 k 为聚类个数，n 为聚类解决方案中的文档个数。

12.14.3　熵

熵(entropy)是一种替代度量方法，它表示有多少个组包含来自一个类别的文档。香农提出的熵用来衡量接收到的信息的平均信息量(详见 14.3.2)：当只存在一种可能的结果时，熵达到最小值(0)；当所有结果的可能性相等时，熵最大。因此，熵可以用来衡量聚类的质量[256]：当组包含来自一个类的实例时，聚类的质量最好，此时，熵一般是 0。当熵最大时，其值为 $\log(c)$，其中 c 是类的数量。因此当组中有多个类别的实例且每个类别的文档数量相等时，聚类的质量最差。计算熵时，我们必须首先计算 P_{ij}，即文档 j 属于每一类 $j \in L$ 的概率：

$$P_{ij}=\frac{l_{ij}}{|C_i|} \tag{12.42}$$

其中 l_{ij} 为组 C_i 中来自类别 j 的文档数，$|C_i|$ 为组 C_i 中的文档数。

然后计算出组 i 的熵：

$$Entropy(C_i)=\sum_{j \in L} p_{ij} \log p_{ij} \tag{12.43}$$

根据其大小加权计算所有组的熵之和，可以得到整个聚类解的熵：

$$Entropy=\sum_{i=1}^{k} \frac{|C_i| Entropy(C_i)}{n} \tag{12.44}$$ 265

其中 k 是组的数量，n 是需要被聚类的实例的数量。

12.14.4　*F* 测量

F 测量(*F*-measure)在信息检索和分类中经常使用，其思想也适用于评价聚类。*F* 测量结合了精准率(实际聚类结果中被放置正确的文档)和召回率(样本中应该放置到组且实际聚类正确的文档)的值，这两个值基于给定的组和类别进行计算。组 C_i 中类别 j 的精度可计算为：

$$Precision(i, j)=\frac{l_{ij}}{|C_i|} \tag{12.45}$$

其中，l_{ij} 为类 j 在组 C_i 中的实例数，$|C_i|$ 为组 C_i 中的实例总数。组 C_i 中类别 j 的召回率计算为

$$Recall(i, j)=\frac{l_{ij}}{l_j} \tag{12.46}$$

其中，l_{ij} 为组 C_i 中类别 j 的实例数，l_j 为类别 j 的文档总数。*F* 测量的值通常被计算为精准率和召回率的调和平均值。

$$F(i, j)=2\frac{Precision(i, j)Recall(i, j)}{Precision(i, j)+Recall(i, j)} \tag{12.47}$$

整个聚类解决方案的总体 F 测量是指分布在所有组上的所有类别的平均 F 测量[255]：

$$F=\sum_{j=1}^{l}\frac{l_j}{n}\max_{i=1..k}F(i, j) \tag{12.48}$$

其中 l 是类别的数量，是类别 j 中的实例数量，n 是所有实例的数量，k 是组的数量。为了获得较高的 F 测量的值，精准率和召回率都需要很高。那么 F 测量的值将接近于 1。

266 12.14.5 归一化互信息

归一化互信息(Normalized Mutual Infromation，NMI)属于信息理论测度的一类，它衡量两个组(一组由算法发现，另一组由人工创建)共享的信息有多少。换句话说，NMI 告诉我们，对一个组解决方案的了解能在多大程度上减少对另一个组解决方案的不确定性。已知 V，组 U 与 V 的互信息 $I(U, V)$则为熵 U(对 U 中每个对象的标签进行编码所需的平均信息量)与熵 $H(U \mid V)$的差值，H 为 U 中每个对象的标签进行编码所需的平均信息量：

$$I(U, V)=H(U)-H(U \mid V) \tag{12.49}$$

或者，互信息可以表示为 U 和 V 的熵之和减去 U 和 V 的联合熵：

$$I(U, V)=H(U)+H(V)-H(U, V) \tag{12.50}$$

U 的熵为：

$$H(U)=-\sum_{i=1}^{k}p_i\log(p_i) \tag{12.51}$$

公式中 p_i 是对象在组 C_i 中的概率，即 $p_i=|C_i|/n$。其中 $|C_i|$ 为组 C_i 的大小，n 为所有对象的数量。

$$H(U, V)=-\sum_{i=1}^{R}\sum_{j=1}^{S}\frac{n_{ij}}{n}\log\frac{n_{ij}/n}{n_j/n} \tag{12.52}$$

公式中 R 为 U 中的组的数量，S 为 V 中的组的数量，n_{ij} 为 U 和 V 中放置在同一组中的对象数量，n_j 为组 V_j 中的对象数量。

U 和 V 的联合熵可以表示为：

$$H(U \mid V)=-\sum_{i=1}^{R}\sum_{i=1}^{S}\frac{n_{ij}}{n}\log\frac{n_{ij}}{n} \tag{12.53}$$

互信息可以用以下公式表示：

$$I(U, V)=-\sum_{i=1}^{R}\sum_{i=1}^{S}\frac{n_{ij}}{n}\log\frac{n_{ij}/n}{n_in_j/n^2} \tag{12.54}$$

其中 n_i 为组 U_j 中对象的个数，其他符号的含义与上式相同[267,12]。

为了能够使用互信息来比较不同的组，通常我们使用标准化版本。目前
已经存在一些标准化方案，$NMI(U, V)=2\cdot I(U, V)/(H(U)+H$ 267
$(V))$[185]可能是将互信息的值缩放到区间[0，1]的一种最流行的归一化方法。

12.14.6　轮廓法

轮廓法(silhouette method)由卢梭提出[231]，该方法计算每个对象在所属组中的位置以及与其他组的分离程度。我们可以使用任意距离度量来构造轮廓法。

对于聚类组 C_i 中的每个对象 d_i，计算 d_i 与 C_i 中所有其他对象的平均距离 a_i(相异点)。该值越小意味着集群中的对象越同质，彼此更接近。

随后，计算 d_i 和所有其他组 C_j 的相似值，$j=1, \cdots, k$，$j\neq i$(即 c_i 到其他组中对象的平均距离)。组 C_j 的值越高越好，因为 d_i 不同于该组中的对象。这些平均距离的最小值 b_i 表示最近的组(邻居)，即对象 d_i 的第二最佳组选择。

d_i 的轮廓由 a_i 和 b_i 计算如下：

$$s(i)=\begin{cases} 1-\dfrac{a_i}{b_i} & \text{if } a_i<b_i \\ 0 & \text{if } a_i=b_i \\ \dfrac{b_i}{a_i}-1 & \text{if } a_i>b_i \end{cases}=\frac{b_i-a_i}{\max\{a_i, b_i\}} \tag{12.55}$$

从式中可以看出，$s(i)$的值在 -1 和 1 之间(这两个值都包括在内)。当组 C_i 只包含一个对象时，a_i 的值无法计算，通常为 0。

当 $s(i)$的值接近 1 时，聚类 a_i 内部的相异度远低于组之间的相异度。这意味着对象被很好地聚集在一起，即被分配到正确的组中。因为排名第二的组中的对象更不相似。

如果 $s(i)$的值接近 -1，则该对象很可能被放置到错误的组，最好是放在另一个组中，在这个组中，对象的平均相似度更高。

值 0 表示该对象正好在最佳和次最佳组之间，可以放到其中任何一个组中(a_i 和 b_i 相等)。

当需要使用相似点而不是不同点时，需要修改 $s(i)$值的计算公式：

$$s(i)=\begin{cases} 1-\dfrac{b_i'}{a_i'} & \text{if } a_i'>b_i' \\ 0 & \text{if } a_i'=b_i' \\ \dfrac{a_i'}{b_i'}-1 & \text{if } a_i'<b_i' \end{cases} \tag{12.56}$$

268 轮廓法基于类似组平均连杆法的原理，所以它适用于粗略的球形聚类。

该方法的最大优点是能够将聚类对象分配的正确性可视化。在可视化图形中每个物体由一条水平线表示，水平线的大小与 $s(i)$ 的值成比例。如果 $s(i)$ 的值为负，直线将与 $s(i)$ 值为正的物体的直线方向相反。所有的线从相同的位置开始依次排列。一个集群中的对象在一个组中，对象按照 $s(i)$ 的值由大至小排序。

直观看来，$s(i)$ 值越大越好。因此，图 12.8 中的组 1 比组 2 要好，因为组 1 的轮廓更宽。可以预计的是，没有 $s(i)$ 值较低的对象，比如组 3 中的最后两个对象。其中，最后一个对象甚至应该放在不同的组中，因为它更类似于其他组，而不是组 3。

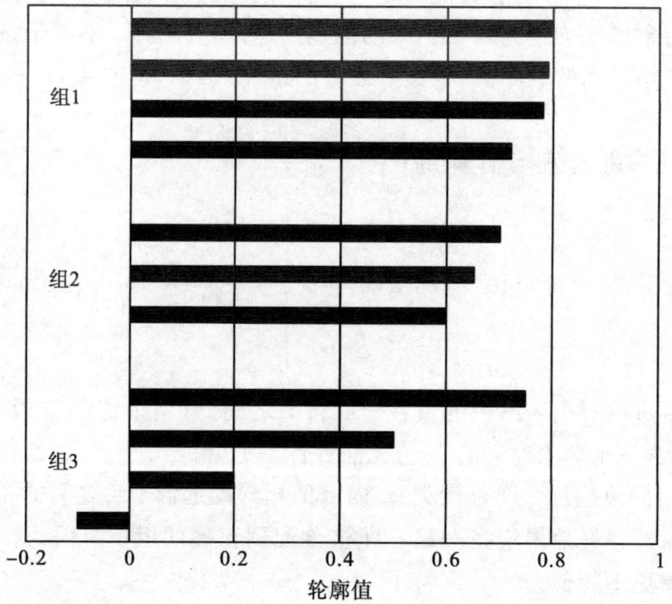

图 12.8　将几个对象聚类成三个组的聚类结果轮廓值

轮廓法也可以用来找到正确的组数。我们可以通过分析不同聚类方案的轮廓，选择出具有最佳组轮廓的方案。

如果要创建的组数量过高，一些自然出现的组将分裂成更多的组，有时也会出现自然组非常同质且远离其他组的现象。例如，自然组 A 中的对象将
269 被放置到组 B 和组 C 中，这些组仍然非常同构，但彼此非常相似。因此，$s(i)$ 的值与只有组 A 的情况相比要小得多。

当组数量过低时，一些应该分离的组会被合并，从而导致内部相似性更高，$s(i)$ 值更低。

我们还可以计算每个组的平均轮廓宽度。组 Cj 中所有对象 $s(i)$值的算术平均值：

$$s(C_i)=\frac{1}{|C_j|}\sum_{x\in C_i}s(x) \tag{12.57}$$

平均轮廓宽度高的组比平均轮廓宽度低的组更明显。我们甚至可以计算出整个数据集中所有对象的平均轮廓宽度：

$$S(k)=\frac{1}{k}\sum_{r=1}^{k}s(C_r) \tag{12.58}$$

并优先选取值最高的聚类方案[8]。

12.14.7 基于专家意见的评估方法

当没有关于聚类预期结果的先验知识时，通常的做法是请专家检查结果并判断结果是否有用。这种人工进行的验证适用于许多情况，可以揭示对数据的新见解，但代价是成本高昂且难以实现。判定结果受主观因素影响，不具有可比性。

待聚类的对象有特征及其表征值，每个对象可以被视为多维向量或多维空间中的一个点，其中维度的数量等于特征的数量。直观地说，我们可以直观地将聚类定义为包含对象的子空间，这些子空间与其他子空间明显分离。因此人类专家可以直接识别出不同的聚类组。但当维数大于 3 时，问题就出现了。部分方法可以将对象从多维空间投射到二维或三维空间，使用户能够直观地检查创建的组是否与他们可以看到的组相对应，因为在二维或三维空间中分离的对象组在多维空间中也被分离了[122]。但对于具有非常多维的数据来说，这种评估很难使用，例如文本集合。

人工方式也可以检查单个组中的对象，并判定这种安排在多大程度上有助于实现给定任务的目标。在组中对象较多的情况下，这种人工的处理过程
将非常困难，是不可行的。因此我们可以考虑只检查其中的一些文档。有几 270
种方法可以选择具有代表性的文档[99]。例如：

■ 平均文件：该文档与集群中的其余文档最接近，即它位于集群的质心附近。

■ 最小典型文档：该文档靠近集群的边界，更接近其余集群，它与其他集群中的文档最相似。

■ 最典型文档：该文档位于集群的边界附近，远离其他集群，它与集合中的所有文档最不同，因此也是最具体的。

使用后两种方法找到的文档可能很难解释，特别是在聚类解决方案中有

许多组的情况下。因此选择位于聚类中心的文档较为合适。

有时候一个文档包含信息量可能不够，此时我们可以使用同一标准选择更多的文档，再根据给定的标准对文件进行排序，列出位于排序的文档列表顶端的文档。

12.15 聚类标注

有时，不仅数据的标签没有分配给文档，而且这些标签可能根本就不存在。假设有一个销售产品或提供服务的公司，客户可以在网站上对该公司进行讨论和评估，甚至发送电子邮件投诉，这些相关评价都是用自然语言书写的。人工阅读成千上万这样的消息并分析其中主题显然是不可行的。取而代之的是，我们可以使用计算机试图找到相似且不同于其他组的多组文档，这些组或多或少与产品或服务的某个方面相关，再将这些组进一步处理，以便能够通过典型代表或描述组的关键字实现检索，从而改进业务质量。这样的关键字通常被称为组标签。一般来说，使用少量的变量就可以很好地描述类的特征[115]。

费拉罗和瓦内[88]指出了文档聚类标注的两种方法。一种简单方法是内部
271 聚类标记法，该方法基于聚类的内容来确定标签，通过使用具有代表性的文件的标题或出现频率足够高的单词列表来实现。另一种方法是区分聚类标记法，该方法通过与其他聚类的对比来确定标签，即当候选标签对组的依赖大于对其他组的依赖时，该候选标签就是该组的好标签。在这个过程中可以使用一些统计度量，如互信息、信息增益或卡方值。

12.16 示例

下面的示例展示了如何对文档集进行聚类、确定合适的聚类数量、评估可选的聚类，以及描述找到的聚类。

第一个示例只使用了八个人工创建的文档。我们可以清楚地看到文档的内容，并决定它们的所属组。文档很自然地形成树组：

■ 一组关于聚类

文档 1：Clustering is an unsupervised machine learning method and assigns data to groups.

文档 2：Clustering finds groups in data in an unsupervised way.

■ 一组关于分类

文档 3：Classification is a supervised machine learning method and assigns a class to an object.

文档 4：A class is determined in a supervised classification.

■ 一组关于统计

这组文档中最后两个文档都提到了分析和总结，比前两个文档更相似：

文档 5：Statistical analysis can be applied to large data sets.

文档 6：Statistics deals with large data sets analysis.

文档 7：Statisticians analyze and summarize large data sets.

文档 8：It is fun to analyze and summarize data.

为了能够对数据进行聚类，我们可以使用 *tm* 包将数据转化成"文档一特征"矩阵。

再使用几种算法对数据进行聚类。它们中的一些被用于处理表示要聚类的对象的数据矩阵，另一些被用于接受包含所有对象对的两两相异度的相异矩阵。我们可以使用 stats 包中的 dist()函数或 cluster 包中的 daisy()函 272
数计算相异矩阵。

stats 包中的 kmeans()函数使用 k-means 算法对矩阵中的数据进行聚类。该函数需要数据的数值矩阵可以强制转换为该矩阵的对象、要找到的组的数量或一组初始组中心。如果没有提供初始中心，则随机选择数据矩阵中的一组行作为初始中心。这里还可以定义算法的最大迭代次数。

函数返回一个 kmeans 类对象，其中，cluster 参数表示每个点所属组的整数向量，centers 参数表示组中心的矩阵，size 参数表示每个组中对象的数量。

在本示例中，值 2、3 和 4 依次作为决定组数量的参数。对于每个聚类解决方案，我们通过打印组列表中的组元素的内容来显示将文档分配到组的情况，再使用 cluster 包中的 silhouette()函数计算每个文档的轮廓值。该函数的第一个参数包含一个适当类对象、一个具有 k 个不同整数聚类码的整数向量，或者一个默认具有此类聚类分量的列表。该函数的其他参数包括相异矩阵(dist)等，一般是对称式(dmatrix)的。该函数返回一个 silhouette 类对象，这个对象是一个带有属性的 $n\times3$ 矩阵。每一行代表一个文档，包含它所属的组、相邻组(不包含文档的组，其平均差异最小)和轮廓宽度(列名为 cluster、neighbor 和 sil_width)，可以将其按照组对象轮廓值的降序排序。

sortSilhouette()函数将 silhouette 对象的行按组递增、轮廓宽度递减排序。要想可视化轮廓，我们可以使用标准 plot()函数。另外，我们还可以使用 factoextra 包，它提供了可用于提取和可视化多元数据分析结果的函数，包括可以从聚类中可视化轮廓信息的 fviz_silhouette()函数。

可以看到，组数为 3 时轮廓值最高，且明显高于组数为 2 时。组数为 3

时的轮廓看起来也比组数为 2 时要好得多。组数为 4 值比 3 时略差，因为最后四个文档可以视为一个或两个集群。

由于本示例中使用的 k-means 方法依赖于某些随机初始化，所以不同的人在运行时可能会获得不同的结果，文档在生成的组中分布的方式不同。

273

```
library(tm)
library(ggplot2)
library(factoextra)

# 将文本转换为结构化表示
texts<-c("Clustering is an unsupervised machine
          learning method and assigns data to groups",
         "Clustering finds groups in data in an
            unsupervised way",
         "Classification is a supervised machine learning
          method and assigns a class to an object",
         "A class is determined in a supervised
          classification",
         "Statistical analysis can be applied to large
         data sets",
         "Statistics deals with large data sets analysis",
         "Statisticians analyze and
         summarize large data sets",
         "It is fun to analyze and summarize data.")
documents<-data.frame(doc_id = 1 : 8,
                      text = texts,
                      stringsAsFactors = FALSE)
corpus<-Corpus(DataframeSource(documents))
corpus<-tm_map(corpus, removePunctuation)
corpus<-tm_map(corpus, content_transformer(tolower))
dtm<-DocumentTermMatrix(corpus,
         control = list(
         wordLengths = c(1, Inf),
         weighting = function (x) weightSMART(x, spec = "ntn")
         )
)
```

```
# kmeans()函数使用的矩阵
mat<- as. matrix(dtm)

#用于轮廓计算的距离矩阵
distances<- dist(mat)

#用于存储不同分区的轮廓值的对象
silhouette<- matrix(0，nrow = 4，ncol = 8)

# 尝试三种不同的分区
for (nclust in 2：4) {
print(paste("Number of clusters：", nclust))          274
clustering<- kmeans(mat，nclust)

# 查看文档到组的分配
print("Cluster assignment：")
print(clustering$cluster)

# 观察表征一个组的最重要的特征
for (c in 1：nclust) {
  print(paste(paste("Cluster", c)，"："))
  print(sort(clustering$centers[c,]，decreasing = TRUE)[1：5])
}

# 计算轮廓信息
sil<- silhouette(clustering$cluster，dist = distances)

# 存储用于分组时使用的轮廓值
silhouette[nclust，]<- as. vector(sortSilhouette(sil)[，3])

# 绘制轮廓图
plot(fviz_silhouette(sil，label = TRUE，print. summary = TRUE))
}

# 打印不同分区的轮廓信息
for (nclust in 2：4) {
  print(paste("Silhouette for cluster ", nclust))
```

```
    print(round(silhouette[nclust, ], 3))
    print(paste("Mean : ", round(mean(silhouette[nclust, ]), 3)))
}
```

从执行代码后输出的信息中可以看到，每个组都有一个数字，数字从 1 开始，这展示了文档是如何分配到组中的。另外，输出信息也给出了哪些特征能很好地表征文档、文档轮廓信息以及可视化的文档轮廓图(图 12.9)。

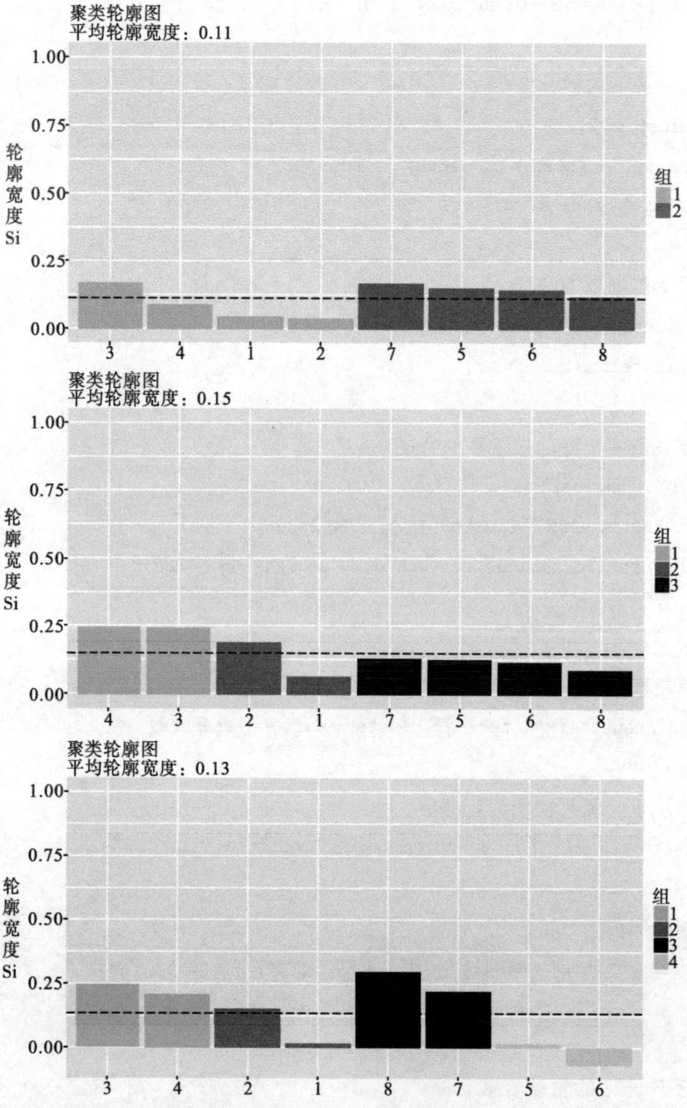

图 12.9　可视化剪影信息的三个不同的聚类的同一数据集

```
[1] "Number of clusters : 2"
```

```
[1] "Cluster assignment : "
1 2 3 4 5 6 7 8
1 1 1 1 2 2 2 2
[1] "Cluster 1 : "
          a          in          an         assigns  clustering
   2.000000    1.500000    1.061278        1.000000    1.000000      275
[1] "Cluster 2 : "
      large       sets    analysis    analyze    summarize
   1.061278   1.061278    1.000000   1.000000     1.000000
  cluster size ave. sil. width
1        1    4           0.08
2        2    4           0.14

[1] "Number of clusters : 3"
[1] "Cluster assignment : "
1 2 3 4 5 6 7 8
2 2 1 1 3 3 3 3
[1] "Cluster 1 : "
              a               class   classification   supervised
            4.0                 2.0              2.0          2.0
         object
            1.5
[1] "Cluster 2 : "
     clustering          groups   unsupervised          in
            2.0             2.0            2.0         2.0
          finds
            1.5
[1] "Cluster 3 : "
      large       sets    analysis    analyze    summarize
   1.061278   1.061278    1.000000   1.000000     1.000000
   cluster   size   ave. sil. width
1        1      2              0.24
2        2      2              0.13
3        3      4              0.11

[1] "Number of clusters : 4"
[1] "Cluster assignment : "
```

```
1 2 3 4 5 6 7 8
2 2 1 1 4 4 3 3
[1] "Cluster 1 : "
            a              class  classification  supervised
          4.0                2.0             2.0         2.0
       object
          1.5
[1] "Cluster 2 : "
   clustering        groups  unsupervised        in
         2.0          2.0          2.0         2.0
       finds
         1.5
[1] "Cluster 3 : "
     analyze    summarize  statisticians        fun
         2.0         2.0           1.5          1.5
          it
         1.5
[1] "Cluster 4 : "
   analysis  applied    be  can  statistical
       2.0       1.5   1.5  1.5          1.5
   cluster  size  ave.sil.width
1        1     2           0.22
2        2     2           0.08
3        3     2           0.26
4        4     2          -0.03

[1] "Silhouette for cluster 2"
[1] 0.162 0.085 0.040 0.034 0.162 0.147 0.143 0.117
[1] "Mean : 0.111"
[1] "Silhouette for cluster 3"
[1] 0.245 0.243 0.189 0.065 0.130 0.123 0.117 0.089
[1] "Mean : 0.150"
[1] "Silhouette for cluster 4"
[1]  0.243 0.206 0.151 0.014 0.293 0.217 0.010 -0.062
[1] "Mean : 0.134"
```

R 中 cluster 包里的 pam()函数也提供了一种围绕中心点而不是质心对数

据进行聚类的划分算法。其中最重要的参数包括待聚类的数据(数据矩阵、数据帧、相异矩阵或对象)、聚类的数量、计算相似度的度量(欧几里得或曼哈顿),以及定义初始中心点的参数(以便在算法的初始阶段不会自动寻找)。

agnes()函数可实现聚合嵌套层次聚类。该函数的第一个参数包含要聚集的数据。默认情况下,这部分数据是一个相异矩阵。该参数还可以包含一个矩阵或数据帧,其中每一行表示一个观察结果,每一列表示一个变量。

该函数从七个选项中选择一个创建树状图,用于计算合并组的相似性。所 278
需的参数包括 average(使用算术平均的非加权对组方法,简写为 UPGMA)、single(单链接聚类)、complete(完全链接聚类)、ward(沃德距离)、weighted(使用算术平均的加权对组方法,简写为 WPGMA)、Lance-Williams 公式的泛化灵活形式、gaverge(利用 Lance-Williams 公式得到广义平均、灵活的 UPGMA 方法)[20]。默认是 average。

当待聚类数据不在相异矩阵中时,我们可以根据度量参数计算相似度。其值包括以下两个:euclidean(欧几里得距离)和 manhattan(曼哈顿距离)。

agnes()函数返回一个 agnes 类的对象,其中包含有关聚类结果的信息,例如图形中对象的顺序(因此树状图的分支不会交叉)、关于合并组的信息、在连续阶段合并组之间的距离的向量,以及其他。

可以使用 pltree()函数将 agnes 对象转换为树形图。其参数包含一个 twins 类对象(通常由 agnes()函数或 diana()函数返回继承自 twins 类的对象),其中包含有关聚类的信息、标题、聚类对象的标签和图形参数。该函数的第一个参数是强制的,其他参数可以使用默认值(例如集群对象的标签就是从第一个参数派生的)。

```
# 寻找层次聚类解决方案
hc<-agnes(distances)

#将文档的前 25 个字符作为标签
texts.labels<-paste(substr(texts, 1, 25), "...", sep = "")

# 可视化树状图中聚类解决方案
pltree(hc,
       hang = -1,
       main = "Hierarchical clustering of documents",
       labels = texts.labels[hc$order])
```

hang 参数定义了图形的标签应该对应哪个位置，负值表示标签从 0 开始排列。labels 参数用于为集群对象分配标签。

图 12.10 显示了 8 个文档的聚合聚类树形图。

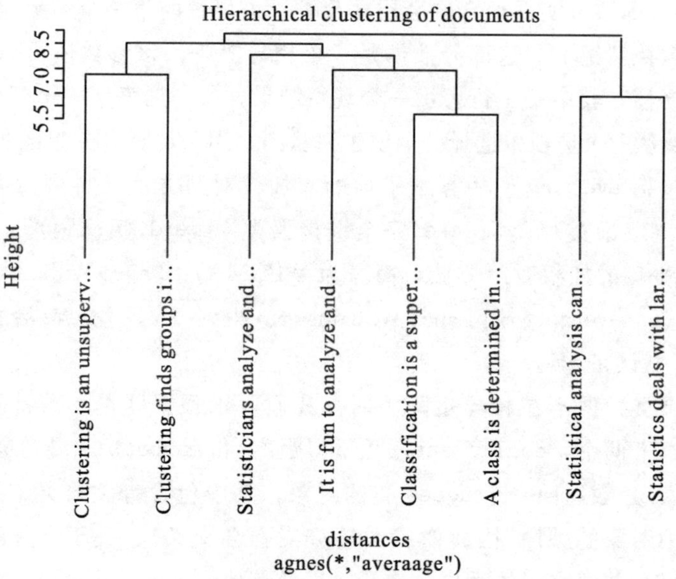

图 12.10　agnes( )方法的可视化树形图

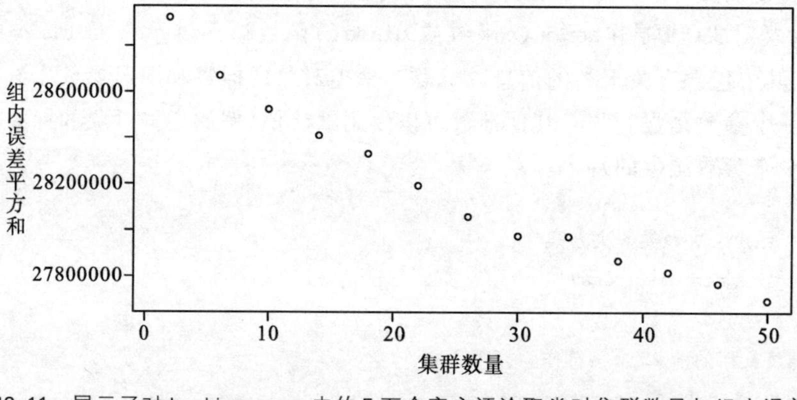

图 12.11　展示了对 booking. com 中的 5 万个客户评论聚类时集群数量与组内误差平方和之间的关系(当集群的数量等于 30 时，会出现一个明显的“手肘”)

279 分裂层次算法由 diana()函数实现。该算法从一个组中的所有项目开始，对组进行划分，直到每个组只包含一个项目。在每一阶段，它会选择直径最
280 大的组，即任何两个观测值之间最大的不同处。

第一个参数包含要聚集的数据。默认情况下，它仍然是一个相异矩阵：一个矩阵或数据帧，其中每行代表一个观测值，每列代表一个变量。度量参

数可以是表示欧氏距离的 euclidean 或表示曼哈顿距离的 manhattan，用于计算相异度。

下面的示例尝试找到评论文本中有关酒店住宿服务的内容，这实际上是对文本文档组的语义内容的自动检测。示例中的文档是由真正住过酒店并有过实际经验的人编写的客户评论，数据来自 booking.com，在文献[295]中可以找到更详细的描述。在本示例中，我们使用其中 5 万条英文评论进行分析。

假设类似的文档共享一个共同的主题，在本示例中为服务主题。我们使用 *k*-means 算法进行聚类，查找相似文档组；采用肘部法分析聚类数与平方误差内聚和的相关性，确定 *k*-means 算法所需的聚类数，这里是选择 30 个聚类；使用卡方方法(详见 14.3.1)标记不同组，并以此来寻找每个组的代表词。

```
library(tm)

# 阅读评论并创建文档-特征矩阵
texts<-readLines("reviews-booking.txt")
documents<-data.frame(doc_id=1:length(texts),
                      text=texts,
                      stringsAsFactors=FALSE)
corpus<-Corpus(DataframeSource(documents))
corpus<-tm_map(corpus, removePunctuation)
corpus<-tm_map(corpus, content_transformer(tolower))

dtm<-DocumentTermMatrix(corpus,
          control=list(
             wordLengths=c(1, Inf),
             removeNumbers=TRUE,
             stopwords=TRUE,
             bounds=list(global=c(11, Inf)),
             weighting=function (x)
                   weightSMART(x, spec="ntn")
             )
)
mat<-as.matrix(dtm)

#计算不同组数的组内误差平方和
withinss<-c()
```

281

```
for (k in seq(2, 50, 4)) {
      clustering<-kmeans(mat, k, iter.max = 100)
      withinss[k]<-clustering$tot.withinss
}

# 可视化组数量和组内误差平方和之间的关系，以找到表示合适组数量的拐点
plot(withinss,
      xlab = "Number of clusters",
      ylab = "Total within-cluster sum of squares")

#当组数量为 30 时较好
nclust<-30
clustering<-kmeans(mat, nclust)

# 计算估计卡方值所需的值
D<-C<-B<-A<-matrix(nrow = nclust, ncol = dim(dtm)[2])
rownames(D)<-rownames(C)<-rownames(B)<-rownames(A)<-
          c(1:nclust)
colnames(D)<-colnames(C)<-colnames(B)<-colnames(A)<-
          colnames(dtm)

for (c in c(1:nclust)) {
    for (w in c(1:dim(dtm)[2])) {
        A[c, w]<-sum(dtm[clustering$cluster == c, w] != 0)
        B[c, w]<-sum(dtm[clustering$cluster != c, w] != 0)
        C[c, w]<-sum(dtm[clustering$cluster == c, w] == 0)
        D[c, w]<-sum(dtm[clustering$cluster != c, w] == 0)
    }
}

# 计算卡方值(这里没有使用一个公式来计算，防止由于数值非常大而导致整数溢出)
```

282

```
chi<-dim(dtm)[1] * ((A * D) - (C * B))^2
chi<-chi/(A + C)
chi<-chi/(B + D)
chi<-chi/(A + B)
chi<-chi/(C + D)
```

```
# 计算集合中词项的平均 tf-idf
avg_frequencies<-colMeans(mat)

# 计算每个类别中词项的平均 tf-idf
tab<-rowsum(mat, clustering$cluster)
numbers_of_documents_in_clusters<-clustering$size
tab<-tab/numbers_of_documents_in_clusters

#为每个类打印 10 个最重要的特征词(这里仅打印类的平均 tf-idf 值高于所有类的平均值的特征)
print("The values of Chi square for attributes and classes: ")
for (c in c(1:nclust)) {
    print(paste("Class: ", c), sep = "")
    print((sort((chi[c, tab[c, ]>avg_frequencies]),
                decreasing = TRUE))[1:10])
}

# 打印 5 个离聚类中心最近的文档
for (c in c(1:nclust)) {
    print(paste("Cluster ", c, sep = ""))
    distances<-apply(mat[c == clustering$cluster, ],
                     1,
                     function(x)
                       sum((x - clustering$centers[c, ])^2)
                    )
    print(texts[as.numeric(names(sort(distances)[1:5]))])
}
```

上面语句输出了每个类组的文档中包含的 10 个最具判别力的单词。

通过这些单词我们可以很容易地给这些组分配主题标签。例如，组 2 是关于电视，组 5 是关于室内游泳池和健身房，组 8 是关于机场班车。其他明确确定的住宿服务包括停车、信用卡、家具、昂贵的酒吧、床、员工等。下 283
面展示了一些标签较明确的组示例。实际上，这 30 个组中绝大多数的标签都很容易确定：

```
...
[1] "Class: 2"
```

```
     channels          tv        bbc       news        cnn
   36592.5493  11672.0444  2430.7969  2413.2943  1566.8983
      english     channel   language    digital television
    1221.4890    890.0239   496.8955   402.3057   267.6288
...
[1] "Class：5"
         pool    swimming     indoor       swim        gym
   39290.3494  13360.0888  1395.6040   693.1596   515.0593
      outdoor         spa      sauna    swiming    jacuzzi
     484.8979    413.5477   367.6770   348.9054   334.2497
...
[1] "Class：8"
      airport     shuttle       taxi        bus   transfer
   40243.6288   5033.6403  1259.5266   960.2551   758.1955
       flight       close     fromto     driver    gatwick
     727.6716    543.1865   486.8610   377.9844   346.0994
...
[1] "Class：9"
        dirty      carpet    carpets     sheets     stains
   41349.3561   1481.7790   585.0428   446.2469   361.6065
       filthy    bathroom      blood    cobwebs  wallpaper
     337.5244    277.6227   275.5182   271.5584   248.0691
...
[1] "Class：25"
      parking         car       park       free     garage
   29786.0432   7737.2175  4017.3253   805.5700   762.7539
        space      spaces     secure       cars  difficult
     710.4421    710.2466   579.6436   569.6599   335.8032
...
```

当然，结果并不完美，仍有一些组的标签很难确定，如下所示。下面几组示例中，组 11 与其他组的差异相当大，对该组进行进一步分析可以更加深入地了解数据。

284
```
...
[1] "Class：3"
```

```
  friendly      staff    helpful       good   location
  7854.677   7240.694   4325.775   4049.060   3163.018
 excellent      clean      value       nice      great
  2919.974   2852.039   1783.016   1656.075   1529.375
...
[1] "Class: 11"
    improved friendliness     cleaness   cleaniness
   18.152680     14.861314   12.864497   11.573488
    updating   convenience    closeness   victorian
   11.235698      8.744312    7.423451    7.086854
    makeover      exciting
    7.042680      6.839037
...
[1] "Class: 13"
         one        asked         get         said         told
   2316.2821    1819.5886   1637.1390    1294.0469    1276.1080
       night      another        even          got          day
   1253.5418    1252.8707   1100.1629    1045.5220     985.9492
...
```

为了获取组中的整个文档的示例，本示例中主要研究那些看起来接近组的质心的文章。下面展示了几个组中的该类型文档。

```
...
[1] "Cluster 2"
[1] "Could have more TV channels"
[2] "Very good location..Very clean..friendly staff..English
channels on TV"
[3] "No English channels on the TV."
[4] "TV channels are a bit fuzzy"
[5] "Just only few TV channels"
...
[1] "Cluster 5"
[1] "There is no pool"
[2] "the pool"
[3] "a pool"
[4] "That there was no pool"
```

```
[5] "absense of pool"
...
285 [1] "Cluster 8"
[1] "distence from airport"
[2] "location to shannon airport. "
[3] "It was close to the airport!"
[4] "very close to airport"
[5] "Close to Weeze Airport"

[1] "Cluster 9"
[1] "Dirty"
[2] "Toilet/Bathroom very dirty. "
[3] "Dirty hotel"
[4] "Room was too small and dirty. "
[5] "The hotel was very dirty& Room was very small"
...
[1] "Cluster 25"
[1] "Convient location, easy parking. "
[2] "No Parking!"
[3] "no parking in the hotel"
[4] "Very good postion. easy parking"
[5] "The parking and location. "
...
```

第 13 章

词嵌入

13.1 简　介 287

词袋模型难以表示单词之间的关系。在词袋模型中，文本中的单词及其他属性都被表示为多维文档空间的一个维度，如同文献[101]中所述的独热表征(one-hot representation)。在这个多维空间中，维度间是相互独立的，每个维度仅由一个值表征，无法通过特征来共享信息。例如，在词袋模型中，我们很难判断出“football”(足球)与“soccer”的意义相近，与“ballet”比较疏远。

当特征较少且我们无须考虑特征间相关性时，独热表征可能比替代表征更有效。选择表征以某种方式考虑了特征间的相关性并降低了词袋模型典型的稀疏性问题[101]。

为了解决词袋模型无法表征词间相似性的问题，我们可以通过给文本中已有的单词添加额外信息来更好地表征词的上下文关系。这种方法与保留信息不同，例如对于单词 A，该方法不仅会存储 A 本身，还会存储如“正面标签是 T”“前面的单词是 B”“后面的单词是 C”等信息。这个方法增加了输入空间中的维数，需要仔细选择特征组合。

现在，某些文档表征方法是基于相似词应有相似属性的思想的，但这在
词袋模型中难以实现。因此，在词袋模型中，我们需要多个维度来表征词及
其特征，每个词都被映射到一个连续的具有上百个维度的空间中，而这个空 288
间比词袋模型中的维度数量少得多。

文档中的词被嵌入到连续的向量空间中，就是词嵌入方法。

词向量通常是在无监督的训练过程中产生的，因此很难解释它的维度。由于词向量是基于单词出现的上下文而构建的，我们可以将词向量理解成上下文特征向量。在这样的向量空间中，相似的词之间距离会比较近。

这些替代表征方法的基本思想是，出现在相似上下文中的单词通常具有相似的含义。通过图 13.1 我们可以看到更加形象的解释。在图 13.1 中，四个句子都包含了一个陌生单词 Brno，但通过上下文我们能猜到这是一个城市的名字，因为四个句子中提到了居民的数量、地区、旅行方向，以及我们认识的城市名称 New York。这些信息都需要被添加到词表征的信息中，显然一维的词袋表示法是无法满足要求的。

I visited *Brno* last year.
He travelled from *Brno* to New York.
Brno has almost half a million inhabitants.
There are twenty nine districts in *Brno*.

图 13.1　四句话中都出现了 Brno 这个词，即使读者没有听说过 Brno，通过上下文也能猜到它是一座城市

相似的词之间会共享某些相同的信息，词向量的值也会更接近，在多维空间中彼此更靠近。基于这种思想的表征模型不仅能捕捉词之间的相似性，还具有其他优势，例如对词进行向量操作等，因为词是由向量表示的。执行向量操作，可以带来非常令人惊喜的结果。

如果单词 A 和 B 相关，单词 C 和 D 相关，那么，A 与 B 的偏移量、C 与 D 的偏移量就应该相似，如图 13.2 所示。这种相关关系可以是语义层面的，比如性别关系和国家城市隶属关系，也可以是句法上的，如形容词的单复数形式、“现在时一过去时”形式，以及“比较级一最高级”形式[195]。

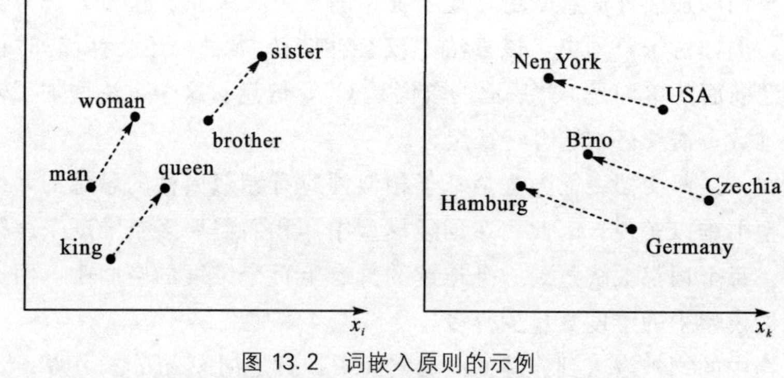

图 13.2　词嵌入原则的示例

文献[195]中给出了比较常见的一个词嵌入示例：

在表征性别关系时，向量(“king”)－向量(“man”)＋向量(“woman”)会非常接近于向量(“queen”)；同样，在表征国家城市隶属关系时，向量 289
(“paris”)－向量(“france”)＋向量(“poland”)≈向量(“warsaw”)；在表征负数关系时，向量(“cars”)－向量(“car”)＋向量(“apple”) ≈向量(“apples”)[269]。

词向量表征方法可以帮助研究者计算文档相似性。当两个句子语义相近，但使用的词不同时，传统的相似性度量方法很难计算出句子是相似的。例如，在忽略停止词的情况下，“The queen visited the capital of US”和“Elizabeth came to Washington in the USA”中没有任何相同的词，但这两句话实际意思相同。但在词向量空间中，“Elizabeth”与“queen”和“USA”与“US”的词向量会非常接近。这个思想基于词移动距离(Word Movers Distance，WMD)算法，该算法计算两个文档的相异度并将其作为文档中词嵌入到另一个文档的最小距离，并在这个过程中考虑了词向量的相似度[157]。

13.2　确定上下文和词的相似度

具有相似上下文的单词在含义上也更加相似，我们可以依据此为词向量寻找合适的值[165]。那么什么是词的上下文呢？我们可以将上下文视为一组处于特定环境中的单词，比如相同的文档、句子或向左向右各取 5 个单词。 290

我们可以通过查看“文档－特征”矩阵找到具有相似上下文的单词。如果矩阵有 n 行 m 列，其中 n 是文档的数量，m 是特征(单词术语)的数量，那么上下文相似的词的列也相似。

当上下文没有包含整个文档时，可以使用词共现矩阵来查找上下文相似的单词。词共现矩阵是一个方阵，其中行和列都是单词，矩阵的元素是单词共同出现的次数。

在计算词频时，“文档-特征”矩阵中部分停用词的出现频率会很高，且经常与其他单词共同出现，但停用词不具有代表性。因此我们需要对词频做一些处理，使词频能够表示词之间真正的关系。为了解决该问题，我们常常会用到点互信息(Pointwise Mutual Information，PMI)度量法，具体内容请查看本书 14.3.2，该方法计算两个单词共同出现的频率是否大于词单独出现的频率，取值范围为$-\infty \sim +\infty$。如果结果出现负数，该值将会被替换为 0，因为无法解释两个词共同出现的概率是负值。PMI 度量法偏向于计算低频词，因此经常需要提高概率数值或在所有频率上加 1，例如拉普拉斯平滑[138]。

“文档－特征”矩阵和词共现矩阵通常会有数万个行列，向量稀疏性较大，因此我们最好使用能将向量表征成多种属性的方法，使向量更短。在机器学习算法中，机器学习的参数更少，且大多数值不为零，向量更加密集。

我们可以使用全局矩阵分解模型来生成密集向量，例如潜在语义分析(Latent Semantic Analysis，LSA)、潜在狄利克雷分布(Latent Dirichlet Allocation，LDA)、使用较小的上下文窗口(常使用 word2dev)的神经网络学习等模型。很多时候基于神经网络的生成模型能够比 LSA 更好地保持单词的线性规律，这在词类比等任务中很关键，且这种方法也比 LDA 的计算效率更高。但与 word2vec 这种局部方法不同，像 LSA 这样的全局方法可以有效地利用统计信息[195,214]。

291 13.3 上下文窗口

上下文一般指单词附近的短文本。根据考虑内容的不同，一般有三种上下文类型[101]：

- 连续词袋型：由固定窗口长度的单词来表示上下文，不考虑词的顺序及位置，例如单词 X 的上下文可能是 A、B、C 和 D。
- 位置型：考虑文本中其他单词的相对位置信息，例如，X 的上下文是 A 向左两个位置，C 向左一个位置，D 向右一个位置，C 向右两个位置。
- 依赖型：考虑文本中其他词与该词的句法信息，例如 A 是 X 的主语，B 是 X 的宾语。

如果上下文由单词周围的窗口决定，窗口的大小就会对学习嵌入有影响。当使用比较小的上下文窗口(1-3 个单词)时，词间会具有更多的句法和功能相似性；使用较长的上下文窗口(4-10 个单词)，其语义相似性则更高[138]。

窗口的内容也可以在训练前修改。我们可以通过抽样计算出单词与定义上下文单词间的距离并根据距离分配不同权重，也可以在训练前将高频词删除。但删除高频词通常有两种情况；第一种是在定义上下文前删除单词，这会使上下文窗口扩大，将原本远离预测的单词囊括进来；第二种是在创建窗口后(上下文窗口具有相同的大小)删除，此时上下文窗口大小相同。我们也可以删除罕见词，但这对嵌入质量影响不大[166]。

13.4 计算词嵌入

使用基于监督的方法需要预先准备与待解决任务相关的标注数据，例如训练词性标注时需要使用带词性标注的文本作为训练数据。完成准备之后，再根据给定目标进行嵌入并获取与任务相关的信息。创建好的嵌入向量可以被用于没有充足标注数据的相关任务中，比如用于语法解析，也可以用另一个任务的标注数据来改进已经学习好的嵌入向量[101]。

基于无监督的词嵌入方法则不需要标注数据，这种方法只需要计算嵌入向量。嵌入向量可以在两种任务中学习得出，一种是根据上下文预测单词，另一种是给出真实的和随机创建的“词－上下文”对来判断某个词是否属于上下文[101]。我们可以使用大型语料库作为训练数据，代替使用标注的文本。292
学习好的嵌入向量能够包含句法和语义关系信息，并将其应用于各种各样的任务中。

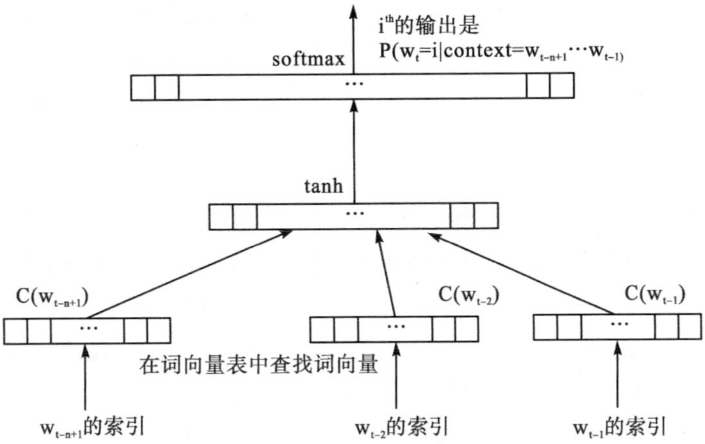

图 13.3　展示了概率神经语言模型的结构。$C(w_i)$是词 i 对应的词向量[21]

目前有很多流行的方法可以计算词嵌入向量：

■ 神经语言模型。密集向量嵌入(表征)一般在具有独热向量的神经网络的第一层中学习得出[101]。第一个使用词嵌入的研究便是使用神经网络进行语言建模的。在概率神经语言模型[21]中，从文本中提取 k 个单词作为输入，使用归一化指数函数(softmax 函数)计算下一个单词的出现概率，如图 13.3。科洛贝尔等人[57]使用预测位置所在的上下文窗口来预测单词，而不是使用预测位置前的几个词。在他们的研究中还使用分数赋值来代替概率计算，给错误单词分配较低分数，给正确单词分配较高分数，并通过带有隐藏层的神经网络连接和处理词向量。

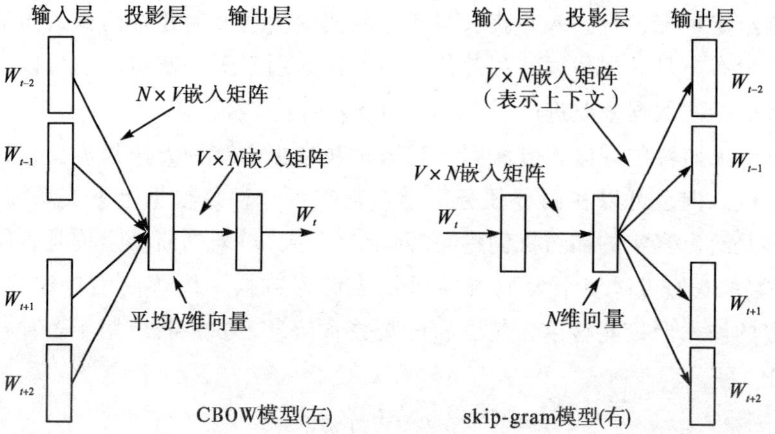

图 13.4　使用 CBOW 和 skip-gram 方法训练词嵌入神经网络体系结构。V 为词汇量的大小，N 为单词向量的大小，w_i 为大小为 V 的一次性编码向量，其中包含给定单词的索引[195,276]

■ word2vec。word2vec 是托马斯·米科洛夫提出的一种词嵌入方法，这个方法将自然语言处理技术引入神经语言模型中。使用 word2vec 预测词向量有两种情形：基于上下文预测单词，如 CBOW 模型；基于中心词预测上下文，如 skip-gram 模型。两种模式的区别如图 13.4 所示。在这两种情形中，输入、输出都是一次性编码向量。word2vec 试图解决神经语言模型计算复杂度高的问题。在训练阶段，神经网络使用线性激活函数代替多层感知器典型的 sigmoid 函数，使预测单词或其上下文概率的对数最大化[194]。利维和戈德堡[165]发现，将人工创建的文本片段添加到训练集，与真实文本区分离开，再使用基于负采样方法的 skip-gram 模型学习单词向量，能够隐式分解单词上下文对的点互信息矩阵。

■ GloVe。GloVe 是斯坦福大学开发的一种模型。与直接学习单词向量的 word2vec 不同，GloVe 用词向量预测两个单词同时出现的概率，需要使用单词的全局共现信息。该方法通过研究某词与探测词的共现比率来计算并预测
293 两词间的关系，最终得到词共现概率。该模型从语料库中创建的特征矩阵计算出概率，再将单词以词向量形式输入函数作出预测，在词共现矩阵分解过程中可以使用随机梯度下降法计算出词向量，并且该过程可以并行化[214]。与 word2vec 相比，这种模型训练速度更快，但对计算内存需求较大。

294 ■ fastText。大多词嵌入技术忽略了前缀、后缀等子词信息，但对于那些具有较多形态的罕见词的语言来说，子词信息是非常重要的。fastText 源于 word2vec，但在处理过程中将每个单词看作一个 n-gram 字符串包，在 n-

gram 级别上生成向量，每个词的词向量是 n 元向量的和。这也使我们可以对词库以外的单词构建词向量[28]。

如果词嵌入是神经网络模型的一部分，那么向量就可以像其他模型参数一样随机初始化。这些值可以从标准差为 0.001 到 10 的为 0 的均值正态分布中均匀采样，也在以 0 为中心的固定区间内均匀采样[148]，例如从区间$\left[-\frac{\sqrt{6}}{\sqrt{n_i+n_o}}, +\frac{\sqrt{6}}{\sqrt{n_i+n_o}}\right]$中采样的 Xavier 方法，其中 n_i 和 n_o 是输入和输出的尺寸。

除了训练词向量外，我们也可以从很多词向量库中找到预训练的词嵌入向量。这些向量库是对维基百科文章、推特、Common Crawl、谷歌新闻等数据训练得到的。

13.5 词向量聚合

为了表示句子、段落、文档等更大的文本单位，我们需要对词向量进行聚合，否则，文本将被看作是一组具有可变长度的嵌入式单词[56]。许多算法都要求向量的长度是固定的，例如分类和聚类算法。算法会要求输入的必须是固定长度的向量，而不是词袋模型中的文档向量。

简单的聚合方法使用例如单词向量的总和、平均值或加权平均值(使用 tf-idf 加权值)为参数[66,195]。

在训练词向量时，我们通常期望向量能够帮助预测给定上下文中的其他单词。列和米科洛夫[162]将该思想应用到了段落向量算法中。段落等更大的文本单位的向量也可以用来预测其他词，段落向量可以被视为预测任务中的单词，代表了当前上下文中缺失的信息，并记载段落主题。词向量在所有段落间共享，但段落向量在段落间相互独立。

文献[253]中提出了一种聚合词向量的递归神经网络结构。该方法需要进行句法分析，适用于句子水平。

文献[290]提出了一种通过费舍尔和哈希方法将不同大小的嵌入向量集压缩为二进制哈希码的方法。

13.6 示例 295

我们可以使用 wordVectors 包训练 word2vec 模型。该包目前没有被收录于 CRAN 中，我们可以使用 devtools 从 github 下载使用。

```
library(devtools)
install_github("bmschmidt/wordVectors")

library(wordVectors)
```

wordVectors 的开发者以密歇根州立大学馆藏的烹饪美食类书籍作为样本数据训练 word2vec 模型。首先下载烹饪书文件，存储为 cookbooks.zip 并解压缩到目录 cookbooks。该目录包含 70 多个烹饪方面的文本文件。

```
download.file("http://archive.lib.msu.edu/
              dinfo/feedingamerica/cookbook_text.zip",
             "cookbooks.zip")
unzip("cookbooks.zip", exdir = "cookbooks")
```

为了训练模型，我们需要准备一个包含所有文本的文件夹。wordVector 库提供了 prep_word2dev()函数，其中 origin 参数传递文件夹及目录，destination 参数传递输出文件名，lowercase 参数定义文本大小写，bundle ngrams 参数设置 N-gram 相关信息(如果其值大于 1，则会将多个 N-grams 拼成一个单词)。

```
prep_word2vec(origin = "cookbooks",
              destination = "cookbooks.txt",
              lowercase = TRUE,
              bundle_ngrams = 2)
```

然后，在 train_word2vec()函数中使用创建的文件夹训练 word2vec 模型。其中，vetors 参数传递词向量的大小，window 参数传递词上下文窗口的大小，threads 参数传递运行训练过程的线程数量，cbow 参数传递训练过程中使用的 CBOW 或 skip-gram 方法，min_count 参数传递词在语料库样本中
296 的最小频率，iter 参数传递迭代次数，negetive_samples 参数传递 skip-gram 方法中负样本的数量，destination 参数定义了词向量以二进制形式写入输出文件。最终，函数会返回一个包含词向量的对象。

```
model<-train_word2vec(train_file = "cookbooks.txt",
                      output_file = "cookbook_vectors.bin",
```

```
                    vectors = 200,
                    threads = 4,
                    window = 12,
                    iter = 5,
                    negative_samples = 0)
```

通过传递包含了检索词的字符串可以访问某个词向量。在下面的例子中，我们将使用 nearest() 函数来查找与烹饪书中提到的两种原料 steak 和 cheese 最相似的单词。

```
> x <- model["steak", ]
> closest_to(model, x)
                   word   similarity to x
1                 steak         1.0000000
2             beefsteak         0.7224785
3            rump_steak         0.6747437
4     porterhouse_steak         0.6517441
5                steaks         0.6482365
6               sirloin         0.5996025
7       planked_sirloin         0.5941793
8            roast_beef         0.5836023
9            tenderloin         0.5827629
10                broil         0.5745636
>
>x<- model["cheese", ]
>closest_to(model, x)
               word   similarity to x
1            cheese         1.0000000
2      swiss_cheese         0.6298522
3              edam         0.6113659
4       emmenthaler         0.5890561
5           stilton         0.5821470
6          cheshire         0.5780776
7          gruy_232         0.5679422
8              kase         0.5519617
9    cottage_cheese         0.5487433
10       neufchatel         0.5484801
```

297

我们也可以尝试进行向量运算，例如找出与 steak 和 beef 具有相似对应关系的 pork 的相关词。

```
>x<- model["steak", ] - model["beef", ] + model["pork", ]
>closest_to(model, x)
#也可以写成 closest_to(model, ~"steak" - "beef" + "pork")
              word  similarity  to x
1            steak        0.7268982
2             pork        0.6755440
3           steaks        0.5458622
4            bacon        0.5458076
5            chops        0.5364155
6       pork_chops        0.5351922
7            broil        0.5095040
8          broiled        0.4904118
9        beefsteak        0.4878030
10             ham        0.4817139
```

下面的示例与上述示例相似，展示了与 butter 和 milk 具有相似对应关系的 apple 的相关词。

```
>x<- model["butter", ] - model["milk", ] + model["apple", ]
>closest_to(model, x)

                   word  similarity  to x
1                 apple        0.6531934
2                apples        0.5038533
3                  tart        0.4672218
4                butter        0.4625596
5    lamb's_sweetbreads        0.4581400
6                   pie        0.4531101
7      apple_marmalade        0.4487496
8                   872        0.4362927
9                 sauce        0.4331859
10              compote        0.4307663
```

298 下面两个示例是通过计算来寻找词的语法规律，例如动词的复数与单数、动词的原形与连续形式。

```
>x<-model["apples", ] - model["apple", ] + model["pear", ]
>closest_to(model, x, n = 5)
        word  similarity to x
1       pear       0.8229101
2      pears       0.6867127
3     apples       0.6411531
4    peaches       0.6117798
5   apricots       0.5911249

>x<-model["baking", ] - model["bake", ] + model["cook", ]
>closest_to(model, x)
        word  similarity to x
1       cook       0.5258886
2    cooking       0.4665998
3   roasting       0.4510705
4    stewing       0.4445075
5     baking       0.4195846
```

下面的示例展示了如何使用 text2vec 包从烹饪书文本中学习 GloVe 向量。

```
library(text2vec)

#烹饪书文件中的所有文本
file_list<-list.files(path='cookbooks', pattern = "*.txt")
for (f in file_list) {
    #创建文件地址名
    fullname<-paste("cookbooks", "/", f, sep = "")
    #从文本中读取所有行
    t<-readLines(fullname, n = -1)
    #组成文本
    text<-append(text, t)
}

#对文本进行分词
tokens<-word_tokenizer(text)
```

299
```
# 在正在处理的文档的词向量列表上创建迭代器
it<-itoken(tokens, progressbar = TRUE)

#使用迭代器创建词汇表
v<-create_vocabulary(it)

#过滤出现频率太低的词
v<-prune_vocabulary(v, term_count_min = 3)

#将单词映射为向量，用于创建词共现矩阵
vectorizer<-vocab_vectorizer(v)

#设置上下文窗口左边大小为 5，右边大小为 1，创建词条共现矩阵
tcm<-create_tcm(it, vectorizer,
                skip_grams_window = 10,
                skip_grams_window_context = "symmetric")

#创建 GloVe 词向量并生成 GloVe 模型
glove<-GlobalVectors$new(word_vectors_size = 300,
                         vocabulary = v,
                         x_max = 10)

#对词共现矩阵进行 10 次随机梯度下降迭代，当后两次迭代改进小于 CONVERGENCE_
TOL 时停止。该模型主要用于学习词及其上下文词的向量
vectors_main<-glove$fit_transform(tcm,
                                  n_iter = 10,
                                  convergence_tol = 0.01)
vectors_context<-glove$components

#计算词向量及上下文词向量的和
word_vectors<-vectors_main + t(vectors_context)
```

现在，我们就可以查看模型并从学习的词向量中查找规律了。要计算两个矩阵行之间的相似度，我们可以使用 text2vec 包中的 sim2()函数。其中，第一个参数传递词向量矩阵，第二个参数传递与词相关的行。为了保持行是矩阵类型，我们需要将 drop 参数设置为 FALSE。

```
#计算 beef 的余弦相似度 300
>cos_sim<-sim2(x = word_vectors,
+              y = word_vectors["beef", , drop = FALSE],
+              method = "cosine",
+              norm = "l2")
#查看前五个最相似的词
>head(sort(cos_sim[, 1], decreasing = TRUE), 5)

     beef      veal      meat    mutton      pork
1.0000000 0.7188874 0.6961990 0.6873831 0.6791247

#找出与 steak 和 beef 具有相似关系的 pork 的相关词
>y<-word_vectors["steak", , drop = FALSE] -
+   word_vectors["beef", , drop = FALSE] +
+   word_vectors["pork", , drop = FALSE]

>cos_sim<-sim2(x = word_vectors,
+              y = y,
+              method = "cosine",
+              norm = "l2")
>head(sort(cos_sim[, 1], decreasing = TRUE), 5)
    steak      pork     bacon     chops      lard
0.7276466 0.6033111 0.3629336 0.3597848 0.3501749
```

第 14 章

特征选择

301 ## 14.1 简　介

包括分类和聚类在内的许多算法都需要对文本进行结构化表征。这些表征方法会带来多维及稀疏性问题，从而降低算法学习效率及预测结果的质量[145]，例如词袋法。因此，我们需要降低无关或冗余特征的数量。

有两种实现思路供研究者参考[179,286,159,175]：

■ 特征提取：对特征数据进行变换，将其映射成其他具有代表性的特征。这种方法基于矩阵分解来表示文档中的特征分布，例如潜在语义分析法等，但使用这种方法可能会使新特征解释能力变弱，这是需要解决的问题。

■ 特征选择：根据语料库统计或其他标准从原始特征中选择子集。例如对特征进行排序，再选择最前面的 k 个特征或者能够满足算法学习要求的最小数据集。

在使用这两种方法时，我们都希望能够自动选择和提取特征。

使用特征选择具有以下好处[69,201,92]：

■ 使训练的模型具有较好的泛化性，减少模型的过拟合问题，提高学习的准确性。

302 ■ 提升算法效率。在数据收集、训练和预测的过程中，特征选择可以帮助研究者减少计算所需时间、存储数据空间、传输数据的网络带宽等。

■ 使模型更加容易被理解、解释及可视化，尽管特征很难缩减到可以查看的二维或三维模型。

有监督的特征选择方法依赖于对数据类标签的学习，具有相同标签的特征是比较相关的。在无监督学习中数据无分类，因此特征选取会更加复杂，研究者需要对特征选择的影响进行评估。有监督的特征选择要求选取的特征需要能区分数据对象的类别，并且可以计算如准确率等各类分类性能指标。无监督的特征选择中的特征需要参与数据聚类过程，例如聚类评估方法，但在聚类前，类的数量一般是不知道的，并且各个特征的数量也不同，即特征空间的维度不同[78]。

特征选择通常具有以下方式，它们可用于有监督特征选择及无监督特征选择中[47,159,137,78,119]：

■ 包装法：由算法选取特征子集并利用该算法性能指标进行评分，例如分类算法及其分类准确率。这种方法给每个学习器量身定做特征子集，计算需求较高，但与过滤器方法相比性能更好。

■ 过滤法：使用单独的算法选择特征子集，再应用到数据上。在选择特征时主要考虑特征辨别能力，如区分类别的能力。

■ 嵌入法：将特征选择自动嵌入到算法中。例如 C4.5 算法[220]中决策树学习时的分裂特征选择）以及由 k-means 改进的能够自动确定重要特征的 W-k-means 算法[121]。

■ 混合法：混合了过滤和包装器方法，用计算效率高的过滤器选择初始特征，再用更准确的包装器进行优化。

14.2　基于状态空间搜索的特征选择方法 303

为了找到某任务的最佳特征，我们需要查看所有特征子集，此时我们可以使用一些搜索策略来实现该过程。在解决任务时为了使检索路径朝我们需要的方向发展，可以采用较为系统的方法添加和删除特征。或者，为了满足给定条件，我们可以采用一种系统的方式转换已使用和未使用的特征描述的状态，其中会产生多个状态及状态间的转换。我们的目标是找到从初始状态到满足给定条件(例如能够实现较小分类错误的特征)状态的搜索路径。可以通过以下方法定义状态及初始状态到最终状态的转换[27]：

■ 前向选择：开始时特征集为空，随后将特征依次添加进去，直到找到最佳的特征子集。我们可以将这个过程看作搜索状态空间，其中已使用和未使用的特征表示了状态的转变定义，参见图 14.1。

■ 后向消除：开始时特征集会包含所有特征集合，通过逐步删除方式测试对模型准确率有最大提升的特征，直到删除特征不能继续提升模型准确率为止。空间中的状态由已选择和未选择的特征定义，状态的搜索顺序与前向选择中的搜索顺序相反。

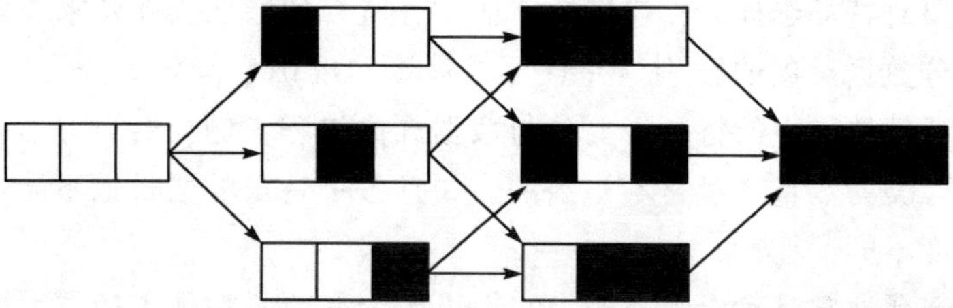

图 14.1

该图展示了前向选择策略。从空特性集开始，通过添加特征来找到能使模型准确率最高的特征组合，满足给定的状态空间条件。最后将选择的特征作为特征子集。当箭头反向后，特征选择从完整的数据集开始，这就是后向消除。

为了找到合适的特征集，我们通常需要访问并计算 2^m 个状态，其中 m 是特征的个数。在文本挖掘领域，数据由成千上万个特征来表示，这样的寻找方法是不现实的。因此，我们可以使用贪婪算法代替访问全部状态空间，贪婪算法关注状态之间的局部变化，并且可以找到最优的特征集。这种启发式的方法对计算要求较低，且不容易出现过拟合问题[175]。

遍历状态空间的搜索策略有以下三种[137,258]：

■ 指数方法：特征子集的数量随着特征空间大小的增加呈指数增长。例如穷举搜索。

■ 顺序方法：当特征空间增大时，只需评估其中一个或多个子集。例如贪婪正向选择和后向消除。

■ 随机方法：选择特征的步骤是随机的。例如随机选择特征的子集。这种方法会提高计算速度，防止陷入局部最优。

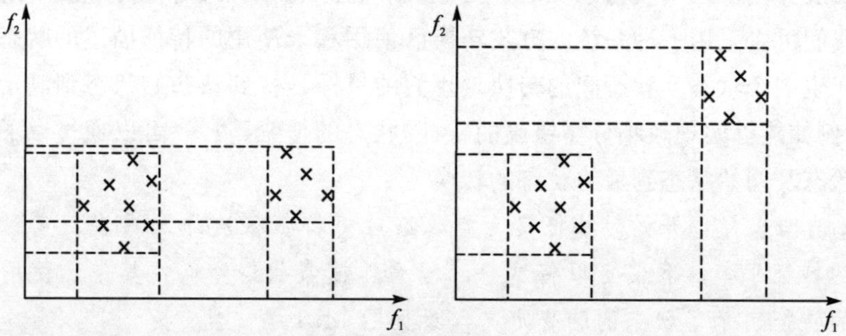

图 14.2

左：特征 f_1 能够将对象分离为两个组。特征 f_2 在这个任务中用处不大，与任务结果不相关。右：这两种特征都可以将对象分离为两个组，但只有一个就足够了，两个特征是冗余的[78]。

14.3 特征选择方法 304

由于包装法是针对特定问题量身定制的，因此其性能一般比过滤法好，但其应用场景也有局限性。而过滤法计算成本更低，更适合处理大规模问题，如文本分类[169]。

文本挖掘中常用的特征选择过滤方法包括卡方、互信息、信息增益、BNS 期望交叉熵、基尼系数、优势比、项强度、基于熵的排序和词项贡献[200,137,92]。

有监督的过滤方法根据特征对解决给定任务的贡献度来对特征进行排序，例如文档分类时按特征的贡献度排序。李寿山等人[169]基于此开发了分数计
算函数。对于有监督的任务，这些函数一般根据不同类别文档中词项分布的 305
统计信息来估计概率，包括：

- $P(t_i)$：文档包含单词 t_i 的概率
- $P(\bar{t}_i)$：文档不包含单词 t_i 的概率
- $P(c_j)$：文档属于类别 c_j 的概率
- $P(\bar{c}_j)$：文档不属于 c_j 类别的概率
- $P(t_i, c_j)$：文档包含单词 t_i 同时也属于类别 c_j 的联合概率
- $P(c_j \mid t_i)$：在文档包含单词 t_i 的情况下，文档属于类别 c_j 的概率
- $P(c_j \mid \bar{t}_i)$：在不包含单词 t_i 的情况下，文档属于类别 c_j 的概率
- $P(\bar{c}_j \mid t_i)$：在文档包含单词 t_i 的情况下，文档不属于类别 c_j 的概率
- $P(t_i \mid c_j)$：在文档属于类别 c_j 的情况下，文档包含单词 t_i 的概率
- $P(t_i \mid \bar{c}_j)$：在文档不属于类别 c_j 的情况下，文档包含单词 t_i 的概率
- $P(\bar{t}_i \mid c_j)$：在文档属于类别 c_j 的情况下，文档不包含单词 t_i 的概率

以下概率只能通过训练数据的统计信息来估算：

- A_j：包含单词 t_i 且属于类别 c_j 的文件数
- B_j：包含单词 t_i 但不属于类别 c_j 的文件数
- N_j：属于类别 c_j 的文件数
- N：文件的总数
- C_j：不含单词 t_i 但属于 c_j 类的文件的数量，可以通过 $N_j - A_j$ 计算
- D_j：既不含单词 t_i 也不属于 c_j 类的文件的数量，可以通过 $N - N_j - B_j$ 计算

306 无监督方法中没有关于类的信息，因此只能从数据本身判断特征是否适用于给定任务。例如，词项贡献等无监督方法依赖于余弦相似度的相似函数，因此它有时会受到研究者的质疑(具体内容见下文)。当使用不同的相似度函数时，我们可以选择不同单词作为相关特征[7]。当在实际研究中需要做计算时，我们可以使用抽样方法，例如所有文档对的相似度计算[179]。

14.3.1 卡方(χ^2)

在统计学上，卡方检验可以通过两个类别变量检测事件的独立性。为了检验事件独立性，我们需要选择随机样本，研究样本属性，并建立频率表。例如，我们可以研究性别与大学所选专业是否相关：随机挑选 100 名男性和 100 名女性，了解每个人的专业，并计算性别与专业两者的配对频率(比如有 20 名男性学习计算机科学)，随后测试性别和主要变量的独立性[264]。

测试得到的结果与预期是不同的。在预期时，如果投掷 10 次硬币，我们会预测，我们的结果是 5 次反面和 5 次正面，投掷硬币 11 次，预测 5.5 次反面和 5.5 次正面[251]。

原假设表示为期望频率与观测频率之间没有统计学上的显著差异[132]。为了计算出期望频率，我们需要将行列边缘值相乘，然后除以列联表中所有单元格的和。χ^2 值为观测值与期望值差的平方和除以期望值[93]：

$$\chi^2 = \sum \frac{(O-E)^2}{E} \tag{14.1}$$

式中，O 为观测频率，E 为期望频率。我们需要将 χ^2 的计算值与 χ^2 的临界值(一般是自由度为 1 的 χ^2 分布的第 95 个百分位)进行比较，来了解观测频率与预期频率[48]之间的差异是否显著。

卡方检验可以用来衡量单词和类别之间的依赖关系。对于单词和类别出现频率的问题，我们需要研究两种事件，即出现(yes)和未出现(no)。因此，χ^2 的值可计算为[185]：

$$\chi^2(t,\ c) = \sum_{e_t \in \{\text{yes},\ \text{no}\}} \sum_{e_c \{\text{yes},\ \text{no}\}} \frac{(O_{e_t e_c} - E_{e_t e_c})^2}{E_{e_t e_c}} \tag{14.2}$$

307 其中，O 为观测频次，E 为期望频次，e_x 为包含或不包含单词 t 且属于或不属于 c 类的文档数(例如，$e_t = yes$，$e_c = yes$ 是包含单词 t 且属于 c 类的文档数)。

根据上面定义的统计量，χ^2 的值可以计算为[286]：

$$\chi(t, c)=\frac{N(A_jD_j-C_jB_j)^2}{(A_j+C_j)(B_j+D_j)(A_j+B_j)(C_j+D_j)} \tag{14.3}$$

如果单词和类别相互独立，则 χ^2 的值等于零。值越高意味着类和单词间的依赖关系越强，该单词的出现对区分该类别文章起的作用较大。

为了计算一个单词的总效用，而不只是对特定的类的效用，我们需要计算所有类的加权平均值[82]：

$$\chi(t)=\sum_{j=1}^{k}P(c_j)\chi^2(t, c_j) \tag{14.4}$$

其中 $P(c_j)$是类别 c_j 的概率。

文本分类中不需要做任何关于统计独立性的声明，也无须特别关注 $\chi^2(t, c)$的绝对值。但单词的相对重要性很重要，我们可以使用 $\chi^2(t, c)$值对单词进行排序，$\chi^2(t, c)$值较大的单词能够更好地区分类别[185]。χ^2 的值是标准化的，可以用来比较类别中的单词。但如果存在低频单词，这种归一化就不存在了[286]。

14.3.2　互信息

在信息论中，从信息源发送到接收者的一系列消息中都包含信息。这些消息可能有助于减少事件的不确定性。我们可以根据消息带来的不确定性及突然度来研究和量化消息内容。如果只有一个源并且只发送了一条消息，那么我们很确定消息内容，也就是这条信息不确定性很低。但如果有两条消息，我们接收到其中一条的概率就是 50%，如果有十条消息，接收到其中一条的概率为 10%。随着可能接收到的消息的增加，我们对传入信息的不确定性会增加。突然度还与不同信息发生的概率有关。假设有两条可接收信息 x 和 y，但 x 比 y 出现的概率更高，我们就更有把握确定接收的信息是 x。

为了能够测量接收信息的不确定性(突然度)，香农[249]把消息集合 X 中 308
的信息 x 定义为：

$$I(x)=\log\frac{1}{p(x)}=-\log p(x) \tag{14.5}$$

其中 $p(x)$是信息 x 的概率。由于很多时候我们使用布尔值，所以对数的底通常是 2。在计算机存储器中，信息一般也通过 0 和 1 进行编码，其单位为比特或者香农。在扔硬币时，我们会得到两种信息结果，正面的信息是 $-\log_2 0.5=1$，也就是 1 比特。在使用十六进制数字时，每个数字对应的信息等于 $-\log_2\frac{1}{16}=4$，也就是 4 比特。

能承载的信息数量与消息的大小有关，在通信信道中就是如此。公式中 $\frac{1}{p(x)}$ 的值实际上是每条消息出现概率相等时的可选择数。如果要对抛硬币的结果进行编码，我们可以使用一个二进制数字；如果要对一个十六进制数字进行编码，则需要四个二进制数字。如果有一个均匀的骰子，其中每个数字将携带信息 $-\log_2 \frac{1}{6}$ 比特，即 2.58 比特，这意味着需要 2.58 位二进制数字来编码信息。那如何只使用二进制数字的一部分呢？我们可以对结果进行提问，只允许其回答是或不是，再将所有可能的答案分成相等大小的两半。假设需要在 1 和 8 之间猜测某个数字，正确的答案是 7，在猜测时我们可能会问以下问题：

- 这个数是不是小于等于 4？如果回答不是，那么数字在 5、6、7 或 8 中。
- 这个数是不是大于等于 7？如果回答是，那么数字在 7 或 8 中。
- 数字是 8 吗？如果回答不是，则数字是 7。

通过三个问题我们就可以获得正确的答案，每个回答包含的信息量为 $-\log \frac{1}{8}$ 比特。问题越多，答案包含的信息量就越多。我们可以将不确定性的度量看作是某特定结果所需的缺失信息的数量[164]。如果信息的数量不是整数，我们可以将它视为提问问题的平均数量，以此来得到正确的答案。

提问时最好提出与结果最相关的问题，使问题数量最小化。当结果与编码信息相关联时，最好使用较少的符号(比特)对出现概率高的答案进行编码，这样占用的空间会更少。例如众所周知的莫尔斯电码，E、T、A 或 I 等频繁出现的字母的符号比 Z、H 或 Q 等字母的符号要少。然而，莫尔斯电码并不适合计算机，因为它需要三个符号(点、横线、空格)。

309 英文字母以比特为单位，因此为了确定 26 个英文字母中的结果，我们需要 5 位的固定编码。哈夫曼编码考虑到字母的出现频率不同，平均只需要 4.13 位编码，出现频率最高的字母 E 将被编码为 000，A 将被编码为 0011，出现频率最低的字母 Z 将被编码为 1111111[266,233]。

熵用于度量 p_1，p_2，…，p_n 中 n 个消息的信息平均值。香农定义了用于计算熵的函数 $H(p_1, p_2, \cdots, p_n)$，该函数满足以下条件：参数是连续的；当 $p_1=p_2=\cdots=p_n=\frac{1}{n}$ 时，函数单调递增；当一个选择被分解成两个连续的选择时，需要分别计算并求加权和。

熵实际上是个体结果熵按照概率加权后计算的加权平均值：

$$H=\sum_{i=1}^{n} p_i \log p_i \tag{14.6}$$

对数度量表示从多个相等可能性消息中选择一个消息。这是一种较为普遍的方式，在工程中的许多重要参数随可能性数量呈现出对数线性变化。当有 N 个具有两种可能结果的事件时，添加另一个这样的事件将使可能结果组合的数量增加一倍。这在计算中则表示为可能结果数以 2 为底的对数增加 1。

当某个事件只有一种可能结果时，信息的熵值为 $H=-\log 1=0$。如果源以相同的概率发送两个可能的消息，例如抛硬币，其不确定度可以通过熵来量化，即 $H=-(0.5\ \log_2 0.5+0.5\ \log_2 0.5)=1$。如果有两种可能的结果，其中一种概率更高，比如抛不均匀硬币时正面概率为 70%，那么熵将是 $H=-(0.7\ \log_2 0.7+0.3\ \log_2 0.3)=0.88$。当有两个以上的结果时，例如抛均匀硬币，熵的值为 $H=-6\times\left(\frac{1}{6}\log_2\frac{1}{6}\right)=2.58$。我们从中可以发现，当可能结果变多，且结果概率相同时，熵(不确定性)更高。

当存在两个随机变量 x 和 y，且 $x\in X$，$y\in Y$ 时，点互信息(PMI)可通过下面的公式计算：

$$PMI(x, y)=\log\frac{p(x\mid y)}{p(x)}=\log\frac{p(x, y)}{p(x)p(y)}=\log\frac{p(y\mid x)}{p(y)} \tag{14.7}$$

在不考虑对数的情况下，该公式计算 x 和 y 共存时和相互独立时的概率比。当底数为 2 时，使用对数以比特为单位度量，以此可以解释 x 提供的关于 310 y 出现的信息量[85]。当事件 x 和 y 独立，$p(x, y)=p(x)p(y)$，PMI 的值等于 0；当事件 x 和 y 相互关联时，$p(x, y)>p(x)p(y)$，PMI 大于 0。如果某个事件发生时另一个事件不可能发生，就是互补分布，PMI 的值将会是负数。

如果 $x\in X$，$y\in Y$，当计算变量 X 和 Y 的所有可能结果时，互信息是所有可能对的点互信息的平均值。这计算的是加权平均值，其中权重是 x 和 y 共存的概率：

$$I(X, Y)=\sum_{x\in X}\sum_{y\in Y} p(x, y)\log\frac{p(x, y)}{p(x)p(y)} \tag{14.8}$$

互信息度量了某变量包含了多少其他变量的信息。

在 $x\in X$，$y\in Y$ 的情况下，当测量两个变量 X 和 Y 的联合熵，即与两个变量值共现相关的不确定性时，所有可能结果的平均信息为：

$$H(X, Y)=-\sum_{x\in X}\sum_{y\in Y} p(x, y)\log p(x, y) \tag{14.9}$$

联合熵 $H(X, Y)$ 总是非负的，大于或等于 $H(X)$ 或 $H(Y)$，且小于或等于各个熵的总和，即：

$$
\begin{aligned}
&H(X, Y) \geqslant 0 \\
&H(X, Y) \geqslant \max[H(X, Y)] \qquad (14.10) \\
&H(X, Y) \leqslant H(X)+H(Y)
\end{aligned}
$$

如果变量 X 和 Y 是独立的，那么它们组合中包含的信息就等于各个熵的和；如果变量是相互依赖的，那么它们在组合中提供的信息就更少。这一较小数量的信息可由互信息量化得到：

$$I(X, Y)=H(X)+H(Y)-H(X, Y) \qquad (14.11)$$

联合熵也与条件熵相关。条件熵测量当某个变量已知时包含信息的多少。当已知变量 X 的值时，条件熵 $H(Y \mid X=x)$ 可计算为：

$$H(Y \mid X=x)=-\sum_{y \in Y} p(y \mid x) \log p(y \mid x) \qquad (14.12)$$

311 条件熵 $H(Y \mid X)$ 是所有可能的 x 值的 $H(Y \mid X=x)$ 的平均值：

$$
\begin{aligned}
H(Y \mid X) &= \sum_{x \in X} p(x) H(Y \mid X=x) \\
&= -\sum_{x \in X} p(x) \sum_{y \in Y} p(y \mid x) \log p(y \mid x) \qquad (14.\ 13) \\
&= -\sum_{x \in X} \sum_{y \in Y} p(x, y) \log p(y \mid x)
\end{aligned}
$$

我们也可以将互信息理解为变量所包含的信息减去另一个变量已知时该变量所包含的信息[104]：

$$I(X, Y)=H(Y)-H(Y \mid X)=H(X)-H(X \mid Y) \qquad (14.14)$$

互信息可以用来衡量类别 $c \in C$ 且单词 $t \in M$ 是如何同时发生的，也就是这些单词包含了多少关于类的信息。当子集 $s \subset V$ 与 C 之间的互信息量和 V 与 C 之间的互信息量相等时，会达到理想情况：

$$I(S, C)=I(V, C) \qquad (14.15)$$

这个问题非常棘手，由于和 C 之间具有高互信息量的特征在 S 中，所以 $I(S, C)$ 和 $I(V, C)$ 非常接近[176]。

为了评估单词 t 和类别 c 之间的关联关系，我们可以采用如下方式计算它们的互信息：

$$I(t, c)=\log \frac{AN}{(A+C)(A+B)} \qquad (14.16)$$

为了衡量单词在全局分类问题中的贡献，我们可以通过几种方式将单词类别分数合并为一个分数[286]：

$$I_{\text{avg}}(t)=\sum_{i=1}^{m} p(c_i) I(t, c_i) I_{\max}(t)=\max i=1^{m}[I(t, c_i)] \qquad (14.17)$$

在条件概率 $p(t \mid c)$ 相同时，稀有项的分数会比普通项要高，这是互信息度量的一个缺点[286]。

14.3.3　信息增益

一些特征值和特定类有关，因此来自不同类的实例对应的特征值不同。例如在身高分类任务中，通常成年人的身高较高，儿童的身高较低，根据身 312
高特征值划分所有实例后会形成两个组，身高较高的组只有成年人，身高较低的组只有儿童，每个组中只有一个类的实例。因此，在对带有几个混合类的异构实例组进行分区之后，可以得到几组同构数据组，每组中只有一个类别。

可以用熵量化一个特征对类别划分的贡献程度。熵用于测量在集合中包含某特定类实例的不确定度。原始异构集包含多个类的实例，因此数据的熵值非常高。通过某特征将集合分为更均匀的集合，且其中一个类的实例占多数时，熵值会更低。该特征有助于消除测量数据中无序的熵。

熵(不确定度)的减少与描述数据所需要发送的信息有关。当数据异构时，信息比存在多个同构集时更多，其中包含很多不需要发送的信息。我们可以通过信息增益来量化某特征的分类贡献。

单词的信息增益值可以通过包含所有数据集的熵与根据特征的值分割后的数据集的平均熵的差值来计算[199]：

$$IG(t_i) = Entropy(S) - \sum_{v \in values(t_i)} \frac{|S_v|}{|S|} Entropy(S_v) \tag{14.18}$$

假设 S 为包含所有数据的集合，$values(t_i)$为包含所有特征 t_i 值的集合，S_V 是 S 中的集合且 t_i 的值是 v。数据分块后的熵为个体熵的加权平均和，其中权重为集合的相对大小。

如果仅考虑某特征是否存在，此时信息增益可以计算为：

$$\begin{aligned} IG(t_i) = & -\sum_{j=1}^{m} p(c_j)\log p(c_j) \\ & + p(t_i)\sum_{j=1}^{m} p(c_j \mid t_i)\log p(c_j \mid t_i) \\ & + p(\bar{t}_i)\sum_{j=1}^{m} p(c_j \mid \bar{t}_i)\log p(c_j \mid \bar{t}_i), \end{aligned} \tag{14.19}$$

其中 m 是类的数量，$p(t_i)$和 $p(\bar{t_i})$是单词 t_i 在文档中是否出现的概率。 313

我们可以通过以下方式计算信息增益的值[169]：

$$
\begin{aligned}
IG(t_i) = & -\sum_{j=1}^{m} \frac{N_j}{N_{\text{all}}} \log \frac{N_j}{N_{\text{all}}} \\
& + \sum_{j=1}^{m} \frac{A_j}{N_{\text{all}}} \sum_{j=1}^{m} \frac{A_j}{A_j + B_j} \log \frac{A_j}{A_j + B_j} \\
& + \sum_{j=1}^{m} \frac{C_j}{N_{\text{all}}} \sum_{j=1}^{m} \frac{C_j}{C_j + D_j} \log \frac{C_j}{C_j + D_j}
\end{aligned}
\tag{14.20}
$$

在 c4.5 算法的决策树归纳中，信息增益是决定算法适用性的重要指标，参见文献[7]。这个方法已被嵌入算法中。

14.4 基于频率的特征选择方法

基于频率的特征选择方法，其性能不如其他更复杂的方法，但带来的结果较好[175]。该方法基于一个简单的概念，即一个单词出现的频率与其重要性相关。

出现过于频繁的单词对文档类别的区分能力较弱。例如 the、in、have 这样的词几乎在每一个文档中都会出现，并不是只在某一类文档中才有，这些词难以清楚地描述某组文档的共性。我们将这些常见的单词称为停用词。很多语种都有停用词列表，列表一般包含 300 个至 400 个单词[7]。

另一方面，稀有词对类别的区分能力较强。如果某个单词只在特定类的文档中出现，那么我们就可以将该词用于分类文档。但机器学习算法的目标是找到泛化的类标签赋值方式；仅基于一个证据是不具有普适性的，而且很可能导致过拟合。稀有单词对计算文档间的相似度没有显著贡献，且部分罕见的单词可能是数据中的噪声，由输入错误或其他语言错误导致。

在分类或聚类问题中，我们可以很容易地消除罕见和常见单词，且不会对机器学习算法性能产生重大影响[270,64]。在信息检索任务中，稀有术语具有信息性，不建议对这些单词进行过分简化[286]。

我们可以用文档频率或总频率来确定单词的重要性。当文档中存在或不
314 存在某个单词是很重要的指标时，文档频率更适合于伯努利模型；当掌握关于文档中某个单词频率的信息时，总频率更适合多项模型[185]。

另一种方法是只使用类中出现次数最多的词。这种方法可能会使结果中包含很多不带具体信息的停用词，但当特征词足够多时，结果就是可用的[185]。

14.5 单词强度

单词强度度量最初由威尔伯和西罗特金[278]提出，用于在信息检索中自动发现停用词。单词的强度及重要性基于某个单词在相关文件中的出现情况。如果文档的分类标签是已知的，则说明相关文档属于同一类别；如果标签是未知的，那么关联性可以被人为定义。但这很难做到，因此我们一般使用文档相似度计算相关性，特别是使用余弦相似度。相关文档会共享一些单词，并且相似度很高。为了计算文档间的相关度，我们需要定义一个最小阈值水平。

在两个高度相关的文档中，单词强度可以用于衡量已出现在第一个文档中的单词同时出现在第二个文档中的概率：

$$s(w)=p(w \in d_j \mid w \in d_i),\ d_i \neq d_j \tag{14.21}$$

为了估计单词强度，我们可以从整个集合中随机挑选成对的文档，并计算：

$$s(w)=\frac{w\ \text{在}\ d_i\ \text{和}\ d_i\ \text{对中出现的数量}}{w\ \text{在}\ d_i\ \text{对出现的数量}} \tag{14.22}$$

如果某单词的强度与一个在训练文档中以相同频率随机分布的单词的强度存在显著差异，则该单词为停用词。显著性差异是指实际单词强度小于或等于随机词强度加上该词强度标准差的两倍[7]。随机单词的期望强度及其随机偏差的计算详见文献[278]。

14.6 词贡献 315

词贡献(Term Contribution)由刘璐莹等[179]提出，用于选择相关单词进行聚类。在聚类中，文档的相似度非常重要，词贡献衡量了单词对文档相似度的贡献程度。在计算相似度时，我们采用余弦相似度作为相似度度量。两个文档 d_i 和 d_j 的相似度可通过计算表征文档的长度归一化的特征向量的点积得到：

$$sim(d_i,\ d_j)=\sum_t w(t,\ d_i)\times w(t,\ d_j) \tag{14.23}$$

式中，w 表示文档 d_i 或 d_j 中单词 t 的归一化 tf-idf 权重。在一个 d_i 和 d_j 文档对中，词 t_t 贡献通过 $w(t,\ d_i)$与 $w(t,\ d_i)$的点积得到。单词的词贡献根据文档集合 D 的所有文档对中的贡献求和得出：

$$TC(t_c)=\sum_{d_i,\ d_j \in D,\ d_i \neq d_j} w(t,\ d_i)\times w(t,\ d_j) \tag{14.24}$$

单词的词贡献越高越与分类主题相关。

14.7 熵排名

熵排名通过区分有无类别的数据得到。当类别存在时，类中的对象在特征空间中彼此靠近。有些特征比其他特征更有助于将文档划分到集合中，因此这些特征很重要。当移除特征后，集合间的区别就不那么明显了，特征的有用性正是基于这样一种想法。

对象在特征空间中的分布可以通过熵来测量。如果每个对象出现的概率是相等的，是均匀分布的，此时熵最大。

为了计算 n 个文档集合的熵(归一化到区间[0，1])，在计算中使用所有对象对 X_i 和 X_j 之间的相似性 S_{ij}[63]，得出：

$$E=-\sum_{i=1}^{n}\sum_{j=1}^{n}[S_{ij}\log S_{ij}+(1-D_{ij})\log(1-D_{ij})] \qquad (14.25)$$

当从集合中删除某词时，词的质量计算被称为熵减[7]。

316

14.8 单词方差

重要单词在文档中具有较高的出现频率，但不是均匀分布的。基于该思想，刘璐莹等人[178]提出了单词方差度量。这意味着这些单词在某些文档中出现的频率较高，而在其他文档中出现的频率较低。仅出现在少数文件的单词，其单词方差值较低。

在一组包含了 n 个文档的数据集合中，单词的词方差可以计算为：

$$TV(w_i)=\sum_{j=1}^{n}(f_{ij}-\bar{f}_i)^2 \qquad (14.26)$$

其中 f_{ij} 是术语在文档中的频率，$\bar{f}_i$ 是在文档中频率的平均值。

14.9 示例

假设我们有 30 个文档，分别属于体育、政治和技术三个类别。我们只关注其中单词 today、and、football、hockey、poll、minister、meeting、computer、learning，以及这些单词是否在这 30 个不同类别文档中存在。在图 14.3 中可以看到文档特征矩阵及文档的类标签。

图 14.4 展示了三个类别文档中单词的分布情况。我们可以看到单词在每

个类别中的分布是不同的。例如 today 在所有类别中出现的频率几乎相同，但 hockey 及 learning 只在某些类别中出现。

today	and	football	hockey	poll	minister	meeting	computer	learning	CLASS
1	1	0	1	0	0	1	0	0	sport
0	0	1	0	0	0	0	0	0	sport
1	0	1	1	0	0	0	0	0	sport
0	1	0	0	0	1	0	1	0	sport
0	0	0	1	0	0	0	0	1	sport
1	0	1	0	1	0	1	0	0	sport
1	1	1	0	0	0	1	0	0	sport
0	0	1	1	0	0	0	0	1	sport
1	0	0	1	0	0	0	0	0	sport
0	1	1	0	0	1	0	1	0	sport
0	0	1	0	0	0	1	0	0	politics
1	1	0	0	1	1	0	0	0	politics
0	0	0	0	0	1	0	0	1	politics
0	1	0	0	0	0	1	0	0	politics
1	1	0	1	0	0	0	0	0	politics
1	1	0	0	1	0	0	0	0	politics
1	0	1	0	0	1	1	0	1	politics
0	1	0	0	1	0	0	1	0	politics
1	0	0	0	0	1	0	0	0	politics
1	1	0	0	1	0	1	0	0	politics
1	0	1	0	0	0	0	0	1	technology
0	1	1	0	0	0	0	0	1	technology
1	1	0	1	0	0	1	0	0	technology
0	1	0	0	0	1	0	1	0	technology
1	0	1	0	0	0	0	0	1	technology
1	0	0	0	0	0	0	0	0	technology
1	1	0	0	0	1	0	1	1	technology
1	1	0	0	1	0	1	0	0	technology
0	1	0	1	0	0	0	0	1	technology
0	0	0	0	0	0	0	1	0	technology

图 14.3 表示三个类的 30 个文档中 9 个术语的分布的文档特征矩阵，矩阵也包含类标签

	sport	politics	technology
today	5	6	6
and	4	6	6
football	6	2	3
hockey	5	1	2
poll	1	4	1
minister	2	4	2
meeting	3	4	2
computer	2	1	3
learning	2	2	5

图 14.4　在三类文章中都出现的单词的频率

为了量化单词在分类任务中的重要性，我们可以计算特征选择指标。

R 中的一些包提供了特征选择算法的实现方式，例如 FSelector 包。这个包提供了过滤特征的算法，例如 chi.squard()、information.gain()、用于包装分类器、使用前向及后向搜索方法检索特征子集空间、选择特征子集，等等。

在本示例中，我们创建了一个文档特征矩阵，并将其传递给 FSelector 包中进行特征选择的信息增益方法。包中的函数用于显示最重要的特征词，并从数据中删除不重要的特征词。

317 使用系数 A、B、C 和 D 可以计算卡方值，我们在本章前面对卡方及类的最重要特征做了简要介绍。本示例展示了具有高卡方值的特征，特征并不是必须出现在某类文章中才具有高的卡方值，有时候即使不存在，也可以表示特征和类之间的一些相关性。因此，这里只显示在类中出现频率高于平均频率的特征。

```
# 将向量表示成矩阵，展示词在文档中的分布
d<-c(
     1, 1, 0, 1, 0, 0, 1, 0, 0,
     0, 0, 1, 0, 0, 0, 0, 0, 0,
     1, 0, 1, 1, 0, 0, 0, 0, 0,
     0, 1, 0, 0, 0, 1, 0, 1, 0,
     0, 0, 0, 1, 0, 0, 0, 0, 1,
     1, 0, 1, 0, 1, 0, 1, 0, 0,
     1, 1, 1, 0, 0, 0, 1, 0, 0,
     0, 0, 1, 1, 0, 0, 0, 0, 1,
     1, 0, 0, 1, 0, 0, 0, 0, 0,
     0, 1, 1, 0, 0, 1, 0, 1, 0,
```

```
    0, 0, 1, 0, 0, 0, 1, 0, 0,
    1, 1, 0, 0, 1, 1, 0, 0, 0,
    0, 0, 0, 0, 0, 1, 0, 0, 1,
    0, 1, 0, 0, 0, 0, 1, 0, 0,
    1, 1, 0, 1, 0, 0, 0, 0, 0,
    1, 1, 0, 0, 1, 0, 0, 0, 0,
    1, 0, 1, 0, 0, 1, 1, 0, 1,
    0, 1, 0, 0, 1, 0, 0, 1, 0,
    1, 0, 0, 0, 0, 1, 0, 0, 0,
    1, 1, 0, 0, 1, 0, 1, 0, 0,
    1, 0, 1, 0, 0, 0, 0, 0, 1,
    0, 1, 1, 0, 0, 0, 0, 0, 1,
    1, 1, 0, 1, 0, 0, 1, 0, 0,
    0, 1, 0, 0, 0, 1, 0, 1, 0,
    1, 0, 1, 0, 0, 0, 0, 0, 1,
    1, 0, 0, 0, 0, 0, 0, 0, 0,        318
    1, 1, 0, 0, 0, 1, 0, 1, 1,
    1, 1, 0, 0, 1, 0, 1, 0, 0,
    0, 1, 0, 1, 0, 0, 0, 0, 1,
    0, 0, 0, 0, 0, 0, 0, 1, 0
  )

#生成文档特征矩阵
dtm<-matrix(d, nrow = 30, ncol = 9, byrow = TRUE)

#添加行列名
colnames(dtm)<-c("today","and","football",
                 "hockey","poll","minister",
                 "meeting","computer","learning")
class_labels<-rep(c("sport","politics","technology"),
                  each = 10)

#可视化不同类别中词的分布
tab<-t(rowsum(dtm, class_labels))
barplot(tab,
        horiz = TRUE,
        ylab = "Category",
```

```
        xlab = "Numbers of articles containing the word",
        legend = TRUE,
        args.legend = list("ncol" = 5, "x" = 15, "xjust" = 0.5,
                           "y" = 4, "yjust" = 0.2)
)

#加载 FSelector 包
library(FSelector)

#为 FSelector 中的方法创建数据帧
df<-data.frame(dtm, class_labels)

#将数值转换为离散值
df[sapply(df, is.numeric)]<-
        lapply(df[sapply(df, is.numeric)], as.factor)

#利用信息增益法计算特征的重要性
attrs<-information.gain(class_labels~., data)
print("Values of Information gain: ")
print(attrs)

320 #选择 3 个最重要特征
print("Three best attributes: ")
print(cutoff.k(attrs, 3))

#选择 50%的最重要特征
print("50% best attributes: ")
print(cutoff.k.percent(attrs, 0.5))

#只保留 50%最重要的特征
data_reduced<-data[, cutoff.k.percent(attrs, 0.5)]

# 使用 A、B、C、D 的系数计算特征选择指标值
D<-C<-B<-A<-matrix(nrow = length(unique(class_labels)),
                   ncol = dim(dtm)[2])
rownames(D)<-rownames(C)<-rownames(B)<-rownames(A)<-
        unique(class_labels)
```

```
colnames(D)<-colnames(C)<-colnames(B)<-colnames(A)<-
          colnames(dtm)

for (c in unique(class_labels)) {
   for (w in c(1 : dim(dtm)[2])) {
      A[c, w]<- sum(dtm[class_labels == c, w] != 0)
      B[c, w]<- sum(dtm[class_labels != c, w] != 0)
      C[c, w]<- sum(dtm[class_labels == c, w] == 0)
      D[c, w]<- sum(dtm[class_labels != c, w] == 0)
   }
}

#计算卡方值
chi<-(dim(dtm)[1] * ((A * D) - (C * B))^2)/((A + C) * (B + D) * (A + B) * (C + D))

#计算集合中词的平均频率
avg_freq<- colMeans(tab)

#计算每个类别中词的平均频率
numbers_of_documents_in_clusters<- table(class_labels)
tab<- tab/as.vector(numbers_of_documents_in_clusters)

#打印每个类别的单词，根据卡方平方值对词重要性进行排序
print("The values of Chi square for attributes and classes : ")
for (c in unique(class_labels)) {
```

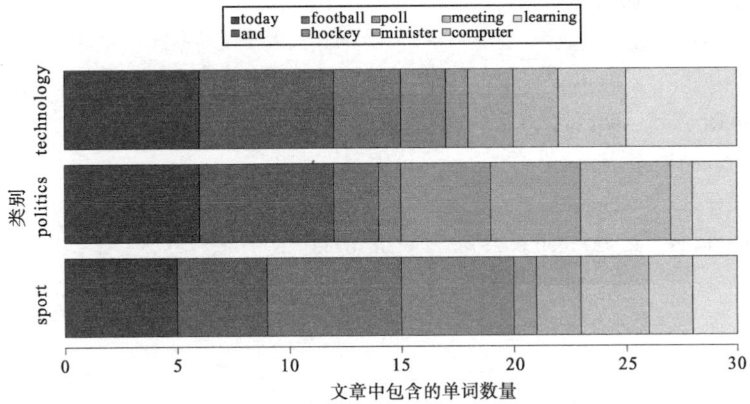

图 14.5　可视化显示三个类别的单词分布

```
321   print(paste("Class： ", c))
      #只打印某个类别中平均频率高于所有类别的平均频率的单词
      print(sort((chi[c, tab[, c ]>avg_freq]), decreasing = TRUE))
    }
```

输出报告如下：

```
[1] "Values of Information gain： "
          attr_importance
today          0.00450826
and            0.01791164
football       0.06239830
hockey         0.07370431
poll           0.05934322
minister       0.02197633
meeting        0.01610484
computer       0.02161919
learning       0.04621363

[1] "Three best attributes： "
[1] "hockey"  "football" "poll"
[1] "50% best attributes： "
[1] "hockey"  "football" "poll"  "learning"
322 [1] "The values of Chi square for attributes and classes： "
[1] "Class： sport"
  hockey football
4.176136 3.516746
[1] "Class： politics"
     poll   minister   meeting       and     today
3.7500000  1.3636364 0.7142857 0.2678571 0.0678733
[1] "Class： technology"
  learning   computer       and     today
 2.8571429  0.9375000 0.2678571 0.0678733
```

参考文献

[1] S. Abney. *Semisupervised Learning for Computational Linguistics*. Chapman and Hall/CRC, 2007.

[2] S. P. Abney. Parsing by chunks. In R. C. Berwick, S. P. Abney, and C. Tenny, editors, *Principle-Based Parsing: Computation and Psycholinguistics*, pages 257–278. Kluwer, Dordrecht, 1991.

[3] M. Ackerman and S. Ben-David. A characterization of linkage-based hierarchical clustering. *Journal of Machine Learning Research*, 17:1–17, 2016.

[4] J. Adler. *R in a Nutshell: A Desktop Quick Reference*. O'Reilly, Sebastopol, CA, 2010.

[5] C. C. Aggarwal. An introduction to cluster analysis. In C. C. Aggarwal and C. K. Reddy, editors, *Data Clustering: Algorithms and Applications*, pages 1–28. CRC Press, Boca Raton, FL, 2014.

[6] C. C. Aggarwal. *Machine Learning for Text*. Springer International Publishing, Cham, 2018.

[7] C. C. Aggarwal and C. X. Zhai. A survery of text clustering algorithms. In C. C. Aggarwal and C. X. Zhai, editors, *Mining Text Data*, pages 77–128. Springer, New York, 2012.

[8] A. Albalate and W. Minker. *Semi-Supervised and Unsupervised Machine Learning: Novel strategies*. ISTE, Wiley, London, Hoboken, NJ, 2011.

[9] R. M. Aliguliyev. Clustering of document collection – a weighting approach. *Expert Systems with Applications*, 36(4):7904–7916, 2009.

[10] J. J. Allaire, F. Chollet, RStudio, and Google. https://keras.rstudio.com/. Accessed May 1, 2019.

[11] K. Allan, J. Bradshaw, G. Finch, K. Burridge, and G. Heydon. *The English Language and Linguistics Companion.* Palgrave Macmillan, New York, 2010.

[12] A. Amelio and C. Pizzuti. Correction for closeness: Adjusting normalized mutual information measure for clustering comparison. *Computational Intelligence*, 33(3):579–601, 2017.

[13] E. Amigó, J. Gonzalo, J. Artiles, and F. Verdejo. A comparison of extrinsic clustering evaluation metrics based on formal constraints. *Information Retrieval*, 12(4):461–486, 2009.

[14] G. Arakelyan, K. Hambardzumyan, and H. Khachatrian. Towards jointUD: Part-of-speech tagging and lemmatization using recurrent neural networks. In *Proceedings of the CoNLL 2018 Shared Task: Multilingual Parsing from Raw Text to Universal Dependencies*, pages 180–186. Association for Computational Linguistics, 2018.

[15] M. Bacchin, N. Ferro, and M. Melucci. A probabilistic model for stemmer generation. *Information Processing & Management*, 41(1):121–137, 2005.

[16] S. Bandyopadhyay and S. Saha. *Unsupervised Classification: Similarity Measures, Classical and Metaheuristic Approaches, and Applications.* Springer, Berlin Heidelberg, 2013.

[17] A. Barrón-Cedeño, C. Basile, M. D. Esposti, and P. Rosso. Word length n-grams for text re-use detection. In *Proceedings of the CICLING 2010 Conference*, volume 6008 of *LNCS*, pages 687–699, Berlin, Heidelberg, 2010. Springer.

[18] S. Basu and I. Davidson. Constrained partitional clustering of text data: an overview. In A. Srivastava and M. Sahami, editors, *Text Mining: Classification, Clustering, and Applications*, pages 155–184. CRC Press, Boca Raton, 2001.

[19] T. Bayes. An essay towards solving a problem in the doctrine of chances. *Philosophical Transactions of the Royal Society of London*, 53:370–418, 1763. http://www.stat.ucla.edu/history/essay.pdf.

[20] L. Belbin, D. P. Faith, and G. W. Milligan. A comparison of two approaches to betaflexible clustering. *Multivariate Behavioral Research*, 27:417–433, 1992.

[21] Y. Bengio, R. Ducharme, P. Vincent, and C. Janvin. A neural probabilistic language model. *Journal of Machine Learning Research*, 3:1137–1155, 2003.

[22] M. W. Berry, editor. *Survey of Text Mining Clustering, Classification, and Retrieval*. Springer, 2004.

[23] P. Bessiere, E. Mazer, J. M. Ahuactzin, and K. Mekhnacha. *Bayesian Programming*. Machine Learning & Pattern Recognition. Chapman & Hall/CRC, 1st edition, 2013.

[24] M. J. Best. *Quadratic Programming with Computer Programs*. Advances in Applied Mathematics. Chapman and Hall/CRC, 2017.

[25] D. Biber, S. Conrad, and R Reppen. *Corpus Linguistics: Investigating Language Structure and Use*. Cambridge University Press, New York, 1998.

[26] G. Blank and B. C. Reisdorf. The participatory web. *Information, Communication & Society*, 15(4):537–554, 2012.

[27] A. L. Blum and P. Langley. Selection of relevant features and examples in machine learning. *Artificial Intelligence*, 97(1):245–271, 1997.

[28] P. Bojanowski, E. Grave, A. Joulin, and T. Mikolov. Enriching word vectors with subword information. *Transactions of the Association for Computational Linguistics*, 5:135–146, 2017.

[29] W. M. Bolstad. *Introduction to Bayesian Statistics*. Wiley, Hoboken, 3rd edition, 2017.

[30] B. E. Boser, I. M. Guyon, and N. Vapnik, V. A training algorithm for optimal margin classifiers. In *Proceedings of the Fifth Annual Workshop on Computational Learning Theory*, COLT '92, pages 144–152, New York, NY, USA, 1992. ACM.

[31] S. Boyd and L. Vandenberghe. *Introduction to Applied Linear Algebra: Vectors, Matrices, and Least Squares*. Cambridge University Press, 2018.

[32] L. Breiman. Bagging predictors. *Machine Learning*, 24(2):123–140, 1996.

[33] L. Breiman. Random forests. *Machine Learning*, 45(1):5–31, 2001.

[34] L. Breiman. *Manual On Setting Up, Using, And Understanding Random Forests V3.1*, 2002. https://www.stat.berkeley.edu/~breiman/Using_random_forests_V3.1.pdf.

[35] L. Breiman. *Manual for Setting Up, Using, and Understanding Random Forest V4.0*, 2003. https://www.stat.berkeley.edu/~breiman/Using_random_forests_v4.0.pdf.

[36] L. Breiman, J. H. Friedman, R. A. Olshen, and C. J. Stone. *Classification and Regression Trees*. Wadsworth and Brooks, Monterey, CA, 1984.

[37] E. Brill. A simple rule-based part-of-speech tagger. In *Proceedings of ANLP-92, 3rd Conference on Applied Natural Language Processing*, pages 152–155, Trento, IT, 1992.

[38] R. D. Brown. Selecting and weighting n-grams to identify 1100 languages. In I. Habernal and V. Matoušek, editors, *Text, Speech, and Dialogue*, pages 475–483, Berlin, Heidelberg, 2013. Springer.

[39] T. Brychcín and M. Konopík. Hps: High precision stemmer. *Information Processing & Management*, 51(1):68–91, 2015.

[40] Q. Bsoul, J. Salim, and L. Q. Zakaria. An intelligent document clustering approach to detect crime patterns. *Procedia Technology*, 11:1181–1187, 2013.

[41] C. Buckley, J. Allan, and G. Salton. Automatic routing and retrieval using Smart: TREC-2. *Information Processing & Management*, 31(3):315–326, 1995.

[42] F. Can and E. A. Ozkarahan. Concepts and effectiveness of the cover-coefficient-based clustering methodology for text databases. *ACM Transactions on Database Systems*, 15(4):483–517, 1990.

[43] H. C. C. Carneiro, F. M. G. França, and P. M. V. Lima. Multilingual part-of-speech tagging with weightless neural networks. *Neural Networks*, 66:11–21, 2015.

[44] W. B. Cavnar and J. M. Trenkle. N-gram-based text categorization. In *Proceedings of the Third Annual Conference on Document Analysis and Information Retrieval (SDAIR)*, pages 161–175, 1994.

[45] M. Charrad, N. Ghazzali, V. Boiteau, and A. Niknafs. Nbclust: An r package for determining the relevant number of clusters in a data set. *Journal of Statistical Software*, 61(6), 2014.

[46] A. Chen and H. Ji. Graph-based clustering for computational linguistics: A survey. In *Proceedings of the 2010 Workshop on Graph-based Methods for Natural Language Processing, ACL 2010*, pages 1–9. Association for Computational Linguistic, 2010.

[47] J. Chen, H. Huang, S. Tian, and Y. Qu. Feature selection for text classification with Naïve bayes. *Expert Systems with Applications*, 36(3, Part 1):5432–5435, 2009.

[48] C. L. Chiang. *Statistical Methods of Analysis*. World Scientific, Singapore, 2003.

[49] E. Chisholm and T. G. Kolda. New term weighting formulas for the vector space method in information retrieval. Technical Report ORNL/TM-13756, Computer Science and Mathematics Division, Oak Ridge National Laboratory, Oak Ridge, 1999.

[50] F. Chollet and J. J. Allaire. *Deep Learning with R*. Manning Publications, 2018.

[51] J. Chung, K. Lee, R. Pedarsani, D. Papailiopoulos, and K. Ramchandran. Ubershuffle: Communication-efficient data shuffling for SGD via coding theory. In *31st Conference on Neural Information Processing Systems (NIPS 2017)*, 2017.

[52] K. W. Church and P. Hanks. Word association norms, mutual information, and lexicography. *Computational Linguistics*, 16(1):22–29, 1990.

[53] P. Cichosz. *Data Mining Algorithms: Explained Using R*. Wiley, Chichester, 2015.

[54] S. Clark. Statistical parsing. In A. Clark, C. Fox, and S. Lappin, editors, *The Handbook of Computational Linguistics and Natural Language Processing*, chapter 13, pages 333–363. Wiley-Blackwell, Chichester, 2013.

[55] B. Clarke, E. Fokoue, and H. H. Zhang. *Principles and Theory for Data Mining and Machine Learning*. Springer Series in Statistics. Springer, New York, 2009.

[56] S. Clinchant and F. Perronnin. Aggregating continuous word embeddings for information retrieval. In *Proceedings of the Workshop on Continuous Vector Space Models and their Compositionality*, pages 100–109. Association for Computational Linguistics, 2013.

[57] R. Collobert, J. Weston, L. Bottou, M. Karlen, K. Kavukcuoglu, and P. Kuksa. Natural language processing (almost) from scratch. *Journal of Machine Learning Research*, 12:2493–2537, 2011.

[58] R. Cotton. *Learning R*. O'Reilly, Sebastopol, CA, 2013.

[59] N. Cristianini and J. S. Taylor. *An Introduction to Support Vector Machines (and other kernal-base learning methods)*. Cambridge University Press, 2000.

[60] M. Culp, K. Johnson, and G. Michailidis. *The R Package Ada for Stochastic Boosting*, 2016. https://cran.r-project.org/web/packages/ada/ada.pdf.

[61] D. R. Cutting, D. R. Karger, J. O. Pedersen, and J. W. Tukey. Scatter/gather: A cluster-based approach to browsing large document collections. In *Proceedings of the 15th Annual International ACM SIGIR Conference on Research and Development in Information Retrieval*, SIGIR '92, pages 318–329, New York, NY, USA, 1992. ACM.

[62] S. Das and U. M. Cakmak. *Hands-On Automated Machine Learning: A beginner's guide to building automated machine learning systems using AutoML and Python*. Packt Publishing, 2018.

[63] M. Dash and H. Liu. Feature selection for clustering. In *Proceedings of the 4th Pacific-Asia Conference on Knowledge Discovery and Data Mining, Current Issues and New Applications*, PADKK '00, pages 110–121, London, UK, UK, 2000. Springer-Verlag.

[64] F. Dařena, J. Petrovský, J. Přichystal, and J. Žižka. Machine learning-based analysis of the association between online texts and stock price movements. *Inteligencia Artificial*, 21(61):95–110, 2018.

[65] F. Dařena and J. Žižka. Ensembles of classifiers for parallel categorization of large number of text documents expressing opinions. *Journal of Applied Economic Sciences*, 12(1):25–35, 2017.

[66] C. De Boom, S. Van Canneyt, T. Demeester, and B. Dhoedt. Representation learning for very short texts using weighted word embedding aggregation. *Pattern Recognition Letters*, 80(C):150–156, September 2016.

[67] M.-C. de Marneffe, T. Dozat, N. Silveira, K. Haverinen, F. Ginter, J. Nivre, and C. D. Manning. Universal stanford dependencies: A cross-linguistic typology. In *Proceedings of the Ninth International Conference on Language Resources and Evaluation (LREC-2014)*. European Language Resources Association (ELRA), 2014.

[68] C. M. De Vries, S. Geva, and A. Trotman. Document clustering evaluation: Divergence from a random baseline. In *Information Retrieval 2012 Workshop*, Dortmund, Germany, 2012. Technical University of Dortmund.

[69] S. Dey Sarkar, S. Goswami, A. Agarwal, and J. Aktar. A novel feature selection technique for text classification using naïve bayes. *International Scholarly Research Notices*, 2014.

[70] I. S. Dhillon and D. S. Modha. Concept decompositions for large sparse text data using clustering. *Machine Learning*, 42(1–2):143–175, 2001.

[71] T. Dietterich. Overfitting and undercomputing in machine learning. *Computing Surveys*, 27:326–327, 1995.

[72] T. Dietterich. An experimental comparison of three methods for constructing ensembles of decision trees: Bagging, boosting, and randomization. *Machine Learning*, 40(2):139–157, 2000.

[73] C. H. Q. Ding, X. He, H. Zha, M. Gu, and H. D. Simon. Spectral min-max cut for graph partitioning and data clustering. In *Proceedings 2001 IEEE International Conference on Data Mining*. IEEE, 2001.

[74] R. M. W. Dixon and A. Y. Aikhenvald. *Word: A Cross-linguistic Typology*. Cambridge University Press, 2002.

[75] G. Dong and H. Liu. *Feature Engineering for Machine Learning and Data Analytics*. Chapman & Hall/CRC Data Mining and Knowledge Discovery Series. CRC Press, Boca Raton, FL, 2018.

[76] R. O. Duda, P. E. Hart, and D. G. Stork. *Pattern Classification*. John Wiley & Sons, New York, 2007.

[77] S. T. Dumais. Improving the retrieval of information from external sources. *Behavior Research Methods, Instruments, & Computers*, 23(2):229–236, 1991.

[78] J. G. Dy. Unsupervised feature selection. In H. Liu and H. Motoda, editors, *Computational Methods of Feature Selection*, chapter 2, pages 19–39. Chapman & Hall/CRC, Boca Raton, 2008.

[79] Ecma International. The json data interchange format. Standard ECMA-404, October 2013.

[80] D. Eddelbuettel and R. Françcois. Rcpp: Seamless R and C++ integration. *Journal of Statistical Software*, 40(8), 2011.

[81] B. S. Everitt, S. Landau, and M. Leese. *Cluster Analysis*. Oxford University Press, New York, NY, 4th edition, 2001.

[82] S. Eyheramendy and D Madigan. A bayesian feature selection score based on naïve bayes models. In H. Liu and H. Motoda, editors, *Computational Methods of Feature Selection*, chapter 14, pages 277–294. Chapman & Hall/CRC, Boca Raton, 2008.

[83] D. Falbel. *R Interface to 'Keras'*, 2019. https://cran.r-project.org/web/packages/keras/keras.pdf.

[84] Y. C. Fang, S. Parthasarathy, and F. W. Schwartz. Using clustering to boost text classification. In *Workshop on Text Mining, TextDM 2001*, 2001.

[85] R. M. Fano. *Transmission of Information: A Statistical Theory of Communication*. The M.I.T. Press, Cambridge, MA, 1961.

[86] I. Feinerer, K. Hornik, and D. Meyer. Text mining infrastructure in R. *Journal of Statistical Software, Articles*, 25(5):1–54, 2008.

[87] R. Feldman and J. Sanger. *The Text Mining Handbook: Advanced Approaches in Analyzing Unstructured Data*. Cambridge: Cambridge University Press, 2007.

[88] G. Ferrano and L. Wanner. Labeling semantically motivated clusters of verbal relations. *Procesamiento del Lenguaje Natural*, 49:129–138, 2012.

[89] P. Flach. *Machine Learning: The Art and Science of Algorithms that Make Sense of Data*. Cambridge University Press, Cambridge, 2012.

[90] M. Flor. Four types of context for automatic spelling correction. *TAL*, 53(3):61–99, 2012.

[91] J. W. Foreman. *Data Smart: Using Data Science to Transform Information into Insight*. Wiley, Indianapolis, IN, 2014.

[92] G. Forman. Feature selection for text classification. In H. Liu and H. Motoda, editors, *Computational Methods of Feature Selection*, chapter 13, pages 257–276. Chapman & Hall/CRC, Boca Raton, 2008.

[93] C. Frankfort-Nachmias and A. Leon-Guerrero. *Social Statistics for a Diverse Society*. Pine Forge Press, Thousand Oaks, 5th edition, 2009.

[94] Y. Freund and R. E. Schapire. A decision-theoretic generalization of on-line learning and an application to boosting. *Journal of Computer and System Sciences*, 55:119–139, 1997.

[95] Y. Freund and R. E. Schapire. A short introduction to boosting. *Journal of Japanese Society for Artificial Intelligence*, 14(5):771–780, 1999.

[96] J. H. Friedman and U. Fayyad. On bias, variance, 0/1-loss, and the curse-of-dimensionality. *Data Mining and Knowledge Discovery*, 1:55–77, 1997.

[97] G. Gan, C. Ma, and J. Wu. *Data Clustering: Theory, Algorithms, and Applications*. ASA-SIAM Series on Statistics and Applied Probability. American Statistical Organization and Society for Industrial and Applied Mathematics, Philadelphia, 2007.

[98] A. Gelbukh and G. Sidorov. Zipf and Heaps' laws coefficients depend on language. In A. Gelbukh, editor, *CICLing 2001: Computational Linguistics and Intelligent Text Processing*, volume 2004 of *Lecture Notes in Computer Science*, pages 332–335. Springer, 2001.

[99] A. F. Gelbukh, M. Alexandrov, A. Bourek, and P. Makagonov. Selection of representative documents for clusters in a document collection. In *Proceedings of Natural Language Processing and Information Systems, 8th International Conference on Applications of Natural Language to Information Systems*, pages 120–126, 2003.

[100] A. Gelman, J. B. Carlin, J. S. Stern, D. B. Dunson, A. Vehtari, and D. B. Rubin. *Bayesian Data Analysis*. Texts in Statistical Science. Chapman & Hall/CRC, 3rd edition, 2013.

[101] Y. Goldberg. A primer on neural network models for natural language processing. *Journal of Artificial Intelligence Research*, 57(1):345–420, 2016.

[102] M. Goldszmidt, M. Najork, and S. Paparizos. Boot-strapping language identifiers for short colloquial postings. In H. Blockeel, K. Kersting, S. Nijssen, and F. Železný, editors, *Machine Learning and Knowledge Discovery in Databases*, pages 95–111, Berlin, Heidelberg, 2013. Springer Berlin Heidelberg.

[103] I. Goodfellow, Y. Bengio, and A. Courville. *Deep Learning*. Adaptive Computation and Machine Learning series. MIT Press, 2016.

[104] R. M. Gray. *Entropy and Information Theory*. Springer Science+Business Media, New York, 1990.

[105] J. K. Gross, J. Yellen, and M. Anderson. *Graph Theory and Its Applications*. Chapman and Hall/CRC, 2018.

[106] L. Grothe, E. W. De Luca, and A. Nürnberger. A comparative study on language identification methods. In *Proceedings of the International Conference on Language Resources and Evaluation, LREC 2008*, pages 980–985, 2008.

[107] Q. Gu, L. Zhu, and Z. Cai. Evaluation measures of the classification performance of imbalanced data sets. In Cai Z., Li Z., Kang Z., and Liu Y., editors, *Computational Intelligence and Intelligent Systems. ISICA 2009.*, volume 51, pages 461–471, Berlin, Heidelberg, 2009. Springer.

[108] Q. Guo and M. Zhang. Multi-documents automatic abstracting based on text clustering and semantic analysis. *Knowledge-Based Systems*, 22(6):482–485, 2009.

[109] N. Habash. *Introduction to Arabic Natural Language Processing*. Synthesis Lectures on Human Language Technologies. Morgan & Claypool Publishers, 2010.

[110] M. Halkidi, Y. Batistakis, , and M. Vazirgiannis. On clustering validation techniques. *Journal of Intelligent Information Systems*, 17(2–3):107–145, 2001.

[111] L. Hamel. *Knowledge Discovery with Support Vector Machines.* John Wiley & Sons, Inc., 2009.

[112] T. Hastie, R. Tibshirani, and J. Friedman. *The Elements of Statistical Learning: Data Mining, Inference, and Prediction.* Springer, 2nd edition, 2009.

[113] S. Haykin. *Neural Networks: A Comprehensive Foundation*. Prentice Hall, Upper Saddle River, NJ, 1994.

[114] H. S. Heaps. *Information Retrieval: Computational and Theoretical Aspects*. Academic Press, 1978.

[115] C. Hennig. What are the true clusters? *Pattern Recognition Letters*, 64:53–62, 2015.

[116] J. A. Hinojosa, M. Martín-Loeches, P. Casado, F. Muñoz, L. Carretié, C. Fernández-Frías, and M. A. Pozo. Semantic processing of open- and closed-class words: an event-related potentials study. *Cognitive Brain Research*, 11(3):397–407, 2001.

[117] K Hornik. R FAQ, 2017. https://CRAN.R-project.org/doc/FAQ/R-FAQ.html.

[118] J. Houvardas and E. Stamatatos. N-gram feature selection for authorship identification. In J. Euzenat and J. Domingue, editors, *Proceedings of the AIMSA conference*, volume 4183 of *LNAI*, pages 77–86, Berlin, 2006. Springer.

[119] H.-H. Hsu, C.-W. Hsieh, and M.-D. Lu. Hybrid feature selection by combining filters and wrappers. *Expert Systems with Applications*, 38(7):8144–8150, 2011.

[120] A. Huang. Similarity measures for text document clustering. In *Proceedings of the Sixth New Zealand Computer Science Research Student Conference*, pages 49–56, 2008.

[121] J. Z. Huang, J. Xu, M. Ng, and Ye. Y. Weighting method for feature selection in k-means. In H. Liu and H. Motoda, editors, *Computational Methods of Feature Selection*, chapter 10, pages 193–209. Chapman & Hall/CRC, Boca Raton, 2008.

[122] Z. Huang, M. K. Ng, and D. W.-L. Cheung. An empirical study on the visual cluster validation method with fastmap. In *Proceedings of the 7th international conference on database systems for advanced applications (DASFAA 2001)*, pages 84–91, Hong-Kong, 2001. Springer.

[123] T. Hudík. Machine translation within commercial companies. In J. Žižka and F. Dařena, editors, *Modern Computational Models of Semantic Discovery in Natural Language*, chapter 10, pages 256–272. IGI Global, Hershey, PA, 2015.

[124] A. S. Hussein. A plagiarism detection system for Arabic documents. *Advances in Intelligent Systems and Computing*, 323:541–552, 2015.

[125] R. Ihaka and R. Gentlman. R: A language for data analysis and graphics. *Journal of Computational and Graphical Statistics*, 5(3):299–314, 1996.

[126] H. Jackson and E. Z. Amvela. *Words, Meaning and Vocabulary: An Introduction to Modern English Lexicology*. Continuum, New York, 2000.

[127] A. K. Jain. Data clustering: 50 years beyond k-means. *Pattern Recognition Letters*, 31(8):651–666, 2010.

[128] A. K. Jain and R. C. Dubes. *Algorithms for Clustering Data*. Prentice Hall, Engelwood Cliffs, NJ, 1988.

[129] G. James, D. Witten, T. Hastie, and R. Tibshirani. *An Introduction to Statistical Learning: With Applications in R*. Springer, 2014.

[130] A. Janusz. Algorithms for similarity relation learning from high dimensional data. In J. F. Peters and A. Skowron, editors, *Transactions on Rough Sets XVII*, pages 174–292. Springer, Berlin, Heidelberg, 2014.

[131] T. Jauhiainen, K. Linden, and H. Jauhiainen. Evaluation of language identification methods using 285 languages. In *Proceedings of the 21st Nordic Conference of Computational Linguistics*, pages 183–191. Linkoping University Electronic Press, 2017.

[132] A. Jawlik. *Statistics from A to Z: Confusing Concepts Clarified*. Wiley, Hoboken, NJ, 2016.

[133] T. Jo. *Text Mining: Concepts, Implementation, and Big Data Challenge*, volume 45 of *Studies in Big Data*. Springer, 2019.

[134] T. Joachims. A statistical learning learning model of text classification for support vector machines. In *Proceedings of the 24th Annual International ACM SIGIR Conference on Research and Development in Information Retrieval*, SIGIR '01, pages 128–136, New York, NY, USA, 2001. ACM.

[135] T. Joachims. *Learning to Classify Text Using Support Vector Machines*. Kluwer Academic Publishers, Norwell, MA, 2002.

[136] B. Jongejan and H. Dalianis. Automatic training of lemmatization rules that handle morphological changes in pre-, in- and suffixes alike. In *Proceedings of the 47th Annual Meeting of the ACL and the 4th IJCNLP of the AFNLP*, pages 145–153. ACL and AFNLP, 2009.

[137] A. Jović, K. Brkić, and N. Bogunović. A review of feature selection methods with applications. In *38th International Convention on Information and Communication Technology, Electronics and Microelectronics (MIPRO)*, pages 1200–1205, May 2015.

[138] D. Jurafsky and J. H. Martin. *Speech and Language Processing: An Introduction to Natural Language Processing, Computational Linguistics, and Speech Recognition*. Prentice Hall, 2009.

[139] I. Kanaris, K. Kanaris, I. Houvardas, and E. Stamatatos. Words versus character n-grams for anti-spam filtering. *International Journal on Artificial Intelligence Tools*, 16(6):1047–1067, 2007.

[140] N. N. Karanikolas. Supervised learning for building stemmers. *Journal of Information Science*, pages 1–14, 2015.

[141] G. Karypis. Cluto: A Clustering Toolkit. Technical Report 02-017, University of Minnesota, Department of Computer Science, 2003.

[142] L. Kaufman and P. J. Rousseeuw. *Finding Groups in Data: An Introduction to Cluster Analysis*. Wiley, Hoboken, NJ, 2005.

[143] B. Keith, E. Fuentes, and C. Meneses. A hybrid approach for sentiment analysis applied to paper reviews. In *Proceedings of ACM SIGKDD Conference*, 2017.

[144] J. Kent Martin and D. S. Hirschberg. The time complexity of decision tree induction. Technical Report 95–27, Department of Information and Computer Science. University of California, Irvine, CA, 92717, August 1995.

[145] E. Keogh and A. Mueen. Curse of dimensionality. In C. Sammut and G. I. Webb, editors, *Encyclopedia of Machine Learning and Data Mining*, pages 314–315. Springer US, Boston, MA, 2017.

[146] R. Khoury, F. Karray, and M. S. Kamel. Keyword extraction rules based on a part-of-speech hierarchy. *International Journal of Advanced Media and Communication*, 2(2):138–153, 2008.

[147] M. Kleppmann. *Designing Data-Intensive Applications: The Big Ideas Behind Reliable, Scalable, and Maintainable Systems*. O'Reilly Media, Sebastopol, CA, 2017.

[148] T. Kocmi and B. Bojar. An Exploration of Word Embedding Initialization in Deep-Learning Tasks. *CoRR*, abs/1711.09160, 2017.

[149] J. K. Korpela. *Unicode Explained*. O'Reilly, Beijing, 2006.

[150] M. Kubat. *An Introduction to Machine Learning*. Springer, 2015.

[151] M. Kubát. *An Introduction to Machine Learning*. Springer International Publishing, 2nd edition, 2017.

[152] S. Kudyba. *Big Data, Mining, and Analytics: Components of Strategic Decision Making*. CRC Press, Boca Raton, FL, 2014.

[153] M. Kuhn. *Classification and Regression Training*, 2019. https://cran.r-project.org/web/packages/caret/caret.pdf.

[154] M. Kuhn, S. Weston, M. Culp, N. Coulter, and R. Quinlan. *C5.0 Decision Trees and Rule-Based Models*, 2018. https://cran.r-project.org/web/packages/C50/C50.pdf.

[155] K. Kukich. Techniques for automatically correcting words in text. *ACM Computing Surveys*, 24(4):377–439, 1992.

[156] B. Kulis. Metric learning: A survey. *Machine Learning*, 5(4):287–364, 2012.

[157] M. Kusner, Y. Sun, N. Kolkin, and K. Weinberger. From word embeddings to document distances. In F. Bach and B. Blei, editors, *Proceedings of the 32nd International Conference on Machine Learning*, volume 37 of *Proceedings of Machine Learning Research*, page 957966, Lille, France, 07–09 Jul 2015. PMLR.

[158] A. Kyriakopoulou and T. Kalamboukis. Text classification using clustering. In *In Proceedings of the ECML-PKDD Discovery Challenge Workshop*, 2006.

[159] M. Labani, P. Moradi, F. Ahmadizar, and M. Jalili. A novel multivariate filter method for feature selection in text classification problems. *Engineering Applications of Artificial Intelligence*, 70:25–37, 2018.

[160] B. Lambert. *A Student's Guide to Bayesian Statistics*. SAGE Publications, 2018.

[161] P. Larranaga, D. Atienza, J. Diaz-Rozo, A. Ogbechie, C. E. Puerto-Santana, and C. Bielza. *Industrial Applications of Machine Learning*. Chapman & Hall/CRC Data Mining and Knowledge Discovery Series. CRC Press, Boca Raton, FL, 2018.

[162] Q. Le and T. Mikolov. Distributed representations of sentences and documents. In *Proceedings of the 31st International Conference on International Conference on Machine Learning – Volume 32*, ICML'14, pages II–1188–II–1196. JMLR.org, 2014.

[163] R. Lebret and R. Collobert. N-gram-based low-dimensional representation for document classification. In *ICLR 2015 Workshop Track*, 2105.

[164] A. Lesne. Shannon entropy: a rigorous notion at the crossroads between probability, information theory, dynamical systems and statistical physics. *Mathematical Structures in Computer Science*, 24(3), 2014.

[165] O. Levy and Y. Goldberg. Neural word embedding as implicit matrix factorization. In Z. Ghahramani, M. Welling, C. Cortes, N. D. Lawrence, and K. Q. Weinberger, editors, *Advances in Neural Information Processing Systems 27*, pages 2177–2185. Curran Associates, Inc., 2014.

[166] O. Levy, Y. Goldberg, and I. Dagan. Improving distributional similarity with lessons learned from word embeddings. *Transactions of the Association for Computational Linguistics*, 3:211–225, 2015.

[167] D. D. Lewis, Y. Yang, T. G. Rose, and F. Li. Rcv1: A new benchmark collection for text categorization research. *Journal of Machine Learning Research*, 5:361–397, 2004.

[168] C. Li, A. Sun, J. Weng, and Q. He. Tweet segmentation and its application to named entity recognition. *IEEE Transactions on Knowledge and Data Engineering*, 27(2):558–570, 2015.

[169] S. Li, R. Xia, C. Zong, and Huang. C.-R. A framework of feature selection methods for text categorization. In *Proceedings of the 47th Annual Meeting of the ACL and the 4th IJCNLP of the AFNLP*, pages 692–700, Suntec, Singapore, 2–7 August 2009. ACL and AFNLP.

[170] X. Li and B. Liu. Learning to classify texts using positive and unlabeled data. In *Proceedings of the 18th International Joint Conference on Artificial Intelligence*, IJCAI'03, pages 587–592, San Francisco, CA, USA, 2003. Morgan Kaufmann Publishers Inc.

[171] A. Liaw and M. Wiener. *Breiman and Cutler's Random Forests for Classification and Regression*, 2018. https://cran.r-project.org/web/packages/randomForest/randomForest.pdf.

[172] Y. Lin, J.-B. Michel, E. L. Aiden, J. Orwant, W. Brockman, and S. Petrov. Syntactic annotations for the Google books ngram corpus. In *Proceedings of the ACL 2012 System Demonstrations*, ACL '12, pages 169–174, Stroudsburg, PA, USA, 2012. Association for Computational Linguistics.

[173] T. W. Ling, M. L. Lee, and G. Dobbie. *Semistructured Database Design*. Springer, 2005.

[174] H. Liu and H. Motoda. *Feature Selection for Knowledge Discovery and Data Mining*. Kluwer Academic Publishers, Norwell, MA, USA, 1998.

[175] H. Liu and H. Motoda. Less is more. In H. Liu and H. Motoda, editors, *Computational Methods of Feature Selection*, chapter 1, pages 3–18. Chapman & Hall/CRC, Boca Raton, 2008.

[176] H. Liu, J. Sun, L. Liu, and H. Zhang. Feature selection with dynamic mutual information. *Pattern Recognition*, 42(7):1330–1339, 2009.

[177] K. Liu, A. Bellet, and F. Sha. Similarity learning for high-dimensional sparse data. In *Proceedings of the 18th International Conference on Artificial Intelligence and Statistics (AISTATS) 2015*, volume 38 of *JMLR Workshop and Conference Proceedings*, pages 653–662. JMLR.org, 2015.

[178] L. Liu, J. Kang, J. Yu, and Z. Wang. A comparative study on unsupervised feature selection methods for text clustering. In *2005 International Conference on Natural Language Processing and Knowledge Engineering*, pages 597–601. IEEE, 2005.

[179] T. Liu, S. Liu, Z. Chen, and W-Y. Ma. An evaluation on feature selection for text clustering. In *Proceedings of the Twentieth International Conference on Machine Learning (ICML-2003)*, Washington DC, 2003.

[180] Y. Liu, J. Mostafa, and W. Ke. A fast online clustering algorithm for scatter/gather browsing. Technical Report TR-2007-06, NC School of Information and Library Science, Chapel Hill, NC, 2007.

[181] K. E. Lochbaum and L. A. Streeter. Comparing and combining the effectiveness of latent semantic indexing and the ordinary vector space model for information retrieval. *Information Processing & Management*, 25(6):665–676, 1989.

[182] M. Majka. *High Performance Implementation of the Naive Bayes Algorithm*, 2019. https://cran.r-project.org/web/packages/naivebayes/naivebayes.pdf.

[183] N. Maltoff. *The Art of R Programming: A Tour of Statistical Software Design*. No Starch Press, San Francisco, CA, 2011.

[184] B. Mandelbrot. Structure formelle des textes et communication. *Word*, 10:1–27, 1954.

[185] C. D. Manning, P. Raghavan, and H. Schütze. *Introduction to Information Retrieval*. Cambridge University Press, 2008.

[186] C. D. Manning and H. Schütze. *Foundations of Statistical Natural Language Processing*. The MIT Press, Cambridge, Massachusetts, 1999.

[187] S. Marsland. *Machine Learning: An Algorithmic Perspective*. Chapman and Hall/CRC, Boca Raton, FL, 2nd edition, 2014.

[188] E. Mayfield and C. Penstein-Rosé. Using feature construction to avoid large feature spaces in text classification. In *Proceedings of the 12th Annual Conference on Genetic and Evolutionary Computation*, GECCO '10, pages 1299–1306, New York, NY, USA, 2010. ACM.

[189] D. Maynard, K. Bontcheva, and I. Augenstein. *Natural Language Processing for the Semantic Web*. Morgan & Claypool, 2017.

[190] J. McAuley. Amazon product data. http://jmcauley.ucsd.edu/data/amazon/. Accessed on June 8, 2018.

[191] R. McElreath. *Statistical Rethinking: A Bayesian Course with Examples in R and Stan*. CRC Press, 2016.

[192] J. Mena. *Investigative Data Mining for Security and Criminal Detection*. Butterworth-Heinemann, Newton, MA, USA, 2002.

[193] D. Meyer, E. Dimitriadou, K. Hornik, F. Weingessel, A. Leisch, C.-C. Chang, and C.-C. Lin. *Misc Functions of the Department of Statistics, Probability Theory Group (Formerly: E1071), TU Wien*, 2019. https://cran.r-project.org/web/packages/e1071/e1071.pdf.

[194] T. Mikolov, I. Sutskever, K. Chen, G. S. Corrado, and J. Dean. Distributed representations of words and phrases and their compositionality. In C. J. C. Burges, L. Bottou, M. Welling, Z. Ghahramani, and K. Q. Weinberger, editors, *Advances in Neural Information Processing Systems 26*, pages 3111–3119. Curran Associates, Inc., 2013.

[195] T. Mikolov, W. Yih, and G. Zweig. Linguistic regularities in continuous space word representations. In *Proceedings of NAACL-HLT 2013*, pages 746–751. Association for Computational Linguistic, 2013.

[196] G. Miner, J. Elder, T. Hill, R. Nisbet, D. Delen, and A. Fast. *Practical Text Mining and Statistical Analysis for Non-structured Text Data Applications*. Academic Press, Inc., Orlando, FL, USA, 1st edition, 2012.

[197] B. Mirkin. *Mathematical Classification and Clustering*. Kluwer Academic Publishers, Dodrecht, 1996.

[198] B. Mirkin. *Clustering: A Data Recovery Approach*. CRC Press, Boca Raton, FL, 2nd edition, 2013.

[199] T. M. Mitchell. *Machine Learning*. WCB/McGraw-Hill, 1997.

[200] D. Mladenić and M. Grobelnik. Feature selection for unbalanced class distribution and naive bayes. In *In Proceedings of the 16th International Conference on Machine Learning (ICML*, pages 258–267. Morgan Kaufmann Publishers, 1999.

[201] Dunja Mladenić. Feature selection in text mining. In C. Sammut and Geoffrey I. Webb, editors, *Encyclopedia of Machine Learning and Data Mining*, pages 1–5. Springer US, Boston, MA, 2016.

[202] A. Mountassir, H. Benbrahim, and I. Berrada. Addressing the problem of unbalanced data sets in sentiment analysis. In *Proceedings of the International Conference on Knowledge Discovery and Information Retrieval (KDIR-2012)*, pages 306–311, 2012.

[203] S. Munzert, C. Rubba, P. Meiner, and D. Nyhuis. *Automated Data Collection with R: A Practical Guide to Web Scraping and Text Mining*. Wiley, Chichester, 1st edition, 2014.

[204] P. Murrell. *R Graphics*. CRC Press, Boca Raton, 2nd edition, 2011.

[205] D. Nadeau and S. Sekine. A survey of named entity recognition and classification. *Lingvisticae Investigationes*, 30(1):3–26, 2007.

[206] M.-J. Nederhof and G. Satta. Theory of parsing. In A. Clark, C. Fox, and S. Lappin, editors, *The Handbook of Computational Linguistics and Natural Language Processing*, chapter 4, pages 105–130. Wiley-Blackwell, Chichester, 2013.

[207] J. Nothman, H. Qin, and R. Yurchak. Stop word lists in free open-source software packages. In *Proceedings of Workshop for NLP Open Source Software (NLP-OSS)*, pages 7–12. Association for Computational Linguistics, 2018.

[208] Y. Ohsawa and K. Yada. *Data Mining for Design and Marketing*. Chapman and Hall/CRC, Boca Raton, FL, 2017.

[209] C. Ozgur, T. Colliau, G. Rogers, Z. Hughes, and E. Myer-Tyson. Matlab vs. Python vs. R. *Journal of Data Science*, 15:355–372, 2017.

[210] D. D. Palmer. Tokenisation and sentence segmentation. In R. Dale, H. Moisl, and H. Somers, editors, *A Handbook of Natural Language Processing*, pages 11–36. Dekker, New York, 2000.

[211] D. D. Palmer. Text preprocessing. In *Handbook of Natural Language Processing*, pages 9–30. Chapman & Hall/CRC, 2nd edition, 2010.

[212] M. Pelillo, editor. *Similarity-Based Pattern Analysis and Recognition*. Advances in Computer Vision and Pattern Recognition. Springer Verlag London, 2013.

[213] R. D. Peng. *R Programming for Data Science*. lulu.com, 2016.

[214] J. Pennington, R. Socher, and C. D. Manning. Glove: Global vectors for word representation. In *EMNLP*, volume 14, pages 1532–1543, 2014.

[215] G. Pethö and E. Mózes. An n-gram-based language identification algorithm for variable-length and variable-language texts. *Argumentum*, 10:56–82, 2014.

[216] N. Polettini. The Vector Space Model in Information Retrieval – Term Weighting Problem, 2004.

[217] M. F. Porter. An algorithm for suffix stripping. *Program*, 14(3):130–137, 1980.

[218] M. F. Porter. Snowball: A language for stemming algorithms, October 2001. http://snowball.tartarus.org/texts/introduction.html.

[219] M. Prigmore. *An Introduction to Databases with Web Applications*. Pearson Education, Harlow, 2008.

[220] J. R. Quinlan. *C4.5: Programs for Machine Learning*. Morgan Kaufmann, 1993.

[221] B. Ratner. *Statistical and Machine-Learning Data Mining: Techniques for Better Predictive Modeling and Analysis of Big Data*. CRC Press, Boca Raton, FL, 2012.

[222] C. K. Reddy and B. Vinzamuri. A survey of partitional and hierarchical clustering algorithms. In C. C. Aggarwal and C. K. Reddy, editors, *Data Clustering: Algorithms and Applications*, pages 87–110. CRC Press, Boca Raton, FL, 2014.

[223] D. K. S. Reddy, S. K. Dash, and A. K. Pujari. New malicious code detection using variable length n-grams. In *Proceedings of the Second International Conference on Information Systems Security*, ICISS'06, pages 276–288, Berlin, Heidelberg, 2006. Springer.

[224] RuleQuest Research. Free software downloads, 2018. https://rulequest.com/download.html.

[225] J. C. Reynar and A. Ratnaparkhi. A maximum entropy approach to identifying sentence boundaries. In *Proceedings of the Fifth Conference on Applied Natural Language Processing*, ANLC '97, pages 16–19, Stroudsburg, PA, USA, 1997. Association for Computational Linguistics.

[226] B. Ripley and W. Venables. *Functions for Classification*, 2019. https://cran.r-project.org/web/packages/class/class.pdf.

[227] S. Robertson. Understanding inverse document frequency: On theoretical arguments for idf. *Journal of Documentation*, 60(5):503–520, 2004.

[228] Y. Roh, G. Heo, and S. E. Whang. A survey on data collection for machine learning: a big data - ai integration perspective. *CoRR*, abs/1811.03402, 2018.

[229] L. Rokach. A survey of clustering algorithms. In O. Maimon and L. Rokach, editors, *Data Mining and Knowledge Discovery Handbook*, pages 269–298. Springer, New York, 2nd edition, 2010.

[230] H. C. Romesburg. *Cluster Analysis for Researchers*. Lulu Press, Raleigh, NC, 2004.

[231] P. J. Rousseeuw. Silhouettes: A graphical aid to the interpretation and validation of cluster analysis. *Journal of Computational and Applied Mathematics*, 20:53–65, 1987.

[232] M. Roux. A comparative study of divisive and agglomerative hierarchical clustering algorithms. *Journal of Classification*, 2018.

[233] D. Salomon. *Variable-length Codes for Data Compression*. Springer, London, 2007.

[234] G. Salton. Cluster search strategies and the optimization of retrieval effectiveness. In G. Salton, editor, *The SMART Retrieval System – Experiments in Automatic Document Processing*, pages 223–242. Prentice-Hall, Upper Saddle River, NJ, 1971.

[235] G. Salton and C. Buckley. Term-weighting approaches in automatic text retrieval. *Information Processing & Management*, 24(5):513–523, 1988.

[236] McGill M. J. Salton G. *Introduction to Modern Information Retrieval*. McGraw Hill, New York, 1983.

[237] G. Sanchez. Handling and processing strings in r, 2013. http://www.gastonsanchez.com/Handling_and_Processing_Strings_in_R.pdf.

[238] K. R. Saoub. *A Tour through Graph Theory*. Chapman and Hall/CRC, 2017.

[239] J. Saratlija, J. Šnajder, and B. Dalbelo Bašić. Unsupervised topic-oriented keyphrase extraction and its application to croatian. In I. Habernal and V. Matoušek, editors, *14th International Conference on Text, Speech and Dialogue*, volume 6836 of *Lecture Notes in Artificial Intelligence*, pages 340–347, 2011.

[240] S. Savaresi, D. Boley, S. Bittanti, and G. Gazzaniga. Choosing the cluster to split in bisecting divisive clustering algorithms. In R. Grossman, J. Han, V. Kumar, H. Mannila, and R. Motwani, editors, *Second SIAM International Conference on Data Mining (SDM'2002)*, Arlington, VA, 2002.

[241] P. Schachter and T. Shopen. Parts-of-speech systems. In T. Shopen, editor, *Language Typology and Syntactic Description*, volume 1, pages 1–60. Cambridge University Press, Cambridge, 2nd edition, 2007.

[242] S. E. Schaeffer. Graph clustering. *Computer science review*, 1:27–64, 2007.

[243] B. Schölkopf. *Learning with Kernels: Support Vector Machines, Regularization, Optimization, and Beyond.* Adaptive Computation and Machine Learning series. The MIT Press, 2001.

[244] S. Schulte im Walde. Experiments on the automatic induction of german semantic verb classes. *AIMS: Arbeitspapiere des Instituts für Maschinelle Sprachverarbeitung*, 9(2), 2003.

[245] F. Sebastiani. Machine learning in automated text categorization. *ACM Computing Surveys*, 1:1–47, 2002.

[246] G. A. F. Seber. *Multivariate Observations*. John Wiley & Sons, Hoboken, 1984.

[247] M. Seeger. Learning with labeled and unlabeled data. Technical report, University of Edinburgh, 2001.

[248] Y. Shafranovich. Common format and mime type for comma-separated values (csv) files. Technical Report RFC 4180, Network Working Group, October 2005.

[249] C. E. Shannon. A mathematical theory of communication. *The Bell System Technical Journal*, 27(3):379–423, 1948.

[250] G. Shmueli, N. R. Patel, and Bruse P. C. *Data Mining for Business Intelligence: Concepts, Techniques, and Applications in Microsoft Office Excel with XLMiner*. Wiley, Hoboken, NJ, 2010.

[251] R. L. Sims. *Bivariate Data Analysis: A Practical Guide*. Nova Science Publishers, Hauppauge, NY, 2014.

[252] A. K. Singhal. *Term Weighting Revisited*. PhD thesis, Faculty of the Graduate School of Cornell University, 1997.

[253] R. Socher, A. Perelygin, J. Wu, J. Chuang, C. D. Manning, . Ng, and C. Potts. Recursive deep models for semantic compositionality over a sentiment treebank. In *Proceedings of the 2013 Conference on Empirical Methods in Natural Language Processing*, pages 1631–1642. Association for Computational Linguistics, 2013.

[254] A. Srivastava and M. Sahami. *Text Mining: Classification, Clustering, and Applications*. CRC Press, Boca Raton, 2009.

[255] B. Stein and S. M. zu Eissen. Automatic document categorization. In A. Günter, R. Kruse, and B. Neumann, editors, *KI 2003: Advances in Artificial Intelligence*, pages 254–266, Berlin, Heidelberg, 2003. Springer.

[256] M. Steinbach, G. Karypis, and V. Kumar. A comparison of document clustering techniques. In *KDD Workshop on Text Mining*, 2000.

[257] B. Steinley. K-means clustering: a half-century synthesis. *The British Journal of Mathematical and Statistical Psychology*, 59 Pt 1:1–34, 2006.

[258] D. J Stracuzzi. Randomized feature selection. In H. Liu and H. Motoda, editors, *Computational Methods of Feature Selection*, chapter 3, pages 41–62. Chapman & Hall/CRC, Boca Raton, 2008.

[259] A. Taylor, M. Marcus, and B. Santorini. The Penn Treebank: An overview. In A. Abeillé, editor, *Treebanks: Building and Using Parsed Corpora*, pages 5–22. Springer Netherlands, Dordrecht, 2003.

[260] P. Teetor. *R Cookbook: Proven Recipes for Data Analysis, Statistics, and Graphics*. O'Reilly, Sebastopol, CA, 2011.

[261] L. Torgo. *Data Mining with R: Learning with Case Studies*. Chapman and Hall/CRC, Boca Raton, FL, 2nd edition, 2017.

[262] Y.-H. Tseng, C.-J. Lin, and Y.-I Lin. Text mining techniques for patent analysis. *Information Processing & Management*, 43(5):1216–1247, 2007.

[263] P. D. Turney and P. Pantel. From frequency to meaning: Vector space models of semantics. *Journal of Artificial Intelligence Research*, 37(1):141–188, 2010.

[264] T. C. Urdan. *Statistics in Plain English*. Lawrence Erlbaum Associates, Mahwah, NJ, 2005.

[265] J. Vasagar. Germany drops its longest word: Rindfleischeti... *The Telegraph*, Jun 2013. https://www.telegraph.co.uk/news/worldnews/europe/germany/10095976/Germany-drops-its-longest-word-Rindfleischeti....html.

[266] S. V. Vaseghi. *Advanced Digital Signal Processing and Noise Reduction*. John Wiley & Sons, Ltd, Chichester, 2006.

[267] N. X. Vinh, J. Epps, and J. Bailey. Information theoretic measures for clusterings comparison: Variants, properties, normalization and correction for chance. *Journal of Machine Learning Research*, 11:2837–2854, 2010.

[268] U. von Luxburg, R. C. Williamson, and I. Guyon. Clustering: Science or art? In I. Guyon, G. Dror, V. Lemaire, G. Taylor, and D. Silver, editors, *Proceedings of ICML Workshop on Unsupervised and Transfer Learning*, volume 27 of *Proceedings of Machine Learning Research*, pages 65–79, Bellevue, Washington, USA, 02 Jul 2012. PMLR.

[269] E. Vylomova, L. Rimell, T. Cohn, and T. Baldwin. Take and took, gaggle and goose, book and read: Evaluating the utility of vector differences for lexical relation learning. In *Proceedings of the 54th Annual Meeting of the Association for Computational Linguistics (Volume 1: Long Papers)*, pages 1671–1682. Association for Computational Linguistics, 2016.

[270] J. Žižka, A. Svoboda, and F. Dařena. Selecting characteristic patterns of text contributions to social networks using instance-based learning algorithm ibl-2. In S. Kapounek and V. Krøutilová, editors, *Enterprise and Competitive Environment*, pages 971–980, Brno, 2017. Mendel University in Brno, Faculty of Business and Economics.

[271] H. Wachsmuth. *Text Analysis Pipelines: Towards Ad-hoc Large-Scale Text Mining*, volume 9383 of *Lecture Notes in Computer Science*. Springer, 2015.

[272] K. Wagstaff, C. Cardie, S. Rogers, and S. Schroedl. Constrained k-means clustering with background knowledge. In *ICML '01 Proceedings of the Eighteenth International Conference on Machine Learning*, pages 577–584. Morgan Kaufmann, 2001.

[273] S. Wang and Manning. C. D. Baselines and bigrams: Simple, good sentiment and topic classification. In *Proceedings of the 50th Annual Meeting of the Association for Computational Linguistics*, pages 90–94. Association for Computational Linguistic, 2012.

[274] Z. Wang and X. Xue. Multi-class support vector machine. In Y. Ma and G. Guo, editors, *Support Vector Machines Applications*, chapter 2, pages 23–48. Springer International Publishing, Cham, 2014.

[275] S. M. Weiss, N. Indurkhya, T. Zhang, and F. J. Damerau. *Text Mining: Predictive Methods for Analyzing Unstructured Information*. Springer New York, New York, NY, 2005.

[276] L. Weng. Learning word embedding, 2017. https://lilianweng.github.io/lil-log/2017/10/15/learning-word-embedding.html. Accessed 2019-02-14.

[277] J. J. Whang, I. S. Dhillon, and D. F. Gleich. *Non-exhaustive, Overlapping K-means*, pages 936–944. Society for Industrial and Applied Mathematics Publications, 2015.

[278] W. J. Wilbur and K. Sirotkin. The automatic identification of stop words. *Journal of Information Science*, 18(1):45–55, February 1992.

[279] I. H. Witten. Text mining. In *The Practical Handbook of Internet Computing*. Chapman and Hall/CRC, 2004.

[280] I. H. Witten, E. Frank, and M. A. Hall. *Data Mining: Practical Machine Learning Tools and Techniques*. Morgan Kaufmann, San Francisco, 2011.

[281] D. H. Wolpert. The lack of a priori distinctions between learning algorithms. *Neural Computation*, 8(7):1341–1390, 1996.

[282] D. H. Wolpert. The supervised learning no-free-lunch theorems. In *Proceedings of the 6th Online World Conference on Soft Computing in Industrial Applications*, pages 25–42, 2001.

[283] E. P. Xing, A. Y. Ng, M. I. Jordan, and S. Russell. Distance metric learning, with application to clustering with side-information. In *Proceedings of the 15th International Conference on Neural Information Processing Systems*, pages 521–528, 2002.

[284] G. Xu, Y. Zong, and Z. Yang. *Applied Data Mining*. CRC Press, Boca Raton, FL, 2013.

[285] R. Xu and D. C. Wunsch. *Clustering*. Wiley, Hoboken, NJ, 2009.

[286] Y. Yang and J. O. Pedersen. A comparative study on feature selection in text categorization. In *Proceedings of the Fourteenth International Conference on Machine Learning (ICML'97)*, pages 412–420, San Francisco, USA, 1997. Morgan Kaufmann Publishers.

[287] A. Zell, N. Mache, R. Hübner, G. Mamier, M. Vogt, M. Schmalzl, and K.-U. Herrmann. Snns (Stuttgart neural network simulator). In J. Skrzypek, editor, *Neural Network Simulation Environments*, pages 165–186. Springer US, Boston, MA, 1994.

[288] O. Zennaki, N. Semmar, and L. Besacier. Unsupervised and lightly supervised part-of-speech tagging using recurrent neural networks. In *29th Pacific Asia Conference on Language, Information and Computation (PACLIC)*, pages 133–142, Shanghai, China, 2015.

[289] H. Zha, X. He, C. H. Q. Ding, M. Gu, and H. D. Simon. Bipartite graph partitioning and data clustering. In *Proceedings of the 2001 ACM CIKM International Conference on Information and Knowledge Management*, pages 25–32. ACM, 2001.

[290] Q. Zhang, J. Kang, J. Qian, and X. Huang. Continuous word embeddings for detecting local text reuses at the semantic level. In *Proceedings of the 37th International ACM SIGIR Conference on Research & Development in Information Retrieval*, SIGIR '14, pages 797–806, New York, NY, USA, 2014. ACM.

[291] Y. Zhao and G. Karypis. Criterion functions for document clustering: Experiments and analysis. Technical Report 01-40, University of Minnesota, Department of Computer Science, 2001.

[292] Y. Zhao and G. Karypis. Comparison of agglomerative and partitional document clustering algorithms. In I. S. Dhillon and J. Kogan, editors, *Proceedings of the Workshop on Clustering High Dimensional Data and Its Applications at the Second SIAM International Conference on Data Mining*, pages 83–93, Philadelphia, 2002. SIAM.

[293] Y. Zhao and G. Karypis. Empirical and theoretical comparisons of selected criterion functions for document clustering. *Machine Learning*, 55(3):311–331, 2004.

[294] Y. Zhao and G. Karypis. Hierarchical clustering algorithms for document datasets. *Data Mining and Knowledge Discovery*, 10(2):141–168, 2005.

[295] J. Žižka and F. Dařena. Mining significant words from customer opinions written in different natural languages. In I. Habernal and V. Matoušek, editors, *Text, Speech and Dialogue*, pages 211–218, Berlin, Heidelberg, 2011. Springer.

术语索引

（本索引中标示的页码为原书页码）